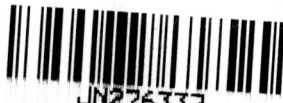

新しい高校地学の教科書

現代人のための高校理科

杵島正洋
松本直記　編著
左巻健男

ブルーバックス

- カバー装幀／芦澤泰偉・児崎雅淑
- カバーイラスト／山田博之
- 本文デザイン／菅田みはる
- 図版／さくら工芸社
- 編集協力／下村坦・難波美帆

はじめに

——もっと面白い、やりがいのある理科を！

地学、生物、化学、物理の４教科がそろったブルーバックス高校理科教科書シリーズは、すべての高校生に読んでもらいたい、学んでもらいたい理科の内容をまとめたものだ。理系だろうと、文系だろうと、だれもが学習してほしい内容を精選してある。

そして、本シリーズ４冊を読破することで、科学リテラシー（＝現代社会で生きるために必須の科学的素養）が身につくことを目指している。本シリーズの特長を紹介しよう。

（1）内容の精選と丁寧な説明

高校理科の内容を羅列するのではなく、検定にとらわれずに「これだけは」という内容にしぼった。それらを丁寧に説明し、「読んでわかる」ことにこだわり抜いた。

（2）読んで面白い

「へぇ〜、そうなんだ！」「なるほど、そういうことだったのか！」と随所で納得できる展開を心がけた。だから、読んでいて面白い。

（3）飽きさせない工夫

クイズ・コラムなどを随所に配置し、最後まで楽しく読み通せる工夫をした。

（4）ハンディでいつでもどこでも読める

持ち運びに便利なコンパクトサイズ。電車やバスの中でも気軽に読める。

本書『地学』編は、以上の特長に加え、さらに次の点にも留意した。

地学は地球と宇宙のしくみと成り立ちを考える学問である。対象は、地球そのものだったり、プレートや大陸だったり、太陽系の惑星だったり、輝く星や銀河や宇宙空間だったりする。私たちの日常生活では普段意識しないような大きな対象を具体的にイメージできるよう、身近なものに対比して解説したり、イラストを多数描き起こすなど、表現を工夫した。

一方、地震や火山活動、日々の気象の変化など、日常生活に密接する分野にも紙面を大きく割いた。また、地球温暖化やオゾンホール、資源の問題といった地球環境の諸問題にも迫っており、科学と社会との接点を重視した。

宇宙はもちろん、地球内部や深海にも、まだまだ未知の世界が広がっている。そして今日においても、次々と新発見のニュースが飛び込んでくる。本書にはできるだけ最新の情報を盛り込むようにした。また、主な学説についてはそれを提唱した人物像や社会背景にも触れ、学問の一番ホットな部分を感じられるようにした。

地学というと、原子から宇宙の果てまであらゆる対象を扱うため、博物学的な印象を持つ読者も多いだろう。しかし近年の科学の進歩に加え、各分野が垣根を越えて融合を進めたことにより、現在では系統的な地球科学・宇宙科学と呼べる学問に昇華している。本書ではこの系統性を重視して展開した。地学をこれから学ぼうとする人だけでなく、過去に学習した人にも新たな発見や驚きを体験してもらえると自負している。

本シリーズは、高校生の他に、こんな人たちにも読んで欲しい。

・**少しでも科学的な素養を身につけたいと願う社会人**

・**地学、生物、化学、物理をもう一度きちんと学習したいと考える社会人**

・**地学・化学・物理を勉強せずに理工学部に入った、生物を勉強せずに医学部に入った等の大学生**

・**試験の問題は解けるのだが、ものごとの本質がよくわかっていないと感じる大学生**

なお、このブルーバックス高校理科教科書シリーズは、ベストセラーとなった中学版『新しい科学の教科書Ⅰ～Ⅲ』（文一総合出版）と同様、有志が集い、教科書検定の枠にとらわれずに具体的な教科書づくりをした成果である。

最後に、本書の編集担当の堀越俊一氏には、原稿について忌憚のない意見をいただき、かつ執筆陣を鼓舞して完成に導いていただいた。ここに感謝申し上げる。

2006年２月20日　　編者　杵島正洋
松本直記
左巻健男

新しい高校地学の教科書　もくじ

やってみよう

コラム

第1章

地球の形と構造

NASA

1-1 古代の人々の考えた地球

(問1) 地球の形を知ることのできる現象はどれか。

ア）日食　　イ）月食　　ウ）星の日周運動

(問2) 地球の１周の長さはどれくらいか。

ア）約１万km　イ）約２万km　ウ）約４万km

1 大昔の人々の地球観

地球がどんな形をしているか、考えたことがあるだろうか。「丸い形に決まってるじゃないか」と思う人もいるだろう。現在では、地球の周りを回る人工衛星からの映像などにより、私たちは地球が丸いことを知っている。しかし、テレビや本に頼らずに、日々生活する中で「地球が丸い」と感じることができるだろうか。

人類の文明が芽生え始めた紀元前3000年頃、人々の思い描いた世界はほぼ共通して、平坦な大地とそれを覆《おお》うドーム状の天で構成されたものだった。

初めて地球が平坦ではないと考えたのは、紀元前６世紀頃のギリシア人、**アナクシマンドロス**である。彼は、南北に旅をすると北極星の地平線からの高度が変わったり、南下するにつれて見たこともない星座が現れてくることから、地球（大地）は平坦ではないと考えた。もし大地が平坦なら、どこに移動しても見える星座は変化しないはずである（ただし東西の移動では見える星座は変化しない）。これらのことから、アナクシマンドロスは地球の形を、南北には湾曲《わんきょく》し東西には平坦な形をしている「茶筒」を横にしたような形状であると考えた。

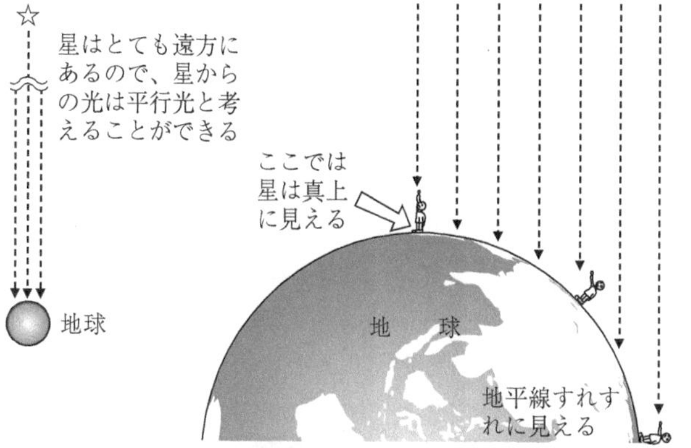

図１－１　場所によって星の高度が変わる

アナクシマンドロスからおよそ200年後、古代ギリシアを代表する哲学者であり科学者でもある**アリストテレス**（前384～前322）は、ギリシア文明に伝わるさまざまな知見をまとめ、地球の形が球であると結論づけた。その証拠として以下（１）（２）のことがらを挙げている。

（１）南北に移動すると北極星の高度が変化する

北極星は常に北の空に輝いていて、時間が経っても位置（高度）を変えない。これは北極星が、地球が自転しても見え方が変わらない位置、つまり地球の自転軸を北側にひたすら延長した方向にあるからである。この北極星の高度は、見る人が南北に移動するとその緯度によって変わるが、東西に移動しても変わらない。このことはアナクシマンドロスの言ったことと共通するが、地球の形が「茶筒」ではなく「球」だったとしてもあてはまる。

（２）月食のときに月面に落ちる地球の影がいつも円形である

古代ギリシアの人々は、満月・半月・三日月と変化する月の形の変化および月と太陽の位置関係から、月は自ら光を放っているのではなく、太陽の光に照らされて輝いていることを知っていた。さらに、たまに起こる月食は必ず満月のときに起こり、その際に月を隠すのは地球の影であることも知っていた。つまり、月面に落ちる影の形は、月面に投影した地球の形ということになる。月食は年におよそ２回起きる（１回の年や起こらない年もある）が、どんな位置で月食が起きても地球の影は必ず円形となる。どちらの方向から照らしても影が円である形、それは球である。

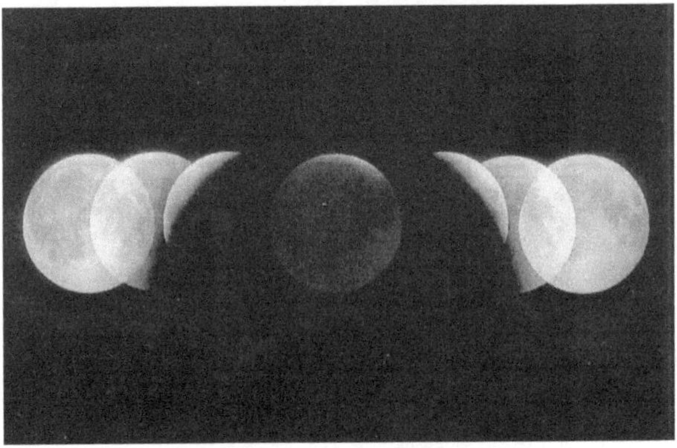

図１－２　月食で見られる地球の影

アリストテレスの考えは証拠に基づいたものだったため、当時の知識人たちに受け入れられた。さらに、彼以降の人々によっても、地球が球形である証拠が挙げられた。その例を以下の（３）（４）に挙げる。

（３）日の出は東の土地のほうが早い

太陽は非常に遠くにあり、太陽からの光は平行な光線となって地球に降り注ぐ。もし地球が平板であるならば、日の出は地上のあらゆる場所で同時に起きるはずである。しかし実際には東のほうから順々に夜が明ける。これは地球の形が南北方向に湾曲しているのに加えて、東西方向にも湾曲していることを示している。

（4）海から陸に近づくと高い山の頂から見えてくる

船に乗って遠方から陸地に近づこうとすると、まず見えてくるのは海岸線や港ではなく、高い山の頂《いただき》である。港に近づくにつれてだんだん下のほうまで見えてくる。これは地球が丸いせいで、地面に貼りつくような低いものは湾曲した水平線（地平線）の向こうに隠れてしまい、高い山のように大きく突出したものだけが水平線の上に顔を出すことができるからである。どんな方向から近づこうともその見え方は変わらない。つまり、大地はあらゆる方向に同じように湾曲していることになる。

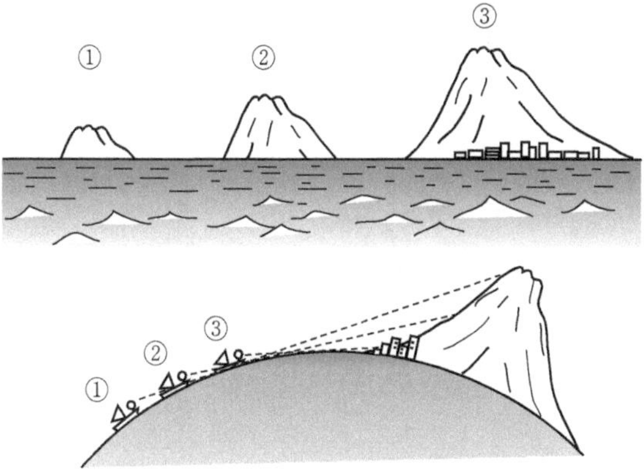

図１－３　船から見た山の見え方

このように、古代ギリシア文明においては、地球の形が丸いことは常識となっていた。

2 地球の大きさを測定する

アリストテレスからおよそ100年後、**エラトステネス**（前276〜前195頃）は初めて科学的な方法で地球の大きさを測定した。彼はエジプトで当時最も栄えていた大都市アレクサンドリアの図書館の館長であった。彼はある文献より、アレクサンドリアのほぼ真南（実際は少しずれるが当時はそう思われていた）にあるシエネ（現在のアスワン）という街では、夏至の正午になると井戸の底に太陽が映り、地面に垂直に立てた棒の影ができないことを知った。つまりこのとき、太陽の光が正確に真上から射《さ》すことになる。

そこでエラトステネスは、シエネのほぼ真北にあるアレクサンドリアで、夏至の正午に地面に垂直に立てた棒の影の長さを測定した。その結果、太陽の光は垂直な棒に対して7.2°の角度で射し込むことがわかった。

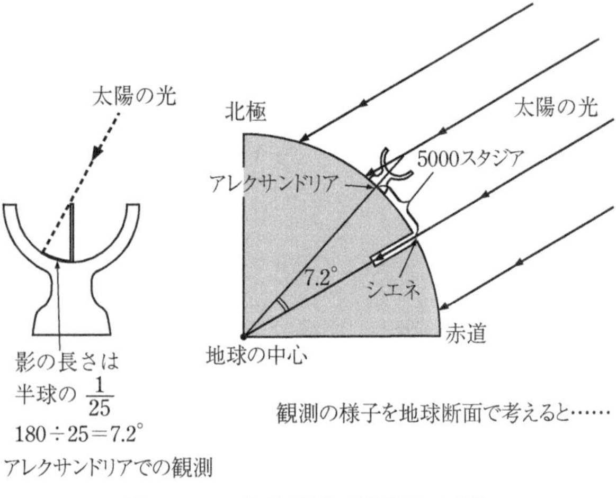

図1－4　エラトステネスが測定した方法

この角度の意味するものはいったい何だろうか。太陽は十分に遠く、太陽からの光は平行光と考えてよい。図1-4のように、アレクサンドリアにおける棒の影のつくる角度7.2°は、シエネとアレクサンドリアのそれぞれから鉛直線を地球の中心に下ろしたときの中心角に等しい。

あとは、シエネとアレクサンドリアの距離がわかれば地球の大きさを決定することができる。ちょうど当時の不正確な地図の修正を行っていたエラトステネスは、地図上の距離や方角を改める際の情報として、商人など旅行者から旅の所要日数の記録などを集めていた。これをもとに、シエネとアレクサンドリアの距離は5000スタジアと見積もられた。1スタジアがどの程度の距離をさすのかは諸説あるが、1スタジア＝185mという値を採用すると、地球の円周の長さは以下のようになる。

地球の円周＝5000スタジア÷7.2×360＝250000スタジア

$$250000 \times 185 = 46250000\mathrm{m} = 46250\mathrm{km}$$

現在知られている実際の地球の円周（北極と南極を通る円周すなわち子午線に沿って測った場合）は40008kmである。エラトステネスは15％ほど大きめの値を導いたわけだが、当時の測定精度を考えると驚くべき正確さといえるだろう。

このように、現在から2000年以上も前に花開いた古代ギリシア文明の科学力は、地球の形を正しく考察し、その大きさまでかなり正確に求めていた。しかし、その後この地域を長く支配したローマ帝国において、国教となったキリスト教はギリシア時代の古代科学を否定する立場をとった。そのため彼らの業績は、ヨーロッパにおいては15世紀のルネッサンス、大航海時代の頃まで忘れ去られることになる。

コラム

[コロンブスの航海を生んだプトレマイオスの誤り]

エラトステネスが求めた約46000kmという地球の大きさは、実のところ当時の知識階級には受け入れられなかった。彼の求めた数字は、当時の感覚からはあまりにも大きすぎたのである。初めて精密な世界地図を描いたプトレマイオス（2世紀）は、地球の円周を実際の7割程度の29000kmくらいと信じていたようである。彼の作った世界地図にはヨーロッパ・アフリカからアジアまで描かれ、緯度経度線も記されているが、ヨーロッパ西端を経度0°、アジア東端の中国の西安を180°の位置に描いている（実際は130°ほど）。

15世紀になると、ヨーロッパの国々はアジアの絹や香辛料を求めて航路を開拓するのに躍起になった。陸路では輸送に困難が伴うばかりか、敵対するイスラム圏を通らねばならなかった。ポルトガルは1418年にアフリカを迂《う》回《かい》する航路づくりを始め、1488年にアフリカ最南端の喜望峰を発見し、非常に遠回りであるもののアジアに行き着く航路を拓いた。

コロンブス（1446頃～1506）も、アジアへの航路を開拓するため大西洋に出帆した。彼は地球が球であることやプトレマイオスの地図を知っており、この地図より、ヨーロッパから西に9000km航海すればアジアに到達する（喜望峰経由の航路では約2万km）と考えた。コロンブスは、ポルトガルに先を越されたスペインの女王を何年もかけて説得して援助を取りつけ、1492年8月、3隻の船で出航した。困難な航海の末、10月には陸地に到達したが、そこはアジアではなく、彼らにとって未知の大地アメリカであった。もしコロンブスがプトレマイオスでなくエラトステネスの求めた値を信じていたならば、安易に西に向けて航海に踏み切ることはなかっただろう。すると広大な南北アメリカ大陸の存在がヨーロッパの人々に知られるのはもっと後だったかもしれない。

〈1-1 解答〉問1 イ　問2 ウ

1-2 地球はほんとうに球なのだろうか

問1 地球の精密な形はどのようなものか。
ア)球が南北につぶれた形　イ)球が南北にふくらんだ形

問2 地球が完全な球でなくつぶれているのはなぜか。
ア)地球が自転しているから　イ)地球が公転しているから
ウ)太陽の引力のため

問3 標高とはどこからの高さだろうか。
ア)地球楕円体表面　イ)ジオイド面　ウ)地球の中心

問4 メートルとは何を基準にした単位だろうか。
ア)足の大きさ　イ)腕の長さ　ウ)地球

1 地球の精密な形をめぐる争い

マゼランの地球一周などを経て地球のほんとうの大きさが認識されてきた頃、フランスのルイ14世は1666年に科学アカデミーを設立し、緯度1°あたりの長さを測量させた。原理的にはエラトステネスの方法と同じだが、太陽ではなく恒星を使い、距離も歩測ではなくものさしを利用して正確に測られた。その結果、現在の単位では緯度1°あたり約111.1kmと求められた。

この頃、イギリスの**ニュートン**は彼の著著『プリンキピア』の中で、地球が自転するために遠心力が自転軸に対して直角外側に働くため、地球の形は完全な球ではなく、やや赤道方向にふくらみ、南北につぶれた形をしていると主張した。

一方、フランスは測量的手法を用いて地球の精密な形を決定しようとした。地球の形が完全な球ではなくつぶれているのなら、緯度1°の距離は地球の表面の形によって決まる。つまり

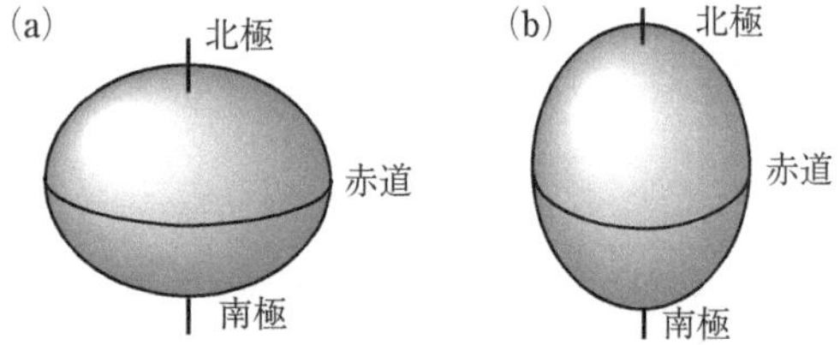

図1－5　ミカン形(a)とラグビーボール形(b)のモデル

同じ緯度1°でもその距離は場所によって異なるはずである。図1-5(a)のように、南北につぶれた形なら赤道付近のカーブは急で緯度1°あたりの距離は短くなり、極付近のカーブはゆるやかで距離は長くなる。フランスのカッシーニは親子２代にわたり、35年の歳月をかけてパリを起点に南北それぞれ緯度差1°の距離を測定し、南＞北の結果を得た。つまり赤道に近いとカーブはゆるやかで極に近づくと急になるので、ラグビーボールを立てたように極方向にふくらんだ図1-5(b)のような形をしていると結論づけた。これは先のニュートンの主張とまったく相反するものである。

この結果はイギリスとフランスの学界で激しい論争となった。論争の収拾を図るためフランス政府は地球規模の測量を企画し、測量隊を北極圏に近いラップランドと赤道に近いペルー・エクアドルに派遣した。フランス国内の測量結果とあわせ

場　所	平均緯度	緯度1°の距離
ラップランド	北緯66.3°	111.99 km
フランス	北緯45.0°	111.16 km
ペルー・エクアドル	南緯1.5°	110.66 km

図1－6　フランスによる測量結果

た結果は図1-6のとおりである。

これを見ると、緯度1°の距離は赤道でわずかに短く極で長い。このことから、ニュートンの考察したとおり地球は南北につぶれた形であることが実証された。カッシーニ父子の測量は、ほとんど差の生じない隣接した場所を測定した上に誤差が大きく、正しい結論を導くことができなかったのである。

2 回転楕円体

地球の形は楕円の短いほうの直径を軸に回転させたときにできる立体図形に近い。このような図形を**回転楕円体**という。回転楕円体のつぶれ具合を表すのに**偏平率**が用いられる。

偏平率fは楕円の長半径（赤道半径）aと短半径（極半径）bを用いて以下のように表される。

$$f = \frac{a-b}{a} \qquad 0 \leqq f < 1$$

実際の地球の形に最もよく合うように赤道半径と極半径を定めた回転楕円体を**地球楕円体**といい、その偏平率はおよそ1/300である。これは赤道半径を1とすると極半径は0.997に相当する。コンパスで半径10cmの円を描いたとすると、地球のつぶれ具合はその線の幅にほぼおさまってしまうほどわずかなものである。半径1mの地球儀を正確に作ったとしても、赤道半径と極半径の差は3mmでしかない。

図1-7を参照すると、木星や土星の偏平率が大きいことに気がつくだろう。木星や土星はたった10時間ほどで1回転してしまい、そのため地球よりはるかに強い遠心力を生じているのである。ニュートンが考えたとおり、惑星がつぶれた形になる主な要因は、惑星の自転による遠心力なのである。

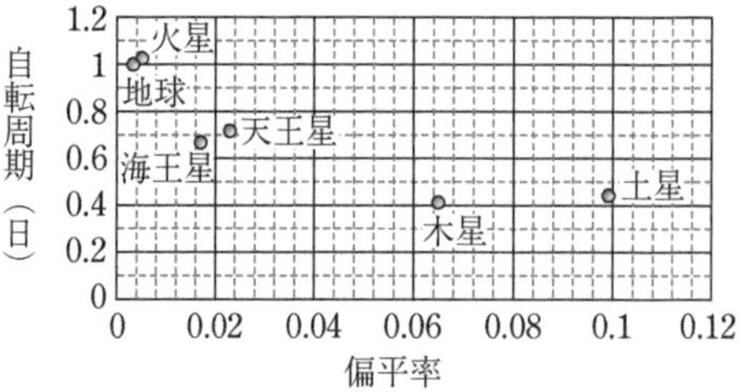

図1－7　太陽系惑星の自転周期と偏平率の関係

3 ジオイド

地上には凹凸が見られるけれども、海面はまったく凹凸のない滑らかな面に見える。もし陸地がなく海水が地球全体を包むとしたら、海水は自由に動けるのだから海面は地球楕円体のような曲面になるのではないだろうか。海面がどこも同じ高さであるという考え方は私たちの感覚にもぴったりくるので、海面からの高さ（海抜）を**標高**ともいい、波や干満の変動をならした平均海面から測ることにしている。

ところが、この基準となる平均海面（陸上では平均海面を延伸した面）で包まれた立体は、ほぼ地球楕円体に一致するものの、厳密にはわずかに凹凸のある不規則な形をしている。この立体を**ジオイド**という。geoとは「地球」、-oidとは「～のようなもの」を意味し、すなわちジオイドとは「地球のようなもの」という意味である。

ジオイドの凹凸は地球内部の密度の不均一が原因である。地下構造が周囲より高密度な場所では引力が局所的にやや大きくなり、海水をたくさん引きつけてジオイド面が凸になる。逆に低密度だとくぼむ。ただし、地球楕円体とジオイドのずれは±100mにおさまっており、実際の固体地球表面の凹凸（最高点が＋8848m、最低点が－10920m）に比べてほとんどない。

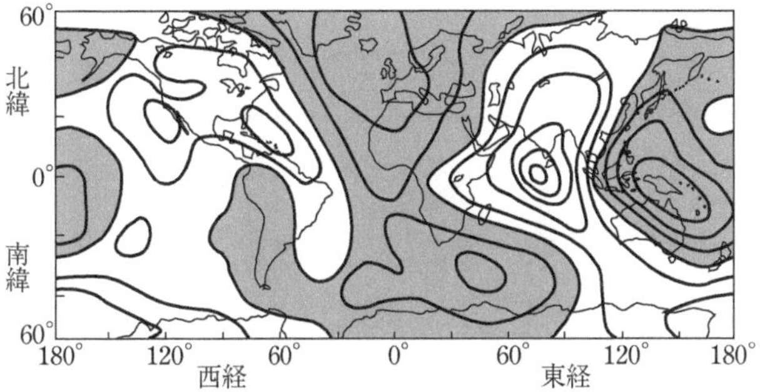

図１－８　地球楕円体を基準にしたジオイドの凹凸（灰色の部分が凸部。等高線間隔は20m）

コラム

［メートル法の制定］

私たちが普段使っているメートルの語源はラテン語のmetrumに由来し「計器」「計る」という意味である。メートルという単位は、地球の形を決める論争の後に、フランスの提唱によってつくられたものである。この頃、各国の交流がさかんとなるにつれ、万国共通の長さの単位が必要となった。そこでフランスは、パリを通る北極から赤道までの子午線の距離を1000万分の１にした長さを１メートルとすることに取り決めた。フランス政府は得意の測量で地球の大きさを精密に決定し、国際的な主導権を得ようとしたのである。測量はフランスの北岸ダンケルクからスペインのバルセロナまでを、６年の歳月をかけ徹底して行った。当時はフランス革命の真っ最中であり、測量は困難を極めたものの1799年に１メートルを決定し、プラチナでメートル原器を作製した。メートルは地球が基準となった距離単位なのである。

メートル原器は量産されるものではないため、測定者がいつも原器に立ち返るわけにはいかない。メートルの定義はその後何度か改められ、現在では「光が真空中で299,792,458分の１秒間に進む距離」と１メートルが規定されている。

〈1-2 解答〉問1 ア　問2 ア　問3 イ　問4 ウ

1-3 重力からわかること

問1 重力とは何だろうか。
　ア）物体と地球の間に働く万有引力
　イ）地球の自転によって物体に働く遠心力
　ウ）アとイの合力
問2 地球上で重力が最も大きい場所はどこだろうか。
　ア）北極・南極　イ）エベレスト山頂　ウ）赤道上

1 重力とは

地球が平らだと信じる人たちは、もし地球が球であるなら、裏側に住む人は地面から落ちてしまうはずだと主張した。これに対し地球は球であると論じたアリストテレスは、地球の中心方向がそれぞれの場所の下であり、どの場所でも地面に立つことができると明快に答えている。この地球の中心方向へ引きつける力、**重力**について考えてみよう。

重力はあらゆる物体を下向きに引っ張る力で、その大きさは物体の質量に比例する。つまり、重力Fは質量をmとすると、

$$F = mg \quad (g\text{は定数})$$

と表せる。このgは加速度（物体が一定の割合で速度を増す際の加速の度合い）であり、重力による加速度なので**重力加速度**という。地表ではおよそ9.8m/s^{2}という大きさであり、これは物体を静かに落下させると１秒後には9.8m/sの速度となり、２秒後には19.6m/s、３秒後には29.4m/sとなる加速度である。

やってみよう 重力加速度を測定する

5円玉や50円玉に糸を結びつけて振り子をつくり、静かに振ってみよう。振り子が、例えば左端から右端に行ってまた左端に戻ってくるまでの時間を、振り子の周期という。振り子の振れ幅が小さければ、この周期は重りの重さによらず、糸の長さと、重りを引っ張る重力の大きさによって決まる。周期を T [秒]、糸の長さを l [m]、重力加速度を g [m/s²] とすると、これらには以下の関係がある。

$$T = 2\pi\sqrt{\frac{l}{g}}$$

これを変形すると、

$$g = \frac{4\pi^2 l}{T^2}$$

となり、振り子の周期と糸の長さを計測すれば重力加速度を求めることができる。

2 万有引力

重力とほぼ同じ意味で用いられる言葉に**万有引力**がある。万有引力は1665年に**ニュートン**が提唱したもので、あらゆる物体と物体の間には互いに引きあう力が存在し、その力は両者の質量の積に比例し両者の距離の２乗に反比例する。有名なエピソードでたとえると、リンゴが木から落ちたのはリンゴが地球に引っ張られたからであり、リンゴの質量が大きいほどその力は大きくなり、また距離（リンゴの重心と地球の重心の距離）が近いほどその力は大きくなる。

地球は回転楕円体をしており、地球中心（重心）から地表までの距離は北極・南極で最短となり赤道で最長となる（北極・

南極までの距離より0.3%長い)。ゆえに地表の物体と地球の間に働く万有引力は、北極・南極で最大となり赤道で最小となる。赤道で物体と地球の間に働く万有引力の大きさは、北極・南極で同じ物体に働くそれの約99.4%程度となる。

コラム

[指数の表し方]

宇宙の質量から原子の大きさまで、地学ではとても大きい数や小さい数を扱う。これらを表すのにゼロをたくさん書いてもよくわからないし、煩雑で大変である。そこで、指数表示を用いると便利である。ここで整理しておこう。

指数表示では

$$a \times 10^{b}$$（aは小数で表し、$1 \leqq a < 10$、bは整数）

という表現法を用いる。

例えば10000という数は、1×10^{4}のように表す。2500ならば2.5×10^{3}となる。

慣れてくると後半だけを見て10^{3}なら千の位、10^{4}なら万の位の数字であることがすぐにわかるようになる。10^{0}は1であり、10^{-1}は1/10、10^{-2}は1/100を意味するので、0.08という数字は8×10^{-2}と書くことができる。

10^{3}＝1000　10^{6}＝100万　10^{9}＝10億　10^{12}＝1兆

10^{-3}＝1/1000　10^{-6}＝1/100万

10^{-9}＝1/10億　10^{-12}＝1/1兆

③ 重力≠万有引力？

先ほど万有引力のところで「重力とほぼ同じ意味で用いられる」と述べたが、厳密には重力と万有引力は異なる。正確には重力は万有引力ともう一つの力との合力である。それは地球の形を偏平にさせた力、自転による遠心力である。

地球は、どこにいても１日に１周することになるが、自転軸からの距離が大きいほど移動する円周が長くなるので、速度は速くなり、遠心力も大きくなる。最大はもちろん赤道で、高緯度になるほど小さくなり北極・南極ではゼロとなる。ただし、最大となる赤道でも遠心力の大きさは、万有引力の約300分の１しかない。

重力は万有引力と遠心力の合力であり、どちらも場所によって大きさが異なるため、重力の大きさも場所によって異なる。重力の大きさは重力加速度gの違いで比較できる。重力が最小となるのは赤道で（$g=9.78\mathrm{m/s^2}$）、これは地球中心から遠いため万有引力が小さいのに加え、遠心力が万有引力を打ち消すように働くからである。逆に重力が最大となるのは北極・南極で（$g=9.83\mathrm{m/s^2}$）、これは地球中心に近いのと遠心力がゼロだからである。ただし両者の差も0.5％でしかない。

重力の向きを**鉛直方向**という。万有引力は地球中心（重心）

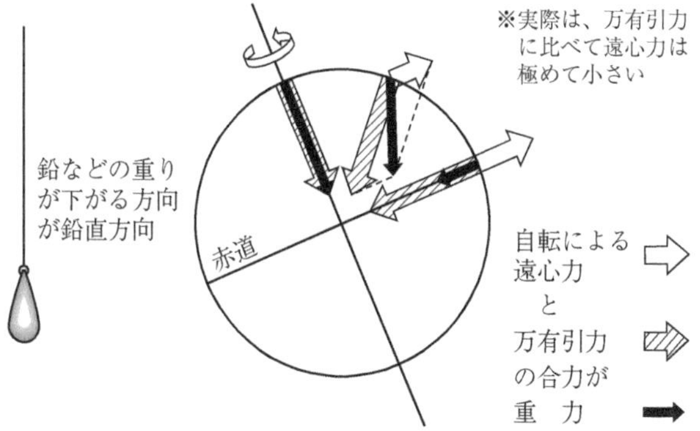

重力の方向は鉛直方向に一致する

図１－９　万有引力と遠心力と重力の関係

に向かう力だが、遠心力は自転軸に対し直角外側に向かう力なので、鉛直方向は必ずしも地球中心を向いていない。アリストテレスが言った「地球の中心方向がそれぞれの場所の下」というのは厳密には違っていたことになる。ただし繰り返すようだが、遠心力の影響は極めて小さいことを考えると、重力と万有引力はほぼ一致すると考えてよく、鉛直方向は地球の中心方向にほぼ一致するとして構わない。

4 地球の質量

重力加速度を測定したり重力と万有引力の関係を論じることの意義は何だろうか。実はこれらから**地球の質量**が求まるのである。地球の質量が求まれば、地球の体積で割って平均密度を求めることができる。密度は地球を構成している物質が何であるかを教えてくれる重要な情報となる。

地球上で質量m［kg］の物体にかかる重力Fは、重力加速度をg［m/s^2］とすると

$$F = mg \quad \cdots\cdots\cdots\cdots\cdots\cdots \text{式1}$$

で表されることはすでに述べた。

一方、2物体間に働く万有引力Fは、2物体の質量をそれぞれM［kg］・m［kg］、両者の距離をr［m］とすると、以下の式2で表される。

$$F = G\frac{M \cdot m}{r^2} \cdots\cdots\cdots \text{式2}$$

（G：万有引力定数 $6.673 \times 10^{-11}\,\mathrm{N \cdot m^2 \cdot kg^{-2}}$）

地球と物体が引きあう万有引力Fを考えてみよう。式2で質量の一方Mは地球の質量、mは物体の質量とする。rの距離は地球中心（重心）と物体の重心の間の距離であるから、この値

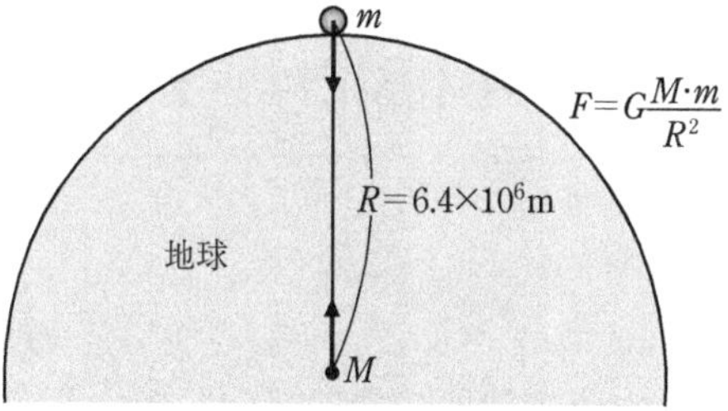

図1－10　地表の物体と地球との間の万有引力

は地球の半径（Rとする）と考えて差し支えない。

重力には遠心力の影響も含まれるが、その大きさは地球の万有引力に対し最大でも300分の１程度なので無視すると、式１と式２のFは同じ大きさとなる。そのため、

$$mg = G\frac{M\cdot m}{R^2} \quad \cdots\cdots 式3$$

とすることができる。両辺を整理すると、次のようになる。

$$M = \frac{gR^2}{G} \quad \cdots\cdots\cdots\cdots\cdots 式4$$

地球の半径Rはすでに精密に測られた既知の値であり、重力加速度も測定で得られる。Gは定数なので、式４を用いれば地球の質量Mが求まる。

$R = 6400\mathrm{km} = 6.4\times10^6\mathrm{m}$、$g = 9.8\mathrm{m/s^2}$の値を用いて計算すると、$M = 6.0\times10^{24}\mathrm{kg}$という値が得られる。これが地球の質量である。

〈1-3 解答〉問１ ウ　問２ ア

1-4 地球の内部には何がある？

問1 地球内部の密度分布はどのようになっているか。
ア）地表に重い物質が集まっている　イ）中心部に重い物質が集まっている　ウ）地球はほぼ一様な密度分布をしている

問2 地磁気が存在する原因は何だろうか。
ア）地球内部に永久磁石がある
イ）地球内部に電気をよく通すものがある

1 地球の質量と平均密度

地球の質量6.0×10^{24}kgという値から、地球の平均的な密度を求めてみよう。1 m^{3}や1 cm^{3}など単位体積あたりの質量を密度という。密度は質量÷体積で求められる。

簡単にするため地球を完全な球とすると、体積$V=4/3\pi R^3$と表せる。地球の平均半径$R=6.4\times10^6$mを代入すると、地球の体積Vは1.1×10^{21}m^{3}と求まる。

これから**地球の平均密度**を計算すると、5.5×10^3kg/m^{3}という値が得られる。1 m^{3}あたり5.5トン。この数値では実感しにくいので、角砂糖くらいの大きさすなわち1 cm^{3}に換算すると5.5g/cm^{3}という値が得られる。地球はさまざまな物質で構成されているが、これを均質にして角砂糖くらいの大きさに切り出したら5.5 gの質量だということである。

ちなみに水の密度は1 g/cm^{3}である。地球から切り出したかけらは水よりは重い、つまり水に沈むことになる。一方、非常に重い液体である水銀の密度は13.6g/cm^{3}であり、地球のかけらは水銀には浮くことになる。

2 密度から探る地球の内部

人類は38万kmかなたの月までも到達したが、たった6400kmの距離の地球中心へはとうてい行くことができない。人類が最も深く掘った記録は、ロシアのコラ半島で1970年から20年以上かけて掘られた深さ約12kmにすぎず、地球半径と比べるとほんの引っかき傷ほどである。つまり私たちが手にとって調べることのできる地球の物質は地球表層のものしかなく、内部の大部分については物質を取り出すことすらできない。

その地球表層はどんなものでできているだろうか。大地は厚さ数mの**表土**で覆われ、その下には**岩石**が存在する。前述したコラ半島での調査では、12km下までずっと花こう岩という白っぽい岩石が続いていた。深海底の掘削調査では、表層の堆積物を抜けると玄武岩や斑れい岩という黒っぽい岩石が、掘削した数km下まで続く。つまり地表から数～十数km地下まではこのような岩石でできているということになる。

地表から十数kmより下についても少しはわかっている。火山をつくる**マグマ**は主に地下数十～200kmの深さで発生し、地上に向かって上昇してくる。このマグマは周囲の岩石を巻き込んで地上に持ってくることがある。こうした岩石を**ゼノリス**（**捕獲岩**）という。地下深部から一気に上ってきたマグマが抱えるゼノリスの多くは、かんらん岩と呼ばれる緑色の美しい岩石であり、このような岩石が地下数百kmの深さ（地球全体からみればまだ表層部だが）に分布していると考えられる。

これらの岩石の密度を測ると、花こう岩が2.7g/cm^3、斑れい岩が3.0g/cm^3、かんらん岩が3.3g/cm^3となり、地球の平均密度5.5g/cm^3に比べるとずっと小さい。これはすなわち、手の届かないさらに深部に、これよりずっと高密度の物質があることを示している。

3 地磁気の存在

地球には**地磁気**が存在する。おかげで私たちは方位磁石を使って簡単に方位を知ることができる。世界各地で地磁気の向きを測定してまとめると、地球は一つの大きな磁石だと考えられる。地球内部に巨大な磁石を用意し、北極側には方位磁石のＮ極を引きつけるＳ極が、南極側には逆に方位磁石のＳ極を引きつけるＮ極があると考えれば、世界各地の地磁気の向きをうまく説明することができる。

ところが地球内部の研究が進むにつれ、地球内部は非常に高温であることがわかってきた。中心部では約6000℃にもなり、こんな温度ではどんな永久磁石（マグネットなどに利用される、磁性がいつまでも変化しない磁石）でも磁石の性質を失ってしまう。つまり地磁気をつくる地球内部の磁石は永久磁石ではない。では何が地磁気を生じさせているのだろうか。

永久磁石でないとすれば電磁石が思い浮かぶ。電磁石は電流が生じることでそれを取り巻くように磁場が発生し、磁石の性質を持つ。もし地球内部に電気をよく通す物質(金属)があり、電流が流れれば、磁場が生じるはずである。

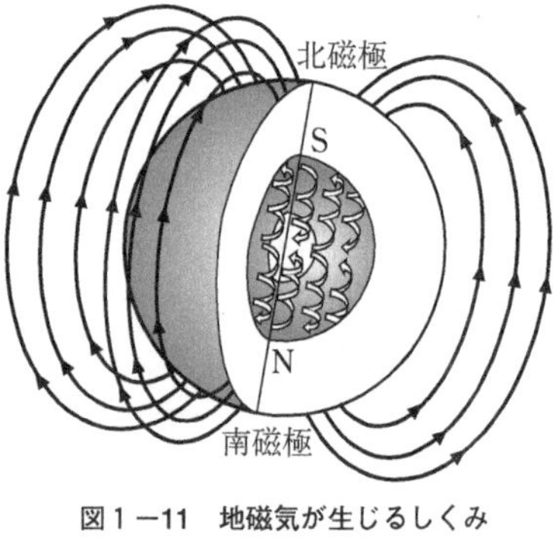

図１－11　地磁気が生じるしくみ

電流が流れるといっても電源とつながった回路があるわけではなく、電荷を帯びた物質（金属原子や電子）が流動することで電流と同じ効果を生み出すのである。

このように、地球は電磁石のしくみで磁場を発生していると考えられている。この考えを**ダイナモ理論**と呼ぶ。ダイナモとは発電機のことである。ダイナモ理論が地磁気の原理として正しいとすれば、地球内部には電気をよく通す物質が流動していると考えることができる。

ところで、磁石の指す北は正確な北ではない。方位磁針の指す北極（北磁極）は、地軸のある北極から南に11°ほどずれたカナダの北岸に位置する。そのため日本で方位磁針の指し示す北（磁北）は、真北から6～9°西にずれている。このずれを**偏角**という。オリエンテーリング用の方位磁石には偏差目盛りがついているが、これは偏角を補正して正しい北を知るためのものである。磁極の位置や地磁気の強さはゆっくりと変動しており、かつては磁場のN極S極が逆転するような出来事も繰り返し起こっていたことが明らかになっている。

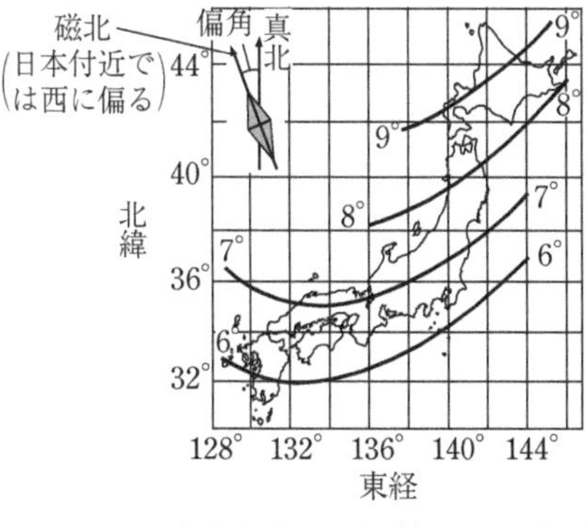

図１－12　日本付近の偏角分布（真北より西向き）

4 宇宙からの情報

太陽系内の小天体が地球の引力にとらえられて落下し、燃え尽きずに地上にまで達することがある。これを**隕石**という。小天体は大気圏突入の際に砕け、破片になってしまうので、地上にクレーターをつくるような巨大隕石は滅多に落ちてこないが、小さなものはかなり頻繁に落下している。

隕石の形成年代を第４章で述べるような放射性同位体を用いる方法で測定すると、その多くが46億～45億年前という年代を示す。地球も他の惑星もこうした隕石のもととなる小天体が集まって誕生したと考えられている。つまり46億～45億年前の年代を示す隕石は、太陽系誕生当時の材料のなごりであり、地球や惑星をつくった材料そのものといえる。隕石はこのように地球や太陽系のでき方を教えてくれる、いわば宇宙からの贈り物であり、世界中でさまざまな研究が進められている。

こうした「地球の材料」ともいえる隕石は、その多くは岩石でできている（石質隕石）。しかし中にはほとんど鉄の塊といえるものもあり、地球に落下する隕石の１割弱を占める。これを鉄隕石（隕鉄）という。また鉄と岩石が混合したような隕石も存在する（石鉄隕石）。どうやら鉄は、惑星をつくる材料として宇宙空間にかなり存在するものらしい。

地球の平均密度および地表付近の岩石の密度からは、地球内部にはかなり密度の高い物質がなくてはならないことになる。また、地磁気の存在からは、地球内部に電気をよく通す物質がなくてはならないことになる。さてその物質とは何か。宇宙からの使者は直接的な示唆を与えてくれる。地球の材料には岩石のほかにかなりの量の鉄が存在したはずだ。すなわち、地球の内部には鉄が大量に存在することが推察できる。

〈1-4 解答〉問１ イ　問２ イ

1-5 より詳しく地球内部を調べる

(問1) 地球を構成する層を表面から順に並べよ。
ア）マントル　イ）外核　ウ）地殻　エ）内核

(問2) 地殻の厚い場所は、どんなところか。
ア）大陸上の山脈　イ）大陸上の平地　ウ）海洋底

(問3) 地殻の薄い場所は、どんなところか。
ア）大陸上の山脈　イ）大陸上の平地　ウ）海洋底

1 地震波を使って地球内部を見る

地球内部をもっと詳しく調べるにはどうしたらいいだろうか。前述したように、掘削調査で調べられる地球内部は、地球半径の6400kmに比べると極めて表層といわざるを得ない。もっと深くまで、もっと広い範囲で地球内部について知ることはできないだろうか。残念ながら直接的に地球内部を見ることはできないが、間接的になら知る方法がある。

風邪をひいて病院に行くと、医師は胸をとんとんと叩《たた》いてその音の伝わり方を聞き、体内の異変を知る。風邪くらいでいちいち切開されては大変である。また、スイカの良し悪しを外側から判断するのに、軽く叩いて音を聞いたりする。これと同じ原理で、地球を叩き、叩いたときに生じる波の伝わり方を調べることで、地球内部の様子を知ることができる。

地球を叩くもの、それは**地震**である。地震が甚大な災害をもたらすことがあるのはいうまでもなく、特に地震国・日本に住む私たちにとって地震は恐れの対象であるが、視点を変えると地震は地球内部を照らすサーチライトになる。

19世紀後半に、潮汐《ちょうせき》の様子から地球の「硬さ」が求められるようになった。月や太陽の引力によって、流体の海水は引き寄せられて潮の干満をもたらす（第７章で詳しく述べる）。地球本体も軟らかければ海水と同じように変形するはずである（これを地球潮汐という）。しかし各地での測定結果をまとめると、地球本体は潮汐力によってほとんど変形しないことがわかった。この結果、地球はかなり内部まで非常に硬いということがわかった（それまでは、地球の内部はドロドロに融けていてとても軟らかいと信じられていた）。硬いものは波をよく伝えるので、地震によって起きる波（**地震波**）を使って地球内部を調べられることがわかったのである。

ここで地震波について触れておこう。岩盤に巨大な力が加わり続けると、あるとき岩盤は急激に破壊され、ずれが生じる。これを断層といい、このとき地震が生じる。破壊の起きた地点を**震源**といい、その直上の地表を**震央**という。この破壊の際に周りの岩盤は激しく振動し、それが波として四方八方に伝わっていく。この波を地震波という。

地震波はその性質によっていくつかに分類される。このうち代表的な**Ｐ波**と**Ｓ波**について、揺れの特徴を次にまとめた。

Ｐ波（Primary wave＝最初の波）

縦波。圧縮と膨張（体積変化）が伝わる波。地殻中を５～６km/sで伝わる。固体・液体・気体ともに伝わる。波長は短く振幅は小さい。コトコト揺れる。

Ｓ波（Secondary wave＝２番目の波）

横波。変形（ゆがみ）が伝わる波。地殻中を３～3.5km/sで伝わる。Ｐ波より遅い。液体や気体中は伝わることができない。波長は長く振幅が大きい。ユサユサ揺れる。

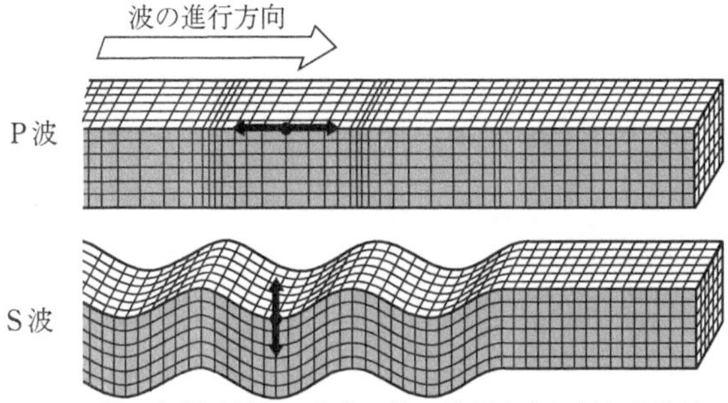

黒い矢印は揺れの方向。波の進行方向に対しＰ波は
縦（同じ方向）に揺れ、Ｓ波は横（垂直方向）に揺れる

図１－13　Ｐ波とＳ波の伝わる様子

地震波も音や光と同じ波の一種である。波は同じ物質中では直進するが、物質が変わって波の伝えやすさが変わると屈折や反射をする性質がある。ジュースにさしたストローが折れ曲がって見えるのは、空気と水（ジュース）では波（光）の伝えやすさが違うため、波の屈折が起こっているのである。地震波も同じで、物質の密度や性質が急激に変わるところでは屈折や反射をする。つまり、地震波が屈折や反射をしたことを見つけられれば、地球内部に密度や性質の違う物質があり、それらが不連続な面で隔《へだ》てられていることがわかるのである。

2 不連続面の発見

地震が起こると、各地の地震計の記録を持ち寄って解析が行われる。各観測地点から震源までの距離を求め、震源の位置や地震の発生時刻を決定したりするのである。

横軸に観測地点の震央からの距離、縦軸に揺れ始めの時間（つまり地震波が到達した時間）を取り、グラフにしたものを**走時曲線**という。地震波が通過してきた地下の物質が均一なら

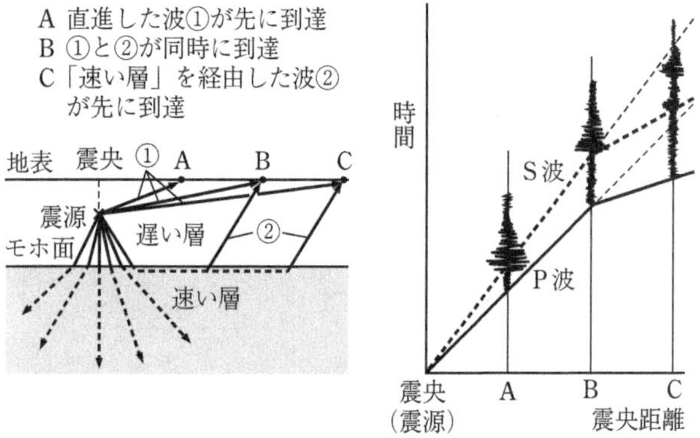

図1−14　走時曲線（右）と地震波の経路

ば地震波速度は一定であるから、地震が発生してから観測地点に伝わる時間は距離に比例し、走時曲線はほぼ直線になるはずである。ユーゴスラビア（現クロアチア）の地震学者モホロビチッチは、1909年にバルカン半島で起きた地震を調べ、走時曲線がある震央距離で折れ曲がることを発見した。この距離より遠いところでは、距離から推定される時刻より先に地震波が到達しているのである。

モホロビチッチはこの原因を、地震波を速く伝える層が地下にあるためと考えた。つまり、直線的に最短距離を通って到達した地震波よりも、遠回りだがいったん地下に向かい、地下にある「速い層」を通過して観測点に到達する地震波のほうが、遠方では先に到達するのである。ちょうど、比較的遠い場所に車で向かうには、インターチェンジが少々離れていても高速道路を用いたほうが早く到着するのと同じことである。

モホロビチッチの考えでは、ある深さで地震波の速度が急に大きくなる。つまりこの境界が不連続面である。モホロビチッチが仮定した不連続面はその後世界中で確認され、地球規模の構造であることがわかった。地表を含む地震波の伝わりが「遅い層」を**地殻**（crust）、地下の「速い層」を**マントル**（mantle）と呼ぶようになり、その境界は**モホロビチッチ不連続面**（略して**モホ面**）と名づけられた。

3 地殻の厚さと構造

不連続面の深さは、走時曲線から計算することが可能である。モホロビチッチはバルカン半島の地殻の厚さを40km程度と見積もった。その後、自然地震を待つだけでなく地中で爆薬を爆発させ人工地震を発生させる方法も加わり、世界各地で精密な調査が行われた。

すると、地殻の厚さは場所によって大きく異なることが明らかになった。大陸では30〜40kmであるが、ヒマラヤ山脈やチベット高原は特に厚く60km以上もある。日本列島の地殻は30〜35kmと、大陸並みの厚さを示す。一方、海洋の地殻の厚さは音波探査という方法が開発され一気に解明が進んだ。これは船上から爆音を発し、音波が不連続面（海底やモホ面など）で反射して戻ってくる時間差を測るもので、これより海底の地殻の厚さは6〜7kmであることが判明した。つまり海洋では地殻がとても薄く、反対に大陸では厚いことがわかる。山脈のような場所では地殻がさらに厚くなっている。

地震波の速度分布から、地下の岩石の種類をある程度特定することができる。海洋の薄い地殻は、表面に堆積物や玄武岩の溶岩が覆うものの、残りの大半は主に斑れい岩によって構成されている。一方、大陸地殻はやはり地表を覆う堆積物の下に、主に花こう岩からなる層（**上部地殻**）があり、その下に主に斑れい岩からなる層（**下部地殻**）で構成されている。上部地殻と

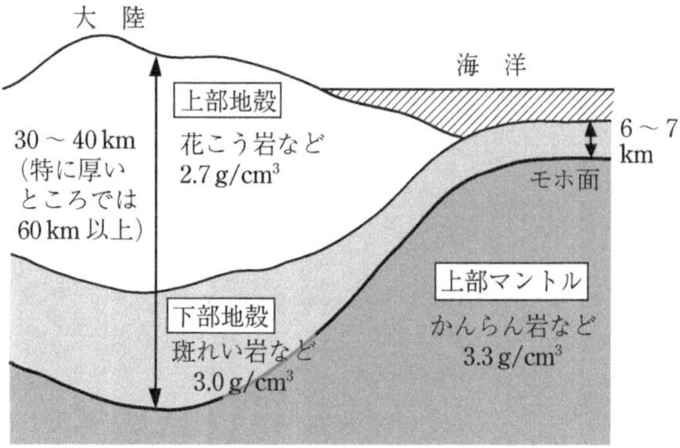

図1－15　地殻の構造

下部地殻の間に両者の中間的な岩石からなる中間層を置く考え方もある。

4 アイソスタシー

上部マントルはマグマに含まれるゼノリスにより、かんらん岩などで構成されることがわかっている。地表に近いほうから順に並べると、**花こう岩、斑れい岩、かんらん岩**と密度は順に大きくなる。これは重い岩石の上に軽い岩石が浮かんでいるようにも見える。先に触れた山脈や海洋などの地形と地殻の厚さの関係も、軽い地殻が重いマントルの上に浮いているとすれば次のような説明ができる。

いろいろな大きさの氷を水に浮かべてみよう。水の密度が約1 g/cm³に対して氷が約0.9g/cm³と密度が小さいので、氷は水に浮かぶ。ここで氷の水面から上の体積と水面下の体積を比較すると、どの氷も上と下の比率は一定である。同じように地殻もマントルの上に浮いてバランスをとり、厚い部分が出っ張っ

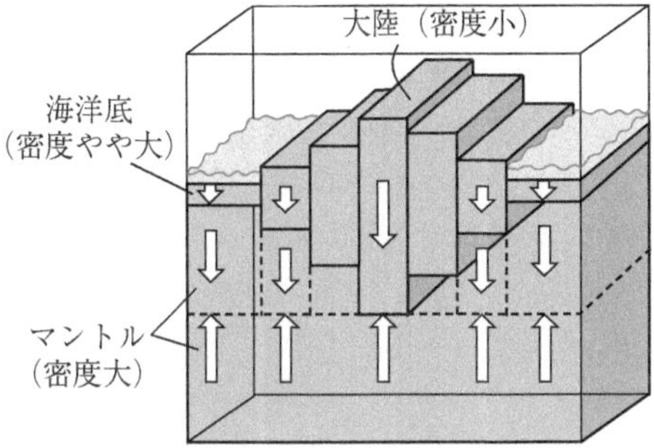

図１－16　アイソスタシーの概念図

て大陸となっている。この考えを**アイソスタシー**という。

本当にアイソスタシーが地殻とマントルの間で成り立っているのなら、地殻に重しをのせると地殻は沈み込み、それが取り除かれると地殻は隆起するはずである。この実例が北欧のスカンジナビア半島で観察されている。この地域は氷期が終わる１万年前まで、厚さ約３kmの氷河が覆っていた。氷の密度は花こう岩の３分の１程度あるので、これは花こう岩が１km上積みされたことと同じである。この重みにより、地殻は500m以上沈み込んでバランスをとっていたと考えられる。その後氷期が終わり、厚い氷の重しがなくなったことで、この地殻は現在までに最大約300mも隆起し、隆起は現在も続いている。

このように説明すると、水に浮かぶ氷のイメージから、地殻が浮かぶマントルを液体だと誤解してしまいがちである。しかしマントルはれっきとした固体である。それは地震波のＳ波が伝わることからも明らかである。マントルは固体であるが、極めて長い時間をかけるとゆっくりと変形することができ、流体のようにふるまえるのである。

5 地球の層構造

モホロビチッチに端を発した地震波の研究は、20世紀前半にかけて世界的に拡大し、情報が蓄積され始めた。地球内部を伝わる地震波は、震源から地球の裏側にまで伝わることが確認された。しかし地球の裏側で観測される地震波の到達時刻が予想よりもかなり遅いことから、地球の中心部には地震波を伝えにくい物質が存在していることが指摘された。

1914年、ドイツのグーテンベルクは、震源から中心角103°以遠ではＳ波が観測されないことから、この新たな不連続面の下はＳ波を伝えない物質、すなわち液体の物質が存在すると考えた。この不連続面の深さは約2900kmで、この不連続面を**グーテンベルク不連続面**といい、岩石でできた**マントル**と液体の鉄でできた**核**（core）の境界である。さらに103°～143°の領域ではＰ波も観測されないことが見出された。この領域はＰ波もＳ波も到達しないので、**シャドーゾーン**と呼ばれる。

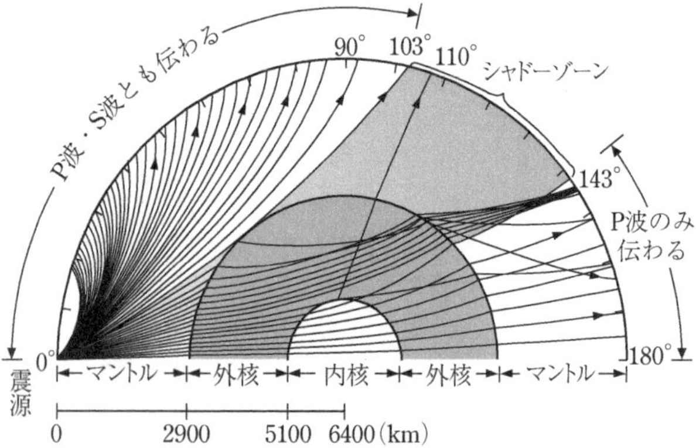

図１－17　地球内部の地震波経路

1936年にはデンマークのレーマンが、地震波が伝わらないはずのシャドーゾーン内（震源から110°の地点）に、微弱なＰ波が到達することを見出した。彼女は深さ5100kmに不連続面があれば、この不連続面で反射したＰ波が110°地点に到達できると考えた。この不連続面を**レーマン不連続面**という。地震波の反射の様子から、この不連続面の下は硬い固体であることが推測された。つまり鉄が液体として存在するのは2900kmから5100kmまでで、それより深いところではあまりの超高圧で固体になってしまうと考えられる。レーマン不連続面は、核のうち液体鉄である外側の部分（**外核** outer core）と、固体鉄である内側の部分（**内核** inner core）の境界なのである。

地表の物質から調べ始めてようやく地球の中心部の物質にまでたどり着いた。ここでもう一度振り返ってみよう。

地球は中心部から地表に向けて、密度の大きな物質から小さな物質へと層状の構造をしている。地球の中心には重い鉄の塊である核が存在し、その核も内側の固体部と外側の液体部に分かれる。外核の液体鉄が流動することで地磁気が生じる。また液体鉄が地震波のＳ波の伝播を妨げるため、地球の裏側にＳ波は到達しない。

核の外側には岩石でできたマントルが厚く覆《おお》う。マントルは地球体積の84％を占める。マントルも上部と下部では岩石の密度や性質が大きく異なると推測されているが、マントル捕獲岩（ゼノリス）という証拠を持つ上部に比べ、下部に関する情報は乏しい。最後に、地球半径の１％にも満たない薄い地殻が覆う。地殻の岩石はマントルの岩石より軽く、大陸においてはさらに下部地殻と上部地殻に分けられる。もちろん上部地殻のほうが軽い岩石でできている。

このような密度の大きい順に積み重なった状態を**密度成層**と

いう。密度成層の構造は、地表を覆う海水や大気まで含めて考えることもできる。地殻の上には、岩石より密度の小さい海水があり、その上は最も軽い大気の層があり、徐々に薄くなって宇宙空間へと続いていく。

6 内部構造からプレートテクトニクス、そしてプルームテクトニクスへ

ここまでの地球内部を探る旅は、主に20世紀前半に明らかになった成果である。20世紀後半に入ると、科学調査船の活躍により、それまでほとんど知られていなかった海底地形や海底地質の理解が急速に深まった。このことにより、大胆な仮説にすぎなかった**プレートテクトニクス**理論が確固たる証拠を持つに至り、地球科学界にそれまでの地球観を大きく覆《くつがえ》すほどの転換（パラダイムシフト）を呼び起こした。そのうねりは、さまざまな分野に細分されていた学問を統合し、地球科学と呼ぶにふさわしい系統だった学問へ昇華させるに至った。

スーパーコンピュータの出現により、大量のデータを扱う科学も発達した。莫大な情報量の地震波データをコンピュータで処理する**地震波トモグラフィー**という技術によって、地球内部の詳細な構造を読み取ることができるようになった。これらの成果は、プレートという私たちの関心を集めた薄い板の下に、**プルームテクトニクス**という地球全体を包括する循環のシステムが存在することを明らかにした。

次章以降では、こうして次々と明らかにされてきた地球のさまざまな姿を、固体地球の世界から順に紹介していくことにしよう。そして最後は宇宙に飛び出し、地球のような星が宇宙に存在する可能性にまで触れることにしよう。

〈1-5 解答〉 問1 ウ、ア、イ、エ　問2 ア　問3 ウ

第2章

地球をつくる岩石と鉱物

2－1　元素・鉱物・そして岩石
2－2　岩石をつくるプロセス：火成岩とマグマ
2－3　堆積岩と変成岩：地球に特有の岩石

2-1 元素・鉱物・そして岩石

問1 地表で見られる岩石に最も多く含まれる元素は何か。

ア）水素　イ）炭素　ウ）酸素　エ）ケイ素　オ）鉄

問2 岩石をつくる多くの鉱物ではケイ素と酸素が結びついているが、ケイ素原子１個に結合する酸素原子は何個か。

ア）１個　イ）２個　ウ）３個　エ）４個　オ）５個以上

問3 宝石になる硬い鉱物はどういう場所で生じるか（２つ）。

ア）海の中　イ）地下深く　ウ）マグマの中　エ）砂漠

1 月も火星も岩石でできている

私たちが立つ大地は、表面の土砂やアスファルトなどを取り除けば、主に**岩石**という物質でできている。アスファルトの舗装は、原油からガソリンや軽油などを分離した後に残るタール状の成分を砂利と混ぜたものであり、コンクリートも石灰岩という岩石を砕いてつくったセメントを水に溶き、砂利と砂を混ぜて固めたものなので、結局私たちは今も岩石の上に立っているといえる。

1969年、アポロ計画によって人類が初めて、地球以外の大地すなわち月面に立った。その月面も岩石やその破片で覆われていた。21世紀になると火星表面に着陸した無人の探査機から、地表の鮮明な画像が送られてきたが、やはり火星の表面も岩石でできていた。このほか、水星や小惑星や惑星を回る衛星など多くの天体が岩石でできていることが明らかにされている。

地球に持ち帰られた数百kgもの「月の石」や、地上探査機によって調べられた火星表面の岩石は、驚くことに地球に見られる岩石の仲間であった。つまり、太陽系の惑星や衛星は同じような岩石でできていたのである。逆にいえば、地球の岩石について知ることは、太陽系を知る第一歩ともいえる。

地球をつくる岩石、そして岩石の構成要素である**鉱物**は、大気や海洋、生命圏を含む地上の世界とも密接に関係している。私たちの住む地上の世界がどのようにしてつくられてきたかを知る手がかりが、これら鉱物や岩石の中に隠されている。

2 地球をつくる元素

地球上の岩石は鉱物でできている。そして鉱物をつくっているのは物質の最も小さな構成単位である**原子**である。この節ではまず地球をつくる原子の種類（**元素**）から見ていこう。

地表で観察される岩石を原子レベルにまで砕いたとすると、質量の約47％が酸素（O）、約28％がケイ素（Si）であり、この２元素で岩石全体の４分の３を占めている。その次には、アルミニウム（Al）、鉄（Fe）、カルシウム（Ca）といった金属元素が多く含まれる。一方、地球をつくった材料に近いとされる隕石を分析して推定した「地殻＋マントル」全体では、酸素、ケイ素に次いでマグネシウム（Mg）が多く含まれる。

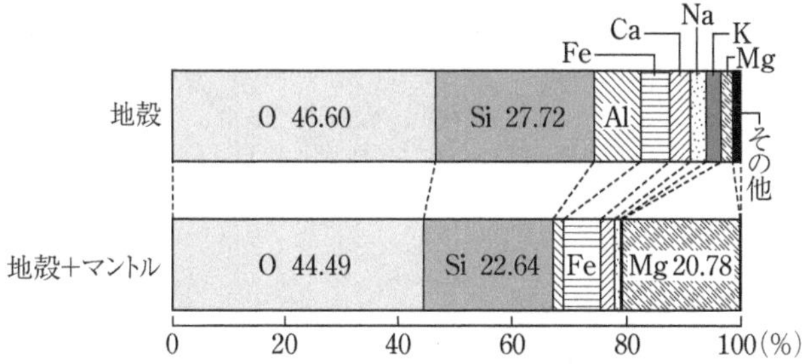

図２－１　地殻および、地殻＋マントルの元素存在度（質量比）

地球上の岩石に酸素やケイ素が多いのは、地球を含む太陽系のでき方と材料に原因がありそうである。太陽系の質量全体の99.9％は太陽であるから、地球や惑星となった材料も太陽の成分をもとに考えられる。その大半は水素とヘリウムで、１％に満たない残りに他のあらゆる元素が含まれる（図2-2）。

地球は太陽や他の惑星と同時にこのような材料から誕生したと考えられているが、このうち水素やヘリウムのような軽い元素は地球の重力を振り切って逃げ出してしまい、逆に鉄の大部分や鉄と親和性の強い（鉄と合金をつくりやすい）元素は中心部に沈んでしまう。残った成分が表層の岩石や水や大気となったわけで、岩石の材料としては酸素・ケイ素・マグネシウム・鉄が残ったということになる。

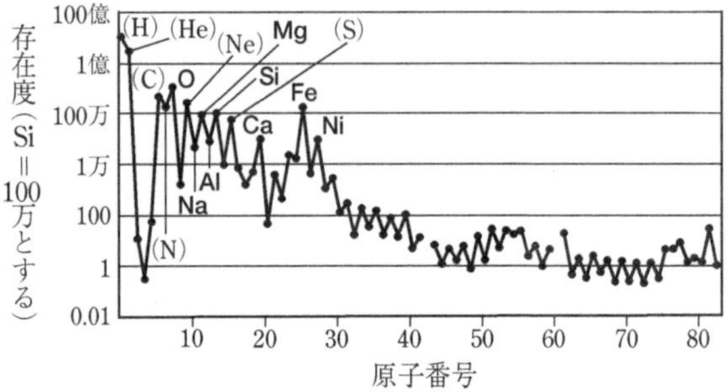

宇宙空間で主に気体となる主要元素は（　）で、固体となる主要元素は太字で示す。地球の材料は主に固体であり、さらに鉄の大部分やニッケルなどを除いた成分が岩石をつくっている。

図２－２　太陽系の元素存在度（質量比）

3 地球は鉱物の集合体

岩石は鉱物でできていると前に述べた。ちなみに、学術的には岩石には「○○岩」と名づけ、鉱物には一般に「○○石」や

「○○鉱」といった名称をつけることが多い。すでに登場した花こう岩は岩石の仲間であり、石英や長石や雲母《うんも》という鉱物でできている（ただし「御《み》影石《かげいし》」「大理石」のように「○○石」が岩石の通称となっていることも多い）。こうした岩石が砕けてできた砂はまさに鉱物の集まりであり、ルーペで見るとキラキラと輝く透明な粒が無数に見られる。土の中にも鉱物は含まれ、手にとって水で洗うと手の中にさまざまな鉱物が残る。

鉱物をもう少し厳密に定義しよう。鉱物とは、

（1）一定の化学組成をもち、（2）一定の原子配列をもつ、固体

ということができる。簡単に言えば、鉱物とは**結晶**である。ここで化学組成というのは物質に含まれる元素の種類と割合のことで、例えば食塩の化学組成はナトリウムと塩素が1：1である。よってNaClと表せる。また鉱物は結晶なので原子が整然と並んでおり、この配列のしかたが変われば同じ化学組成でも鉱物種が異なることになる。ダイヤモンドと石墨《せきぼく》（黒鉛、グラファイト）はどちらも炭素でできているが、この原子配列のしかたが異なるので異なる鉱物となる。

岩石はいくつかの鉱物が集まってできているが、岩石を構成するもので例外として、決まった化学組成や原子配列をもたない、つまり鉱物ではない物質がある。**火山ガラス**はその代表例である。火山ガラスは融けた状態のマグマが急に冷えたため、結晶になれなかったものである。

石器の材料として先史時代の人類に利用された黒曜《こくよう》岩（通称では黒曜石）は、そのほとんどが天然のガラスである火山ガラスからなる。このため黒曜岩はガラスと同じように鋭利な割れ方をする。刃物として利用されたのも無理はない。この石器は天然のガラス破片なのである。

4 岩石をつくる鉱物

宝石の多くは鉱物である。ペリドットという緑色をした透明な鉱物をご存知だろうか。8月の誕生石として比較的よく知られた宝石であるが、これはかんらん石という鉱物の、大きく美しい結晶をカットして磨いたものである。

かんらん石は「○○石」と名づけられているから鉱物である。第1章で上部マントルを構成する岩石として「かんらん岩」という岩石を紹介したが、これは「かんらん石」がぎっしり集まった岩石である。ペリドットという宝石名で珍重されるこの鉱物は、実は上部マントルでは当たり前のように存在するものなのである。次章で詳しく述べるが、私たちが経験する地震の大半が上部マントルで起きている。それは地下で緑色の宝石の巨大な集合体が破壊され、ずれて地震が起きていることを意味する。なんともったいないことであろうか！

宝石の輝きも、美しい色も、硬さや外形も、鉱物を構成する元素の種類や原子の配列のしかたを反映している。結晶構造は鉱物の性質を決める上で大きな役割を果たしていて、ダイヤモンドの硬さも、雲母がはがれやすい性質も、水晶（石英）の特徴的な外形も、その結晶構造がもたらしている。

希少なものも含めると天然に存在する鉱物の種類は数千種類あるが、地上の岩石の主成分となりうる鉱物（これを**造岩鉱物**という）の種類はそれほど多くない。宝石となる鉱物の多くは造岩鉱物ではないため希少価値があるともいえる。

造岩鉱物の多くは**ケイ酸塩鉱物**という鉱物グループに属する。ケイ酸塩鉱物は、1つのケイ素原子を酸素原子4つが取り囲んだSiO_4四面体と呼ばれる構造が、立体的につながった構造をしている。その骨組みのパターンによって、いくつかの小グループに分類されている。

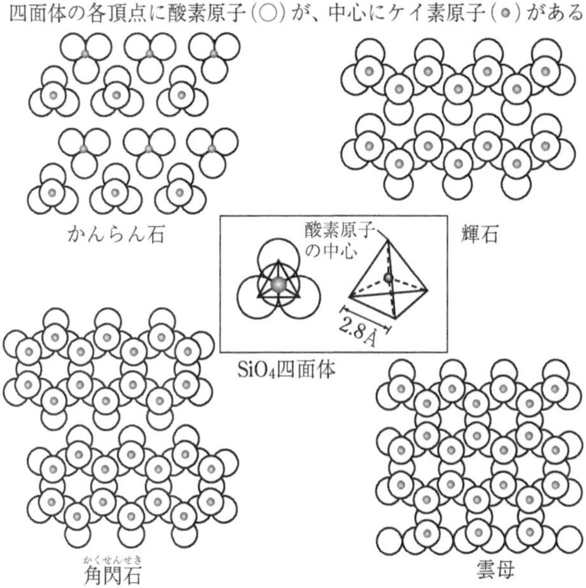

四面体の各頂点に酸素原子(○)が、中心にケイ素原子(◉)がある

図2－3　ケイ酸塩鉱物の結晶構造

ケイ酸塩鉱物の構造の最も小さな単位はSiO_4四面体であるが、これが多数つながったネットワーク構造のケイ素：酸素の比は必ずしも1：4ではない。図2-3で、例えば輝《き》石《せき》族というグループは、四面体の2つの酸素がそれぞれ隣とつながって鎖状の構造をつくっているため、つながった部分の酸素は両側のケイ素に共有されることになる。このためケイ素と酸素の比は1：3となる。SiO_4四面体が隣の四面体とつながりを増やすほど2つのケイ素に共有される酸素が増えるため、ケイ素に対する酸素の数は少なくなる。4つの酸素すべてが隣の四面体とつながった立体的な構造をとる石英では、ケイ素と酸素の比は1：2となる。

ケイ素は+4、酸素は−2の電荷を持つため、SiO_4四面体やこれが多数つながった構造は、各々が負に偏《かたよ》った電荷を持つことになる（SiO_2となる石英は例外）。これらを結晶として束《たば》ねるには、間に正の電荷を持つ陽イオンを配置しなければならない。鉱物中には、主要な元素として前に挙げたマグネシウムや鉄以外にも多くの金属元素が陽イオンとして存在しており、これらの存在によってSiO_4四面体が織り成す鉱物の構成要素どうしが強く結びつき、結晶の構造を維持できるのである。

陽イオンが入り込む結晶構造のすき間の大きさは、鉱物のグループによってまちまちである。また要求される正の電荷の数も鉱物によって違ってくる。このため、すき間に入ることのできる陽イオンの種類や数は鉱物によって異なる。逆に、イオンの価数が同じで半径も似ているMg^{2+}とFe^{2+}のような場合、これらは鉱物の中で互いに入れ替わることができる。例えばかんらん石の場合、SiO_4四面体のすき間にMg^{2+}とFe^{2+}のどちらが入ってもよく、そのためかんらん石の化学組成はマグネシウムの多いものから鉄の多いものまで連続的に存在する。

かんらん石のように結晶構造（ケイ酸塩のネットワーク）の配列は変えないまま、性質の似た複数のイオンが自由に入れ替わり、化学組成が連続的に変化するものを**固溶体**と呼ぶ。岩石

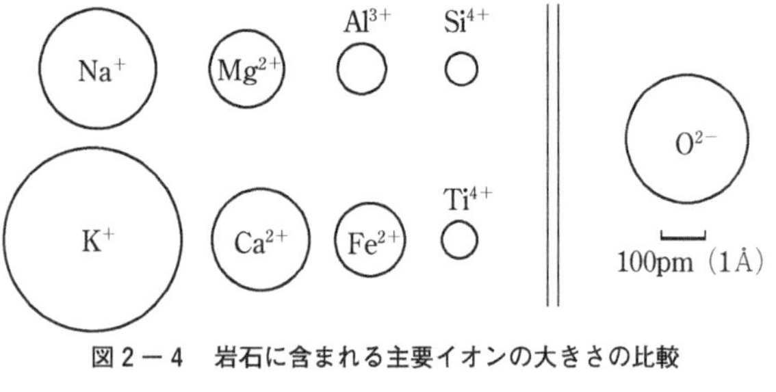

図2−4　岩石に含まれる主要イオンの大きさの比較

をつくる鉱物は、石英などを例外としてほとんどすべてが固溶体をつくっている。

一つの岩石を構成する鉱物は通常わずか数種類である。しかし、その岩石の元素成分を分析すると、微量なものまで含めると非常に多くの元素が検出される。これは鉱物がもつ固溶体としての性質が大きな役割を果たしている。固溶体では、少量の特殊な元素（イオン）が、性質の似た別のイオンの位置に置き換わり、いわば不純物として結晶内に取り込まれることができる。こうしてある程度似た元素なら受け入れる、という固溶体の懐の深さが、構成する鉱物の数を数種類で済ませているのである。

コラム

[宝石となる鉱物の条件]

私たちが宝石として珍重する鉱物の条件には何があるだろうか。鮮やかな色や、屈折率が高くてきらきら光るなどの美しさはもちろんだが、それだけではない。硬度が高くて傷つきにくく、さらに希少性が高いことなどが挙げられる。

宝石のこのような性質は、化学組成や結晶構造といった鉱物の性質に由来している。例えば、エメラルドやアクアマリン、猫目石やアレキサンドライトといった宝石は、岩石中には極めて少ないベリリウムという元素を主成分とする鉱物である。ベリリウムは陽イオンとして結晶構造のすき間に極めて入りにくい性質を持つため、地下で生じたマグマが徐々に結晶化していく際に最後まで液体側に残って濃縮され、最後にベリリウムを主成分とするこれらの鉱物をつくるのである。

ダイヤモンドが屈折率が高いためきらきら輝いて見えたり、硬度が鉱物中で最も高いといった性質は、ダイヤモンドが非常に緻密な結晶構造をしていることによるものである。このように緻密で硬度の高い鉱物は、地下深くでつくられる鉱物に多い。ルビー

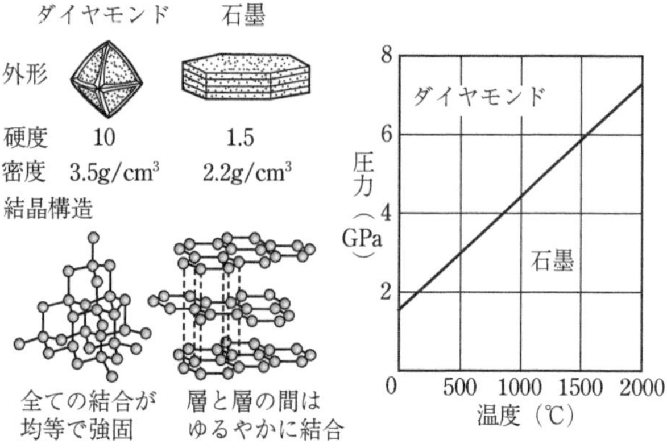

図2－5　ダイヤモンドと石墨の構造と安定条件

やサファイヤ、ガーネットなども、地下深くの高圧条件下でできる鉱物である。地下深くの鉱物が地上にもたらされるには、地下深いところで生じた特殊なマグマが地上まで急上昇するか、大陸どうしが衝突して地下深くのものが持ち上げられるようなしくみが必要である。しかもこうした鉱物は地上付近の低温低圧条件では不安定であり、上昇の過程で別の鉱物に変わってしまうこともある。例えばダイヤモンドはよほど高速で（一説には時速300km以上で）上昇してこないと、途中で石墨に変化してしまう。こうした性質も宝石の希少性を高めている（ただしいったん地上に達してしまうと、別の鉱物に変化しようにも低温すぎて変化できない）。

なお、ダイヤモンドの材料となる炭素はマントル内には乏しいが、海底に積もった泥中の有機物がプレートの沈み込みに伴って地下にもたらされ、マントル内でダイヤモンドの材料となった可能性が指摘されている。もしかすると、太古の生物の遺骸《いがい》がダイヤモンドをつくっているのかもしれない。

5 岩石の分類

岩石は鉱物でできており（一部ガラスや有機物なども含まれる）、岩石の分類にはこの鉱物組成（鉱物の組み合わせや割合）の違いが用いられる。また、鉱物がつくる全体の組織の様子からも分類がなされている。同じ鉱物組成であっても、鉱物粒子が大きいか小さいか、均一に散らばっているか層状に配列しているか、などが違えば異なる岩石として区分される。このような岩石の組織は、その岩石が生まれてきた過程を教えてくれるものでもある。

石材として身近に存在する花こう岩(御影石)をよく見ると、岩石が比較的粒の大きな鉱物の集まりでできており、白や黒のそれぞれの角張った鉱物粒子が互いに組み合わさっていることがわかる。マグマがゆっくり冷えると大きな結晶が成長するため、この岩石はマグマからゆっくり冷えてできたことがわかる。また、鉱物の種類を調べると石英と長石と雲母という組み合わせになるが、これは各鉱物の化学組成より、SiO_2の割合の高いマグマが冷え固まってできたことを示している。

砂岩という岩石をルーペで拡大して見ると、丸く角が取れた同じくらいの大きさの砂粒がつまっていることがわかる。砂粒の丸い形は流水によって運ばれた際に摩耗したことを示し、大きさがそろっていることも運ばれる際に大きさや重さの選別を受けたことを教えてくれる。また、凝灰《ぎょうかい》岩という岩石は、マグマが発泡しながら放り出されてできた軽石や火山灰が主成分になっている。融けてくっついたような組織からは、熱いうちに降り積もり押し固められたことがわかる。このように、岩石の鉱物組成とそれらがつくる組織から、岩石のでき方を推測できるのである。次節からは岩石のでき方について話を進めていくことにしよう。

〈2-1 解答〉問1 ウ　問2 エ　問3 イ、ウ

2-2 岩石をつくるプロセス：火成岩とマグマ

問1 地下にはどこにでもマグマがあるのだろうか。
ア）どこにでもある　イ）浅い場所では限られるが深ければどこにでもある　ウ）限られたところにだけある

問2 マグマの上昇に影響を及ぼすものはどれか（2つ）。
ア）マグマの密度　イ）水などの揮発性成分
ウ）地上の気候　エ）地表が海か陸かの違い

1 地球上の岩石

地球は金属鉄でできた中心部の核（地球体積の16%）を除くと、ほとんどが岩石でできている。しかし前章でも述べたように、私たちが手にとって調べることのできる岩石は、地殻の、それも地上に露出したり地表から数kmのごく表層に存在するものに限られる。これは地球全体からすると極めて表層の岩石ということになる。

私たちが知り得た地上の岩石を、含まれる鉱物や組織で区分すると、**火成岩**・**堆積《たいせき》岩**・**変成岩**の３つに大別される。

火成岩……マグマが冷えて固まった岩石
堆積岩……岩石の破片などが運ばれ堆積して固まった岩石
変成岩……熱や圧力を受けて元の岩石から変化した岩石

堆積岩と変成岩はすでに存在した岩石を材料としてさまざまな作用を受けた結果生じた岩石であり、いわば「リサイクルされた岩石」である。これに対し火成岩は、地下深く（主にマントル）の岩石が融けてできたマグマが冷えて固まった岩石であり、この点で火成岩は地上の岩石の出発点といえる。堆積岩や変成岩の材料が直接火成岩でない場合も、さらにその岩石の起源をさかのぼっていくと、いつかは火成岩にたどり着くはずだ。そこでまず、地上の岩石の出発点となる火成岩と、それをつくるマグマについて述べていきたい。

2 火成岩の性質と分類

火成岩はマグマが冷えて固まった岩石であり、固まり方の違いによって**火山岩**と**深成岩**の２つに分類される。

火山岩はマグマが地下深くから上昇し、地表に噴出したり地表付近で急速に冷やされてできた岩石である。原子が整然と配列して結晶になる時間がないため、目に見えないくらい微小な結晶や火山ガラスでできた岩石ができる。微小な結晶やガラスでできた岩石の中に、目に見えるサイズの大きな結晶が含まれていることもある。これを**斑晶**といい、マグマが地下のマグマ溜《だ》まりで停滞している間に生じた結晶である。ちょうどつぶつぶの果肉（斑晶）の入ったジュース（マグマ）が噴出して固まったのが火山岩と考えればよい。このような岩石の組織を**斑状組織**と呼ぶ。

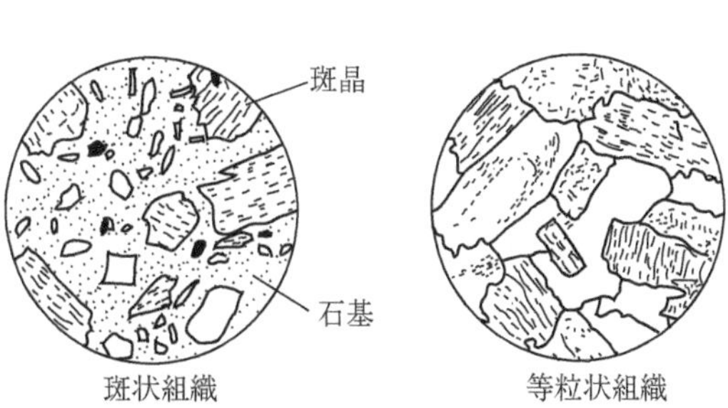

図２－６　斑状組織と等粒状組織

一方、マグマが地下深くでゆっくり（数十万年以上かけて）冷えると、結晶が徐々に成長しマグマのほとんどを置き換えた大粒の結晶の集合体ができる。これを深成岩といい、このような岩石の組織を**等粒状組織**という。

火成岩はマグマの成分によっても分類される。マグマ中のケイ素分が少なく鉄やマグネシウムといった金属イオンの割合が多いマグマからは、かんらん石や輝石といった鉱物が晶出して玄武岩や斑れい岩という黒っぽい火成岩になる。一方、ケイ素分が多く金属イオンの割合が少ないマグマからは、石英や長石の多い流紋岩や花こう岩という白っぽい火成岩になる。これらの関係を図2-7に示す。左右の違いはマグマの成分の違い、上下の違いはマグマの冷え方の違いということになる。

色	白っぽい	←→	黒っぽい
火山岩	**流紋岩**	**安山岩**	**玄武岩**
深成岩	**花こう岩**	**閃緑岩**	**斑れい岩**
化学成分	ケイ素に富む	←→	金属元素に富む

図２－７　火成岩の分類

さて、これらの火成岩を加熱融解すれば元のマグマに戻るかというと、実はそうではない。マグマには水や二酸化炭素、二酸化硫黄などの揮発性成分が含まれていて、マグマが冷えて岩石になる際、それらのほとんどは周囲に放出される。これが**火山ガス**である。火山ガスは火山の火口のほか、岩盤の割れ目などを伝い噴気として地上に噴き出していたり、地下水に溶け込んで温泉となったりして、常に地上に放出されている。こうした火山ガスの分離（発泡）によるマグマの体積膨張は、火山を噴火させる原動力となっている。

③ マグマのできるしくみ

マグマは岩石が融けたものであるから、地表よりも熱い地下深くで生じ、地上に昇ってくると考えられる。第1章でも述べたように、地球中心部は鉄がドロドロに融けているほどの高温で、その大量の熱はマントルという厚い岩石の層をじわじわと伝わって地表に達し、宇宙空間に逃げていく。熱いマグマが上昇し、地上で冷めて岩石になるという過程は、地球内部の熱を地表に逃がすしくみの一つということもできる。

実験室で岩石を融かす実験を行うと、岩石にもよるが1000℃前後で融け始めることが多い。ところが地球内部の温度を調べてみると、浅いところでは地表から数十kmで、深くても100〜200kmで、大半の場所が1000℃以上になってしまうのである。これでは地下のどこでも岩石が融けてマグマになっていそうである。しかし、マントル下端の深さ2900kmまでは地震波のS波が通過できることから、マントルは確かに固体でできている。地下の深いところでは圧力が非常に大きいため、岩石を構成する原子は強く押さえつけられて自由に動き回ることができない（つまり液体になれない）のである。

ではマグマはどこでできるのだろう。いくつかの火山の直下では、地殻や上部マントル中に地震波のS波が通らなかったり減衰する場所が見出され、そこにはマグマの存在が推定される。こうした場所は地球上でもかなり限られており、いくつかの特殊な条件を満たした場所といえる。その条件として、

（1）高温の岩石が下方から上昇することで、かかる圧力が減少し、岩石の融点が下がる

（2）地下の岩石に水などの物質が供給され、それにより岩石の融点が下がる

の2つが考えられる。

マントルの下方から熱い岩石が上昇すると、それまでかかっていた圧力が弱くなるため、岩石の融点が下がりマグマが生じやすくなる。この（1）を満たす場所としては、プレートの離れる境界が挙げられる。プレートが左右に引き裂かれることで下から岩石が上昇し、マグマが生じている。また第3章の最後で述べるが、マントル全体に及ぶ大規模な循環が存在し、この循環の上昇流のところでもマグマが生じている。

（2）は少し難しく思えるかもしれないが、日本で見られる火山の多くはこのしくみでできたマグマが噴出したものである。水分子は高温の岩石中に入り込むと、SiO_4四面体のつながりを断ち切るようにふるまうため、岩石は無水状態より低い温度で融けてマグマになるのである。地下深くの熱い岩石に表層にあるはずの水のような物質を送り込むしくみには、プレートの沈み込みが重要な役割を果たしている。

コラム

[生命圏を生んだ岩石とマグマ]

岩石は水のような成分をわずかに含んでいる。水は雲母や角閃石のような鉱物中に構成要素として含まれたり（水を成分として含む鉱物を**含水鉱物**という）、結晶間のすき間に閉じ込められた状態で存在している。含水鉱物はプレートの沈み込みによって地下の高温高圧条件の世界に持ち込まれると、水を吐き出してより高密度の鉱物に変わる。この水が周囲の岩石にもたらされるとその岩石の融点が下がり、マグマが発生するのである。

こうしてできたマグマには水がかなり含まれ、マグマの粘り気を下げてマグマの流動性を高めたりしている。このようにマグマの発生に関与する揮発性成分としては、水のほかにも二酸化炭素や硫化水素などがある。

マグマに含まれる水や二酸化炭素は、マグマが冷えて固結する際に、鉱物中に取り込まれるかマグマから分離するかの選択を迫られる。マグマ中で雲母や角閃石のような含水鉱物が再び生じる場合、マグマ中の水分子が取り込まれる。しかし水や二酸化炭素などの大半は鉱物中に入らずにマグマに残り続け、最後に気泡や液泡としてマグマから分離し上昇する。さまざまな成分を溶かした水は、後で述べるように熱水として地表に達する。一方、地表や海底では、水と岩石が反応して含水鉱物を生じる際に水が失われるが、マグマからの水はこの減少分を補い、海水を主とする地表の水量を維持している。

大気中に放出された二酸化炭素もやはり大気の成分を維持している。大気中の二酸化炭素は海水に溶け込んで炭酸塩鉱物となり、この働きは大気中の二酸化炭素濃度をどんどん下げようとする。しかし海底に堆積した炭酸塩鉱物はプレートによって地下深くに運ばれ、そこでマグマの発生に寄与し、マグマに含まれて地表に帰ってくる。こうして大気中の二酸化炭素濃度は一定の値を維持し、適度な温室効果を保っている。

温かい海水中では生命が誕生し、その中には光合成をする、つまり水と二酸化炭素から有機物と酸素をつくるものも現れた。私たちの体をつくる有機物は炭素・水素・酸素のほかに窒素や硫黄などを多く含むが、これらの元素はマグマから分離した熱水や火山ガスの成分にかなり共通する。つまり有機物や酸素も元をたどれば、マグマを通じて地下深くからやってきた成分ということができる。

私たちの住む地球は、岩石からなる大地の上を水と大気が覆い、そこに豊かな生命圏を宿している。この生命圏を構成するあらゆる生物は、大気と水、それに有機物などさまざまな物質で育《はぐく》まれているが、これらの多くはマグマによって地下深くから地表に運ばれ、岩石に入り込めずに地表に放出された物質に由来する。私たち生物は、いわば地球の活動で出てきた余りものでつくられ、余りものを利用して生きているのである。

4 マグマの化学組成

マグマが発生する上部マントルには**かんらん岩**が存在する。かんらん岩はかんらん石を主成分とするが、輝石などの鉱物も少し含む。かんらん岩を実験室で加熱すると、条件にもよるが千数百℃で融け始める。ただし岩石全部が一度に融けるのではなく、融けやすい輝石などの鉱物は多く融けるが、逆に融けにくいかんらん石はあまり融けずに残る。このような融解を**部分融解**という。ちょうど凍ったジュースが融け始めるとき、融けやすい成分が先に融けるため濃縮し、味のない氷が残されるのと同じ原理である。マグマが発生する上部マントルでも同じことが起こっており、融けやすい輝石などが主に融けてできた最初のマグマは、元のかんらん岩の平均化学組成とは異なりケイ素の割合がやや多い。これを**玄武岩質マグマ**という。

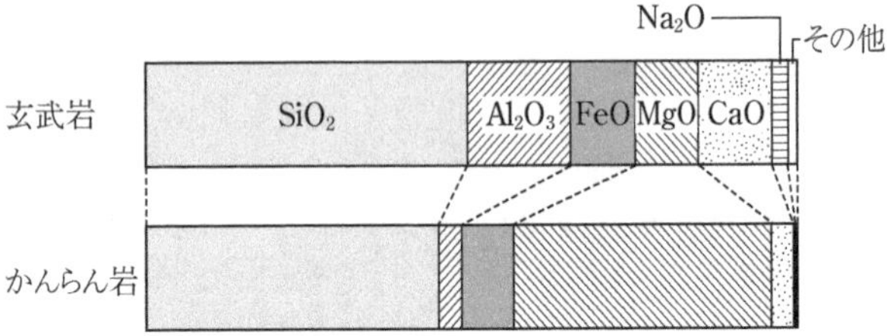

図2－8　玄武岩とかんらん岩の化学組成比較

かんらん岩から染み出すようにして生じた玄武岩質マグマはやがて大きなまとまりになり、周りの岩石よりも軽いため浮力を受けて上昇する。玄武岩質マグマはハワイなど多くの火山で見られるマグマで、地上で急速に冷え固まると**玄武岩**になる。また地上に噴出せず地下でゆっくり冷えると**斑れい岩**になる。

地球は地表に向かうほど冷たいので、マグマは上昇するにつれて冷却され、今度は徐々に結晶ができ始める。このときは、部分融解の逆で結晶化しやすいものから順に晶出していく。このため、マグマの固化（結晶化）が進行すると、結晶をつくる成分と液体のまま残っている成分（残液）とに化学組成の差が生じる。例えばイオン半径の小さいマグネシウムや鉄は、晶出する鉱物に優先的に取り込まれるため残液には乏しくなり、逆にイオン半径が大きく取り込まれにくいカリウムのような元素は残液中に濃縮される。

結晶化した鉱物のうち重いものは底に沈殿し、軽いものはマグマの上端に集まる。やがてマグマは重く沈んだ鉱物を切り離した、残液だけが上昇するようになる。この新たなマグマの化学組成は元の玄武岩質マグマから変化し、マグネシウムや鉄に乏しく、ケイ素やイオン半径の大きなイオンに富む。このように、マグマと異なる化学組成をもつ結晶の切り離しによってマグマの化学組成が変化していくことを**結晶分化作用**という。マントルで最初に生じるマグマはほぼ玄武岩質マグマで共通するのに、地上には化学組成の多様な火成岩が存在するのは、一つには結晶分化作用が働くためと考えられている。

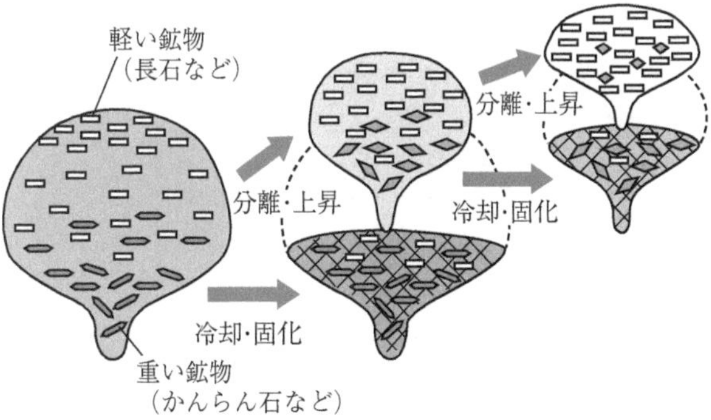

図２－９　結晶分化作用

マグマの結晶化が進行し99％が固結するようになると、マグマはほぼ動けなくなる。このまま残りのマグマも結晶化すると**深成岩**となる。鉱物に入りにくい元素は行き場を失い、水と一緒に集められる。こうして特定の元素の濃縮された熱水ができ、これから特殊な結晶が大きく成長する。これを**ペグマタイト**と呼ぶ。花こう岩中のペグマタイトからは、リチウム、ベリリウム、ウラン、トリウム、希土類元素などの地球上に乏しい元素を多く含む鉱物が晶出していることがあり、レアメタルと呼ばれる希少金属元素の鉱床として採掘されている。希土類元素はランタンやネオジムなど互いに性質のよく似た17元素の総称で、合金として磁石（ネオジム磁石）などさまざまな用途があるほか、ブラウン管の発光塗料からライターの発火石にまで幅広く利用されている。

コラム

[水が関与する鉱物]

地殻には、マグマ溜まりができるような地下数kmの深さにも地下水（地上の水が染み込んだもの）が大量に存在し、その量はマグマの冷却過程によって搾り出された水の量よりもはるかに多い。この地下水は、マグマによって加熱された場所を流れると温められ、これが地上に湧出《ゆうしゅつ》したものが温泉である。地下水はちょうど車のエンジンの冷却水のように、マグマから放出された熱を地表に運び出す役割を果たしているといえる。

マグマに近づいた地下水は、マグマから熱だけでなくさまざまな成分を受け取って運び出す。これが温泉水に含まれる成分となる。水は高温だとさまざまな物質を溶かすことができるが、温度やpHが変化すると、溶かしていた物質を沈殿・結晶化させることがある。そのため熱水（温泉水）の通り道やその地表への出口には、さまざまな鉱物が形成される。

金、銀、銅、鉛などの鉱山では、これらの金属元素を含む鉱物

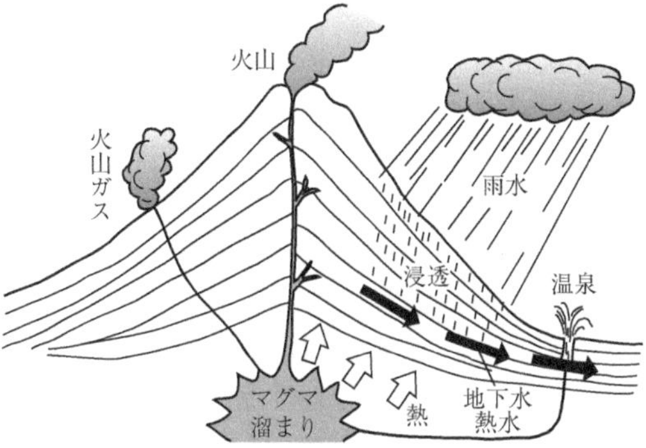

図２―10　温泉のしくみ

が濃集した薄い板状の部分（鉱脈）を掘っている。この鉱脈はかつて岩盤にできた割れ目であり、ここをさまざまな金属イオンが溶けた熱水が通り、熱水から徐々に鉱物が沈殿して鉱脈ができたのである。また、熱水が深海で噴出すると、急激に冷やされてこれらの元素を含む鉱物が大量に析出し、噴出孔の周囲に高く積もり煙突状の構造をつくることがある。これらの海底鉱床も将来的には有望な地下資源として注目されている（第７章参照）。

5 マグマの上昇と火山の噴火

マグマは上部マントルでつくられ、周囲の岩石よりも密度が小さいために上昇していく。しかし周囲の岩石も上方ほど密度が小さくなっていくので、マグマと岩石の密度が接近してくる。すると上昇が止まり、そこにマグマ溜まりがつくられる。マグマ溜まりでゆっくり（数十万〜数百万年）マグマが冷え固まると深成岩が形成される。

一方、一部のマグマは地殻を突き抜けて地表に達し、火山をつくる。マグマが上昇する原動力は浮力なので、マグマが地表に達するには周囲の岩石がマグマよりも高密度でないといけない。しかし、地表付近の岩盤はすき間が多かったり軽い岩石でできていたりして、マグマよりも低密度であることが多い。この場合、マグマは浮力を得られずに、地下数kmの深さにマグマ溜まりをつくる。しかしここまで来ると圧力が下がり、マグマに溶けていた水などの揮発性成分が泡になって出てくる。ちょうど炭酸飲料の栓をゆっくり抜くと液体から炭酸の泡が立ち昇るのとよく似ている。ガスは岩盤の割れ目を見つけて地表に逃げ出す。火山のあちこちから立ち昇る火山ガス（噴気）がこれであり、ほとんどは水蒸気で、ほかに二酸化炭素や二酸化硫黄、腐った卵の臭いのする硫化水素などが含まれる。

マグマの発泡が一気に起こると、マグマ全体の体積が急増し、この圧力でマグマが岩盤の弱い部分を突き破って噴き出す。これが噴火である。噴火の様子もちょうどシャンパンが栓を噴き飛ばした様子を思い描くとよい。栓が開くと同時にシャンパンの飛沫が飛び散り、それから大量の泡が噴き出し、最後に本体の液体が流れ出てくるはずだ。これと同じことが火山の噴火でも見られる。

内部の圧力が火口に詰まっていた石屑《くず》を噴き飛ばすと、まずマグマの飛沫がガスと一緒に放出される。これが**火山灰**である。火山灰を巻き込んだ高温のガスは噴煙となってぐんぐん上昇し、成層圏（第6章参照）に達して広範囲にまき散らされることもある。マグマの飛沫のうち大きいものは、重いので火口の周りにまき散らされる。空中に放り投げられた際にねじれたり引き伸ばされると、そうした形のまま固結して特徴的な形の塊となる。これを**火山弾**という。

ガスの量が非常に多かったりマグマの粘性が高い場合は、マグマ中で激しい発泡が起こる。発泡によってちぎれたマグマ片

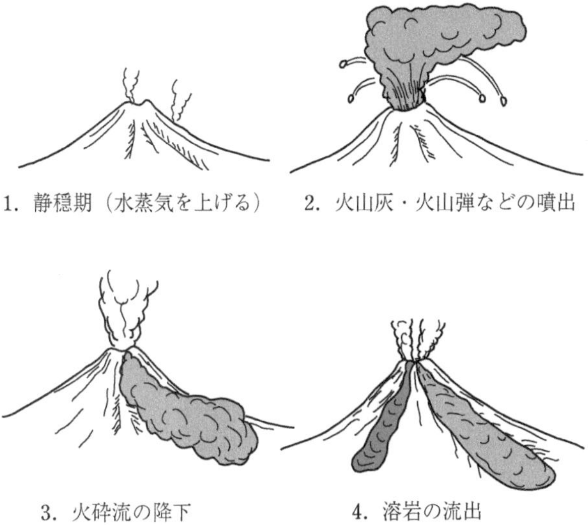

図2－11　火山噴火の段階

（岩石塊）や火山灰を大量に含む数百℃ものガスが、斜面を高速で流れ下る。これを**火砕流**という。極めて高温のガスが時速100kmもの速度で流れ下るため、火山災害の中でも特に恐ろしいものの一つである。1991年6月、噴火中の雲《うん》仙《ぜん》普《ふ》賢《げん》岳から火砕流が発生して多数の犠牲を出したことで、広く知れわたることとなった。

最後にガスの抜けた溶岩本体が火口からあふれ出し、斜面をゆっくりと流れ下る。場合によっては頂上の火口からではなく、山腹に割れ目火口をつくって流出することもある。やがてマグマを噴き出す圧力が弱まり、噴火は終息に向かう。マグマ溜まりの物質が大規模に放出されたりして失われると、火山体を支える圧力が急激に下がり、中央部が大きく陥没して**カルデ**

ラという大きなくぼ地を形成することもある。2000年に始まった三宅島の噴火では、火口付近が大規模に陥没していく様子がまさにリアルタイムで目撃された。

コラム

[灰に埋もれた日本列島]

カルデラの大きさは一度の噴火で放出した物質の量を表している。日本には世界有数の大きさを持つカルデラがいくつもあり、その大きさから過去に極端な規模の噴火を何度もしていたことがうかがえる。

直径が20kmにもおよぶ九州の阿蘇《あそ》カルデラは、特に巨大な噴火を５回起こしていたことが、噴出物の調査からわかっている。約９万年前に起きた４回目の噴火（Aso-Ⅳ）では、100km^{3}以上という途方もない量の物質が噴出し、おびただしい量の火砕流が九州北部一円を覆った（一部は海を越えて天草諸島や本州にも達した）。さらに火山灰は北海道の北端から小笠原諸島にまで堆積した。日本列島全域が阿蘇山の灰に埋まったことになる。

鹿児島湾は桜島で南北に仕切られ、奥側はきれいな円形をしている。ここもカルデラで姶良《あいら》カルデラといい、やはり極端な規模の噴火をしたところである。約２万2000年前の大噴火では膨大な量の火砕流が九州南部一円を埋めてシラス台地を形成し、大量の火山灰が日本中を覆った。他にも南九州には大きなカルデラを形成するような火山活動がくり返された。縄文文化が西日本であまり発達しなかったのは、このような激しい噴火の影響も大きかったに違いない。

火山の姿や噴火の形態は、ガスの量やマグマの性質に大きく左右される。マグマは温度や化学成分によって粘性が異なり、粘性が高いと溶岩を盛り上げたドーム型の火山になり、逆に低いと溶岩がさらさらと流れて傾斜のゆるやかで裾野《すその》が広い火山ができる。日本では粘性が高すぎず低すぎずという場合にできる円錐形の火山が多いが、昭和新山や雲仙普賢岳のように頂上に溶岩ドームを盛り上げたものもある。蔵王《ざおう》山や白根山や妙高山など、東北から信越にかけての火山の斜面にはスキー場が開設されていることが多いので、スキーやスノーボードが趣味の人はぜひ滑り比べながら傾斜の違いを感じてもらいたい。

マグマ中のガスの量が多い場合、特に粘性の高いマグマであるとガスがスムーズに逃げられず、爆発的な噴火となる。ただしガスは噴火の初期段階で大部分が放出されるので、こうした噴火でも終盤には穏やかな溶岩流出になることが多い。

コラム

[水蒸気爆発]

火山噴火にはマグマそのものの体積膨張による爆発・噴火のほかに、地下水や海水が関わって起きる爆発的な噴火がある。火山の地下にある地下水がマグマからの熱によって急速に蒸発すると、その体積膨張（水が水蒸気になると体積は約1700倍になる）が爆発を引き起こす。これを水蒸気爆発という。

1888年に磐梯《ばんだい》山で起こった水蒸気爆発では、山体のほぼ半分が噴き飛ばされ、岩なだれとなっていくつもの川をせき止めた。これが檜原《ひばら》湖や五色沼などの湖沼群になっている。現在は裏磐梯の中心的な観光保養地となっているこれらの湖沼群だが、見方を変えれば、かつての大噴火の傷跡が多くの観光客を集めているのである。

〈2-2 解答〉問1 ウ　問2 ア、イ

2-3 堆積岩と変成岩：地球に特有の岩石

問1 岩石が風化を受けると何が生じるか（2つ）。

ア）砂や泥　イ）熱水　ウ）新たな鉱物　エ）化石

問2 岩石がマグマに接触すると何が起こるか（2つ）。

ア）鉱物が一定方向に並ぶ　イ）鉱物が破砕する　ウ）鉱物の再結晶が進み粒が大きくなる　エ）新たな鉱物が生じる

1 岩石の風化と堆積岩

地球内部と異なり、地表は常に太陽からエネルギーを受けて水が激しく循環する場所である。地表に露出した岩石は、風雨や日射しにさらされると長い時間をかけてぼろぼろに壊されていく。これを**風化**という。風化には力によって岩石を砕く**機械的風化**と、水へのイオンの流出（溶脱）によって鉱物が溶け出したり変質したりする**化学的風化**とがある。

昼夜の温度差は岩石中の鉱物粒子を膨張・収縮させる。このとき、鉱物の膨張率の違いから、鉱物と鉱物の境界に細かい亀《き》裂《れつ》が生じる。例えば、花こう岩の主要構成鉱物である石英と長石では膨張率は約2倍も違う。これは岩石に亀裂を生じさせるのに十分な差である。また、この亀裂に水が染み込み、夜間の冷え込みで氷結すると、水から氷への体積膨張がすき間をさらに押し広げる。寒冷な地方や高山ではこの機械的風化が著しく、やがて岩石はバラバラに砕かれてしまう。

一方、熱帯〜温帯の湿潤な地域では水による化学的風化の影響が大きい。水が岩石中のすき間に染み込むと鉱物からイオンを溶かし出し、亀裂をさらに深く広くする。植物の根から分泌されたり、落ち葉などが腐敗して生じる有機酸も、これも岩石を溶かすのに加担する。そこまでされなくても、石灰岩のように弱酸性の雨水にすら溶けるような岩石もある。こうして溶かし出されたさまざまなイオンを含む地下水がミネラルウォーターであり、その成分は通過した岩石の種類によって異なる。

岩石をつくる鉱物からイオンが抜け出すと、鉱物自身も変質し別の鉱物になる。例えばほとんどの火成岩中に含まれる長石という鉱物は、イオンの溶脱と水分子との反応により**カオリン**という粘土鉱物の集合体に変化する。このように粘土鉱物が集まった土（陶土）は、陶器や磁器などの原料となる。

もっとも風化が促進される熱帯〜亜熱帯の高温多湿の環境では、岩石をつくる鉱物は激しい風化作用により分解され、やがて石英以外はすべて流失したり溶けてなくなってしまう。水に溶け出したイオンは、水が地上から蒸発する際に地表に取り残され、鉄やアルミニウムの酸化物・水酸化物が集積した土壌をつくる。このような土壌は**ラテライト**あるいは**ボーキサイト**と呼ばれ、後者はアルミニウムの鉱石となる。蒸発が極端な場合はナトリウムやマグネシウムの塩化物（つまり塩）が地表に集積し、農業に適さない土壌になってしまう。これを**塩害**といい、乾燥地帯で農業を行う際の大きな障害となる。

岩石が風化を受けてイオンや粘土鉱物になり、それらが流水によって持ち去られると、後にはさまざまなサイズに砕かれた岩石片が残される。これを大きいほうから**れき・砂・泥**と区分する。これらは水や風によって運ばれ、離れたところに堆積する。これがやがて固化して岩石になったものを**堆積岩**という。れきでできたものは**れき岩**、砂だと**砂岩**、泥だと**泥《でい》岩**と呼ぶ。

火山の噴火で降り積もった軽石や火山灰が固結すると、**凝灰岩**と呼ばれる堆積岩になる。火山灰は火山から遠く離れた場所にまで積もり、地層中で目立つため地層を調べる際に重要な役割を果たす（第4章参照）。

海水や湖水から鉱物が沈殿してできる岩石もある。海水の塩分の大部分は塩化ナトリウム（$NaCl$）なので蒸発すると**岩塩**ができるが、海水からの沈殿物としては**方解石**（$CaCO_3$）や**石《せっ》膏《こう》**（$CaSO_4$）といった鉱物のほうがはるかに量が多い。これらの材料となる成分は岩塩の成分よりはるかに少ないが、化学的には飽和に近く、海水が少し濃くなるだけで沈殿する。ユーラシア大陸とアフリカ大陸に挟まれた地中海は、海面が下がるたびに大西洋から切り離されて湖となり、蒸発により海水が濃くなって方解石や石膏を沈殿させたことが、海底堆積物のボーリング調査からわかっている。

堆積岩をつくる材料は岩石片や化学沈殿物だけではない。貝やサンゴは硬い炭酸カルシウム（方解石・あられ石）でできた殻をもち、その死後も硬い殻だけは残って**石灰岩**という堆積岩をつくる。建材としても利用される石灰岩をよく見ると、これらの化石が含まれていることがある。石灰岩はほかにもセメントの原料として、加工食品や薬品に含まれるカルシウムの原料として、また鉄鉱石から製鉄を行う際にも必要であり、世界中で大量に採掘されている。日本にとっては国内自給できる数少ない地下資源でもある。

このほか、生物の殻でできた岩石には、石英質の殻をもつプランクトンの遺骸が深海底に降り積もり固結した、**チャート**という堆積岩がある。チャートは硬い緻密な石英質の岩石であり、最近まで火打ち石として用いられていた。

このように、堆積岩はありとあらゆる物質を材料とすることができるが、それらを運搬し堆積する過程で水が大きな役割を果たす。地球は表面の約9割が堆積岩ないし堆積物で覆われているが、これは地球が「水の惑星」である証《あかし》でもある。水が岩石片を運搬し堆積する作用については第4章で詳しく述べる。

2 変成岩と変成作用

ダイヤモンドと石墨の例ですでに述べたように、鉱物は温度・圧力条件が変わると別の鉱物に変化することがある。岩石は鉱物の種類や組織によって分類・命名しているので、鉱物が変わると岩石も変化したことになる。このように、誕生したときと異なる温度・圧力条件に持ち込まれることで変化した岩石を**変成岩**という。変成岩をつくる作用を**変成作用**といい、主に熱による作用と圧力による作用とがある。

マグマが地下で停滞したり岩盤を割って上昇したりすると、マグマに接触した周囲の岩石はその熱にさらされる。いわば岩石がやけどをしたようなもので、熱によって元素の移動がやや促進され、鉱物の再結晶が進んで大粒の鉱物粒子に成長したり、高温で安定な鉱物が生じたりする。マグマ中の元素と周囲の岩石の元素が出合って新たな鉱物を生じることもある。このような特徴を持つ岩石を**接触変成岩**という。ただし熱で融けてしまうとそれはマグマであり、マグマが冷えたものは火成岩なのでこれにはあてはまらない。

結晶質石灰岩（一般的には**大理石**）は石灰岩が熱による変成作用を受けたもので、方解石の再結晶が進んで不純物が追い出され、大粒の方解石の結晶がぎっしり詰まった岩石になっている。また泥岩のように地表の低温環境でできた粘土鉱物を主とする岩石にマグマが接触すると、やはり高温で安定な鉱物に生まれ変わり、非常に緻密な岩石となる。これを**ホルンフェルス**という。粘土鉱物に熱を与えて別の鉱物に変化させるという現象は、焼き物を作る工程と同じである（ただし時間のかけ方が

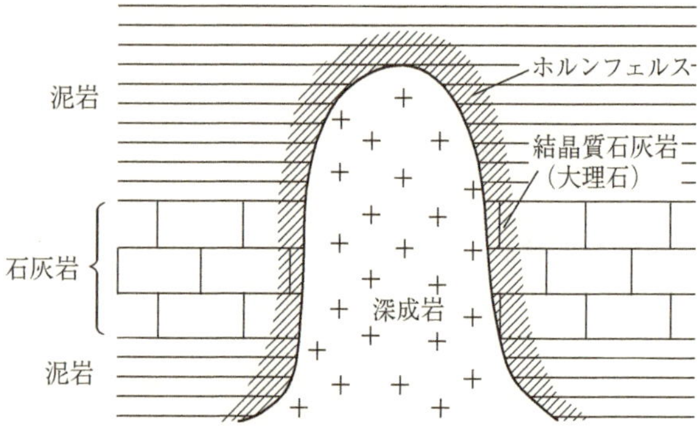

図２－12　接触変成岩のでき方

まったく違う）。

一方、プレートが衝突したり沈み込んだりする境界付近では、地表付近の岩石が地下深くに引きずり込まれ、そこでは圧力が増すため高圧条件下で安定な鉱物が生じる。本章の前半で紹介したダイヤモンドやルビーなどはこうした条件下でできる鉱物である。地下に持ち込まれた岩石は、強い力でつぶされ引き伸ばされるため、結晶が成長できる方向が決まってしまう。そのため鉱物が一方向に伸びたり、きちんと配列して縞《しま》模様となって見えたり、この向きに沿って薄くはげるような組織（片状組織）を示す変成岩が生じる。また、プレート境界からやや離れ、かつマグマ活動の活発な場所では、圧力に加え熱の影響も強く表れた変成作用を受ける。このような変成岩はプレートの境界に沿った広い範囲で見られるので、これを**広域変成岩**と呼ぶ（プレートの運動に関しては第３章参照）。

広域変成岩ができる現場は地下深くなので見られないが、逆にこの岩石が地上に露出していれば、そこが過去にプレートが沈み込んだり大陸が衝突したところである証拠となる。このよ

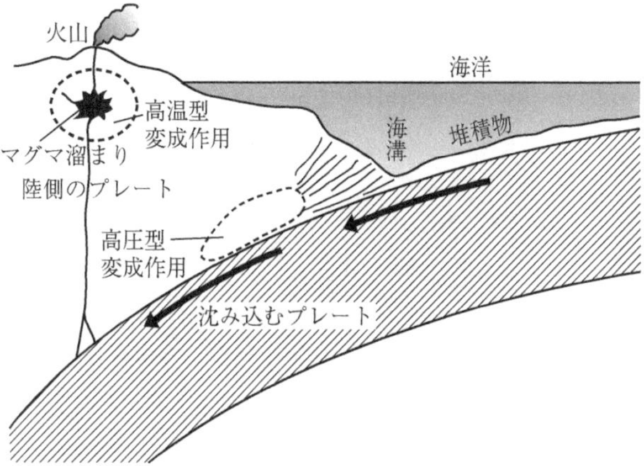

図２－13　広域変成岩のでき方

うに変成岩は、その岩石がかつて地下でどのような温度・圧力条件を経験したかを教えてくれる。さらに、地下で生じた変成岩が地表に現れるためには、やはりプレートの運動による地盤の押し上げが必要となる。地球以外にプレートの運動が存在する惑星は今のところ見つかっておらず、すなわち変成岩も地球に特有の岩石といえる。

③ 花こう岩の成因

花こう岩は白っぽい中に黒い結晶が散らばっているように見える岩石で、御影石という名でビルの建材や石碑や墓石などに幅広く用いられる、私たちにも馴《なじ》染み深い岩石である。花こう岩は分類上は火成岩（深成岩）に属する岩石であるが、その存在量や分布のしかた、推定される成因などを考えると、単なる火成岩の一つにおさまらない独特の岩石であることが明らかになってきている。そして花こう岩もまた、地球独特の岩石とい

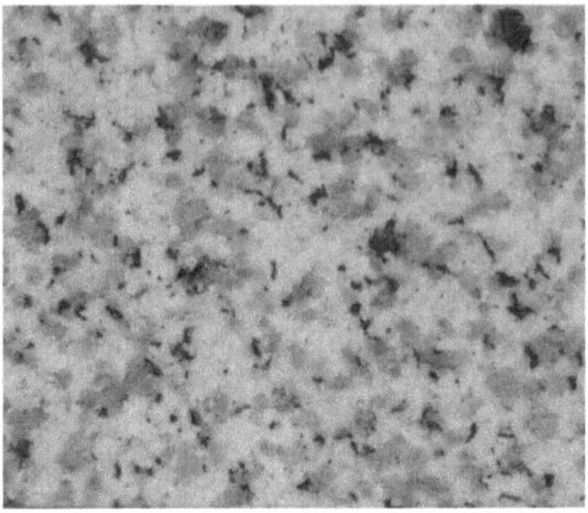

図２－14　花こう岩

うことがいえる。

花こう岩は大陸地殻の大半を占める主要な岩石であるが、海洋地殻にはほとんど見られない。またこれまでの話では、火成岩は上部マントルのかんらん岩が部分融解してできた玄武岩質マグマが出発点であり、それが岩盤を割って上昇してくるというものだったが、花こう岩は直径が100kmを超えるような巨大な塊（底盤）となることも珍しくなく、むしろ地殻そのものが大規模に融けて再び固まったような印象を受ける。しかし、地殻の深さでは岩石が大規模に融けるほどの高温にはなっていない。この問題は岩石学の世界では「花こう岩問題」として長らく議論の種であった。

1960年以降の実験岩石学の進歩が、この謎に一つの解答をもたらした。実験岩石学とは、地下の温度・圧力条件を実験室内で再現し岩石が融ける様子などを調べようとする学問で、マントルのかんらん岩が融けて玄武岩質マグマになる条件などさまざまな現象を実験的に解明してきた。

花こう岩のもととなる**花こう岩質マグマ**のでき方も実験的に

解明された。大陸地殻の下部（深さ20〜30km）にあると推定される岩石を大陸地殻下部の圧力条件下に置いたとき、岩石中に水が十分に存在する場合には岩石が650〜700℃くらいで融解することがわかった。この温度は大陸地殻下部では少し高い程度で、十分ありうる温度だった。こうしてできたマグマを成分分析した結果、花こう岩質マグマであることも確認された。他の火成岩（一部の花こう岩を含む）がマントルで生じる玄武岩質マグマを起源とするのに対し、新たに地殻そのものが融けた花こう岩質マグマからできる火成岩（大部分の花こう岩）が提起されたのである。

では大陸地殻下部に水はあるのだろうか。これがどうやらありそうなのである。地表付近でできた（含水鉱物を含む）岩石が地殻変動などで沈み込むと、その上に積み重なる地層の重みで押しつけられる。また、地表付近の岩石が沈み込むプレートに引きずられて地下深くに押し込まれることもある。すると、含水鉱物に含まれていた水が（実験で加えたほどではないが）放出される。また、プレートがマントル深くまで沈み込んだ際にもプレートの岩石から水が吐き出され、この水が上昇して地殻下部までもたらされる可能性も十分考えられる。こうして水を含んだ地殻下部の岩石は、周りより少し加熱されるだけで融解し、花こう岩質マグマとなるのである。

花こう岩は火成岩であることは間違いないが、その多くが地殻を材料としてできる岩石という意味では、他の火成岩とは一線を画す存在といえる。そして、水が関与するという意味では花こう岩も地球に固有の岩石ということができる。

4 岩石の循環

堆積岩も変成岩も花こう岩も、地殻の岩石を材料としてつくられた「リサイクルされた岩石」である。つまり岩石は姿を変えながら循環していることになる。ここで、これまでの話をおさらいしながら岩石の循環を整理してみよう。

地球上の火成岩は、上部マントルのかんらん岩が部分融解して生じたマグマが出発点であった。マグマは浮力によって上昇し、地表近くで徐々に冷却されて火成岩となる。このとき、マグマの成分や冷え方の違いによってさまざまな種類の火成岩が生じる。火成岩は地殻の大半を占めている。

岩石が地表に露出すると、日射しや風雨にさらされ、風化を受ける。ここでの岩石は火成岩に限らず、堆積岩や変成岩のこともある。風化を受けた岩石は、れきや砂や泥、水に溶けたイオン成分、そしてイオンを失って変質した粘土鉱物などに分解する。そしてそれぞれが水や風によって運ばれて別々に堆積し、堆積岩となる。ここに、岩石の成分が移動して別の場所で再び岩石になる、という岩石の輪廻《りんね》が見られる。堆積岩の構成要素としては、海水から沈積した鉱物や生物遺骸も含まれるが、こうした沈殿物の元となる海水中のイオンは、太古から現在にかけて岩石から水に溶け出したさまざまな成分が蓄積されたものである（生物遺骸も海水中の溶存成分が生物によって結びつけられ結晶になったものなので、海水からの沈殿物とまったく同じように考えることができる）。つまりこれも、岩石の成分が移動して再び岩石になるという意味で、岩石の輪廻を表している。

岩石（やはり火成岩に限らない）が逆に地下に運び込まれると、強い圧力を受けて変成岩になる。またマグマに長時間さらされても熱による変成作用を受ける。場合によっては融けてマグマとなり、花こう岩に生まれ変わることまである。これらを図に示すと図2-15のようになる。マントルから地上（地殻）へ

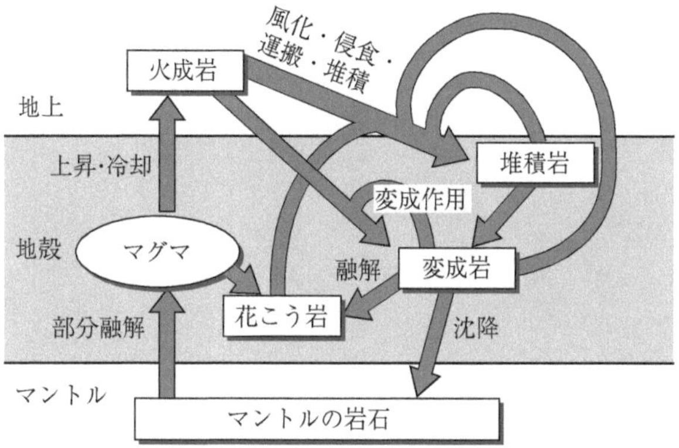

図2−15　岩石の循環

はマグマが上昇し、逆に地殻からマントルへはプレートの沈み込む下向きの流れが対応している。

プレートをつくる岩石はマントルの深くに沈み込んでいく過程で、おそらくは強い変成作用を受けているはずである。よって図2-15ではすべての岩石が変成岩となってマントルに戻るような循環の絵を描いた。マントル内の情報は乏しいので完全ではないが、この図からは岩石がマグマとプレート運動を通じて循環している様子も浮かび上がる。地球上では、岩石も常に変化しながら流動しているのである。

〈2-3 解答〉問1 ア、ウ　問2 ウ、エ

第3章

地震・火山・プレートテクトニクス

3-1 活動する地球

問1 固体地球の活動として適当でないものはどれか。

ア）地震　イ）火山の噴火　ウ）プレートの運動

エ）地盤の隆起や沈降　オ）侵食作用や堆積作用

問2 地震やプレートの運動をもたらすエネルギー源は何か。

ア）太陽の熱　イ）地球自転の遠心力　ウ）地球内部の熱

1 集中する地震や火山活動

私たち日本で暮らす者にとって、地震は身近に起こる自然現象の一つであろう。テレビの臨時ニュースで地震の発生を知ることは珍しくないし、実際に小さな地震なら毎年のように経験するだろう。社会に大きな被害を及ぼすほどの大地震だって珍しくはない。しかし欧米など世界の広い地域では、地震をほとんど経験したことのない人々が大勢いるのである。

以前、東京で世界中から専門家が集まって地震の学会が開催されたことがある。学会も終わり、夜も更け人々が寝静まった頃にグラグラと地震が起こったが、日本に住む人には特に驚くこともなく寝続けられる程度の揺れであった。しかし世界中から集まった地震の専門家たちの中には、初めて経験する地震に驚いて寝巻きのまま飛び出した人もいたそうだ。地震の研究といっても直接揺れを体験するわけではないので、このような専門家がいても驚くことではないが、ともかく地球上では、日本のように地震が頻発する場所のほうが特異なのである。

図3-1に世界の地震の発生場所（震源）の分布を示す。まず目につくのは、太平洋を取り囲むように地震が集中して起こっ

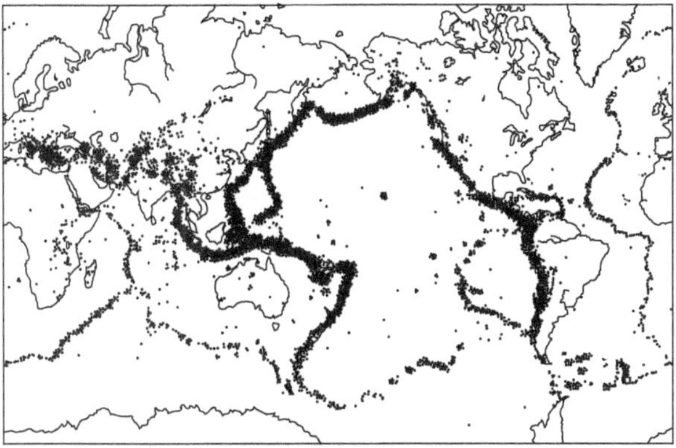

図３－１　世界の地震の分布（1977〜94年、マグニチュード5以上。震源の深さ100km以浅のもの）

ていることである。これを「地震の帯」とでも呼ぼう。日本列島もこれにすっぽりと入っている。地中海東部からヒマラヤを経て東南アジアにかけても太い地震の帯が伸びる。また大西洋やインド洋の中央には、震源が細い糸のように連なっている。この「地震の糸」は大西洋からインド洋を経て太平洋東部に達し、先述した太平洋の地震の帯につながっている。

一方、大陸の内部には地震が滅多に起こらない場所が広がっている。南北アメリカ大陸の大部分やアフリカ、オーストラリア、そしてロシアやヨーロッパの大部分も、地震が滅多に起こらない場所なのである。地震国日本に住む者としてはなんだか不公平な気もしてくるが、ともかく地表は地震の多発する場所とそうでない場所にくっきりと分かれるのである。

地震と同様に、火山の活動も日本では珍しくない。日常的に水蒸気やガスを噴出している火山もあれば、普段はじっとしていてときおり激しく活動する火山もある。最近では、過去１万年に噴火したことのある火山を活火山と定義することが多くなったが、これによると日本には106（数え方によっては123）の活火山があるとされる。これは世界の陸地の0.25％にあたる日本に世界の活火山の約１割が集中していることになる。火山の分布も地震の分布と共通していることが多く、環太平洋や地中海にはやはり火山が多く、逆に大陸内部にはほとんど見られない（一部例外もある）。このように、地震や火山活動といった現象は地表の限られた場所に集中しているのである。

2 活動する地球のエネルギー源

地震は地面の下方から振動が伝わることで起こり、火山活動も地下で生じたマグマが地表に噴出して起こる現象である。両者とも地下深くに原因となる何かがありそうである。

炭坑や金属鉱山では、地中深く掘り進むにつれて地面の温度（地温）が上昇し、内部で活動する人のため地上から冷たい空気を常に送る必要があることが知られていた。地表から内部に向かうにつれて温度の上昇する割合を**地温勾配**という。しかし、この地温勾配を物性の異なるマントルや核にまで延長することはできない。

マントルや核における温度の推定は、超高圧条件下における物質の融点を求めることで行われる。例えば、外核と内核の境界は液体鉄と固体鉄の境界であり、その温度は鉄の融点ということになる。しかし超高圧条件を長時間再現することはできないので、正確な温度を決めることが難しい。ゆえに地球内部の温度構造は図3-2のように数百℃の幅を持たせて描く。

地球内部が熱いのは、一つには地球が誕生した際のエネルギーがまだ蓄えられているからである。第５章で詳しく述べるが、微惑星が次々に衝突して惑星が成長する段階で、地球は表

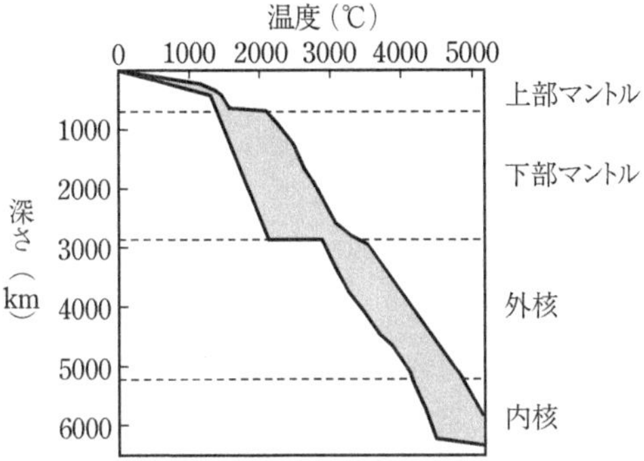

図３－２　地球内部の温度構造（唐戸俊一郎，2000）

層の岩石まで融けてしまう灼熱《しゃくねつ》状態となった。やがて冷えて固まり現在の姿へと変化していくが、内部にはまだ当時の熱がかなり残っていることになる。

絶対温度にその名を残したイギリスの物理学者ケルビン卿は、地球が火の玉状態だった温度から現在の温度に冷えるまでの時間を地球の年齢とし、約１億年程度と見積もった。しかしこの値は当時の生物学者や地質学者には受け入れられなかった。生物が進化するのに要する時間、山が削られて砂や泥が運ばれ堆積岩ができるのに要する時間などを考えると、１億年ではとても足りないというのである。実際、現在は地球の年齢は約46億年とされている。

それではこの矛盾はどう解決したのだろうか。実は、地球は単に冷めるのではなく、自らが持つ熱源によって温められてもいるのである。ウラン、トリウム、カリウムといった放射線を出す元素（放射性同位体）は、放射線を出して他の元素になる際にエネルギー（熱）も出す。これが地球内部を加熱し、地球が冷めるのに要する時間を引き延ばしている。

地球内部の熱は常に外部に向かって流れ出している。この熱の伝わり方には**伝導**と**対流**とがある。地殻・マントルを構成する岩石は熱伝導率が非常に小さく、伝導だけでは熱排出を十分に行うことができない（熱排出が滞《とどこお》ると放射性同位体による加熱が勝《まさ》り、内部の温度は上昇してしまう）。そのため、地球は岩石を対流させて熱排出を促進しているのである。

3 流動する岩石

岩石が対流するとはどういうことだろうか。岩石はれっきとした固体である。ただし固体であっても、べっこう飴《あめ》のようにゆっくりとした力に対してはぐにゃりと曲がるようなものもある。岩石もこれに似ていて、圧力が加わり続けると岩石はわずかずつ変形し、これが積み重なると長い時間をかけて岩石が流動することになる。この動きは極めてゆっくりだが、長い間に地表の様子を一変させたり、熱輸送にも一役買うことになる。

岩石の対流によってどのようなことが生じるだろうか。地下の深いところから熱い岩石が地表に湧き出し、しばらく水平に移動した後、十分に冷やされて再び地下深くへ沈み込んでいく。地表でこれを観察すると、地面が湧き出し口から沈み込み口に向かって移動していくことになる。これこそ地表を覆う**プレート**の動きである。

地表は十数枚のプレートで覆われ、その境界ではプレートどうしが押し合ったり離れたりして、そこで地震や火山活動が生じている。地震や火山活動の研究は古くから進められてきたが、これがプレートの運動によって引き起こされているという解釈が成立したのは、わずか50年ほど前のことである。

次節からは地震と火山活動のしくみについて解説し、次にそれをもたらすプレートの運動について解説していきたい。

〈3-1 解答〉問1 オ　問2 ウ

3-2 地震と火山

問1 地震の揺れの大きさは（日本では）何段階で表されるか。
ア）７段階　イ）８段階　ウ）９段階　エ）10段階

問2 地震が発生する場所（震源）では何が起こっているか。
ア）岩盤が割れる　イ）岩盤が曲がる　ウ）岩盤が融ける

1 地震という現象

地震とは文字どおり地面が揺れ動くことである。地震の揺れがＰ波・Ｓ波という地震波となって遠くまで伝わり、その伝わり方から地下の様子を知ることは第１章で述べた。Ｐ波はＳ波よりも速く伝わるため観測地ではＰ波が先に到達し、コトコトと細かく揺れる。これを**初期微動**という。少し遅れてＳ波が到達するとユサユサと大きく揺れる。これを**主要動**という。実際にはこれ以外に表面波と呼ばれる波があり、Ｓ波よりさらに遅れて到達して地面を大きく揺さぶる。これも主要動である。

初期微動はＰ波が到達してからＳ波が到達するまでの間の揺れである。初期微動はＰ波とＳ波の速度の差によって生じるか

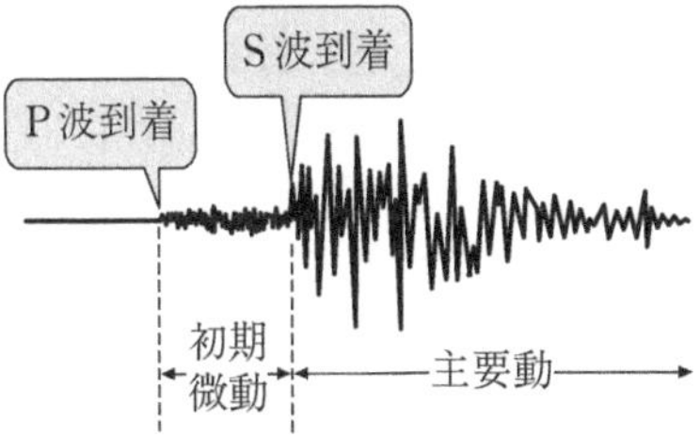

図３－３　初期微動と主要動

ら、震源から観測地までの距離d［km］が離れれば離れるほど、初期微動の継続時間T［s］が長くなる。つまり、Tとdは比例の関係にあり、$d=kT$（kは7～9程度）と表される。この公式は東京大学の大森房吉によって考案されたので、大森公式と呼ばれる。

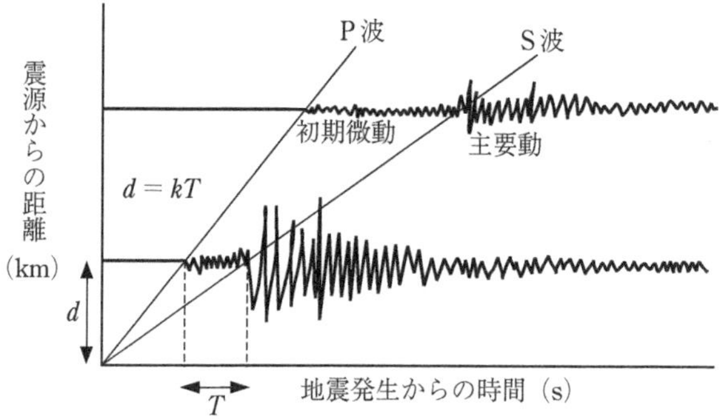

図３－４　走時曲線と大森公式

観測地から震源までの距離がわかっても、それで震源が決定したことにはならない。観測地からの距離がdの点は観測地を中心とする半径dの球面上の任意の点となるため、１点を定めるには最低でも３地点から震源までの距離を知る必要がある。現在では気象庁の観測所だけでなく全国の市町村にもオンラインで結ばれた地震計が設置され、地震が起こると瞬時に自動的にデータを集め、短時間で震源の位置や地震の規模を計算できる。テレビで臨時ニュースとして流れる地震情報がまさにそれである。

ところで、地震の記録というと図3-4のような波形が思い浮かぶ。これは地震計が描いたものである。初期の地震計は、簡単にいえば回転するロール紙の上にペン先を置いたもので、ペ

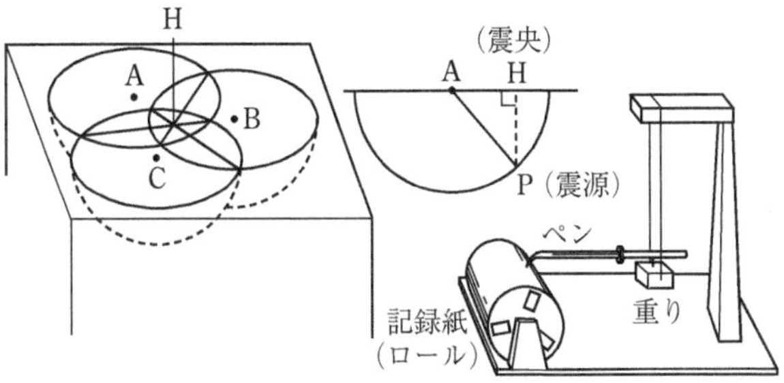

図３－５　震源決定の方法と地震計

ンに重りをつけて上から長い針金でつり下げている。こうすることで、地震計全体が地震で揺れてもペンは空中で静止し、揺れ動くロール紙に波形が記録される、というわけである。

地震の揺れは３次元的に記録する必要があるため、地震計は東西・南北および上下の３成分が記録できるよう設置される。現在のものは記録紙を電子情報化するなどの改良が進んだものの、基本となる原理はそれほど変わっていない。

2 震度とマグニチュード

地震の揺れの大きさは**震度**で表す。震度は体に感じない震度０から最大の震度７までの10段階（図3-6参照）に分けられているが、この震度階級は日本独自のもので、世界各国で異なるものが使用されている。地震波も波であり徐々に減衰するため、同じ地震でも震源から遠くなるにつれて揺れは徐々に小さくなる。そのため震度の分布は震央を中心に同心円を描くのが普通だが、実際には地震の起こり方や地盤の強度などに影響されてゆがむことも多い。

同じ地震でも観測地によって震度はさまざまなので、地震の

震度	人　間	屋内の状況	屋外の状況
0	人は揺れを感じない。		
1	屋内にいる人の一部が、わずかな揺れを感じる。		
2	屋内にいる人の多くが、揺れを感じる。眠っている人の一部が、目を覚ます。	電灯などのつり下げ物が、わずかに揺れる。	
3	屋内にいる人のほとんどが、揺れを感じる。恐怖感を覚える人もいる。	棚にある食器類が、音を立てることがある。	電線が少し揺れる。
4	かなりの恐怖感があり、一部の人は、身の安全を図ろうとする。眠っている人のほとんどが、目を覚ます。	つり下げ物は大きく揺れ、棚にある食器類は音を立てる。座りの悪い置物が、倒れることがある。	電線が大きく揺れる。歩いている人も揺れを感じる。自動車を運転していて、揺れに気付く人がいる。
5弱	多くの人が、身の安全を図ろうとする。一部の人は、行動に支障を感じる。	つり下げ物は激しく揺れ、棚にある食器類、書棚の本が落ちることがある。座りの悪い置物の多くが倒れ、家具が移動することがある。	窓ガラスが割れて落ちることがある。電柱が揺れるのがわかる。補強されていないブロック塀が崩れることがある。道路に被害が生じることがある。
5強	非常な恐怖を感じる。多くの人が、行動に支障を感じる。	棚にある食器類、書棚の本の多くが落ちる。テレビが台から落ちることがある。タンスなど重い家具が倒れることがある。変形によりドアが開かなくなることがある。一部の戸が外れる。	補強されていないブロック塀の多くが崩れる。据え付けが不十分な自動販売機が倒れることがある。多くの墓石が倒れる。自動車の運転が困難となり、停止する車が多い。
6弱	立っていることが困難になる。	固定していない重い家具の多くが移動、転倒する。開かなくなるドアが多い。	かなりの建物で、壁のタイルや窓ガラスが破損、落下する。
6強	立っていることができず、這わないと動くことができない。	固定していない重い家具のほとんどが移動、転倒する。戸が外れて飛ぶことがある。	多くの建物で、壁のタイルや窓ガラスが破損、落下する。補強されていないブロック塀のほとんどが崩れる。
7	揺れにほんろうされ、自分の意志で行動できない。	ほとんどの家具が大きく移動し、飛ぶものもある。	ほとんどの建物で、壁のタイルや窓ガラスが破損、落下する。補強されているブロック塀も破損するものがある。

図３－６　気象庁震度階級解説表（一部）

規模を表す単位が別に必要である。これが**マグニチュード**であり、Mで表す。マグニチュードの定義はいくつかあるが、最初にアメリカのリヒターが考案したものは、震源から100km離れた場所で観測した地震の最大振れ幅［μ《マイクロ》m］を常用対数にしたもので、Mが１違うと最大振れ幅が10倍違うことになる。また地震が放出するエネルギーとMの間にも対数の関係があり、Mが１違うと地震のエネルギーは約30倍、２違うとエネルギーは1000倍も違うことになる。

3 地震のしくみ

地震が発生すると地面に割れ目ができたり、割れ目の両側がずれてしまうことがある。地盤のずれを**断層**といい、地震との関連がはっきりしているものを**地震断層**という。1995年の兵庫県南部地震では淡路島北部などで約10kmにわたって地震断層ができた。過去にも1891年の濃尾地震や1930年の北伊豆地震などで地震断層ができている。地震とは、地下の岩盤が割れて断層を生じるときの衝撃が振動となって伝わったものであり、断層が地表に達すると地震断層となる。

岩盤に力がかかり続けると、ついには限界を超えて岩盤が割れ、地震が発生する。岩盤の割れそうな場所に過去にできた断層があると、そこは長年の間に固着しているとはいえ周辺よりも弱いため、再びそこが割れてずれることが多い。このように過去に繰り返し活動し、将来も活動を繰り返す可能性のある断層を**活断層**という。

活断層が繰り返し動くことでずれ幅が累計数千mに及ぶこともあり、六甲山脈などはこうした度重なるずれによる隆起でできた山脈である。つまり活断層があれば、そこは地震がこれまで繰り返し起こった場所で、今後も地震が発生する危険性が高

図３－７　地震断層（1891年〈明治24年〉の濃尾地震で生じた根尾谷断層。矢印の部分で道がくいちがっている）

いといえる。

別のタイプとして、プレートの境界で起こる地震がある。プレートどうしが押し合ったり引っ張ったりすると、その境界では岩盤が割れたりずれたりし、地震が発生する。活断層で起きる地震に比べ、マグニチュードは１程度大きい。プレート境界における地震発生のしくみは後の節で詳しく解説する。

4 火山の分布

マグマが地上に達して噴火が起こり、火山ができるしくみは第２章ですでに述べた。ここでは火山がどのような場所に集中しているかに注目したい。

図3-8に世界の活火山の分布を示した。活火山の多くも、地震と同様に太平洋をとりまくように集中し、またアフリカ東部、地中海などにも集中して見られる。アイスランドやハワイ

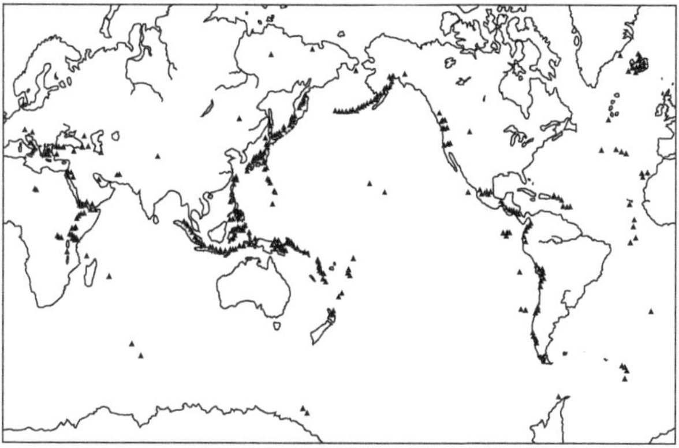

図3－8　世界の活火山の分布

といった大陸から離れた島にも、活発な火山が見られる。さらに火山の印をつけてはいないが、「地震の糸」と表現した大西洋からインド洋を経て太平洋に至る震源の連なりは、マグマ活動の活発な場所でもある。潜水艇による調査で、海底には溶岩を流出したり数百℃の熱水が噴き上げている場所がいくつも見つかっている。つまりこれは、海底のすぐ下までマグマがやってきている証拠でもある。

第２章で解説したが、地下でマグマができる条件は、

（１）高温の岩石が下方から上昇することで、かかる圧力が減少し、岩石の融点が下がる

（２）地下の岩石に水などの物質が供給され、それにより岩石の融点が下がる

であった。このうち（１）はプレートの離れる境界、（２）はプレートが沈み込む境界で見られる。「地震の帯」と「火山の帯」が重なるのも当然で、どちらもプレートの動きがもたらしているのである。

5 地震災害と火山災害

地震や火山噴火は、自然災害の中でも特に大きな被害をもたらすものとして昔から警戒されてきた。地震国・火山国である日本において、災害現象の正しい理解は不可欠である。

地震はほとんど前触れもなく起こり、ひとたび起こると社会を壊滅させるエネルギーを持つ。家屋などの建造物は過去に比べて頑丈になったにもかかわらず、兵庫県南部地震でも建造物の倒壊や延焼などにより被害が拡大した。特に埋め立て地などの軟弱地盤は地震に弱く、地盤の砂泥が揺すられて**液状化**という現象を起こしやすい。また現代は昔に比べ、交通網やライフライン、通信ネットワークなどが極めて複雑に張り巡らされていて、それらが遮断されることの社会的被害は計り知れない。

また海底で地震が発生した場合、海岸に**津波**が押し寄せることがある。津波については第7章で詳しく述べる。

日本列島は後で述べるように4つのプレートがぎゅうぎゅう押し合う場所であり、岩盤には活断層が無数に走っていて、日本中どこでも地震の被害を受ける可能性がある。特にプレートの沈み込む境界がある太平洋沿岸では、プレート境界に沿って大規模な地震が周期的に発生している。このことから、最近地震が起こっていない太平洋沿岸の地震の**空白域**は、今後地震の起こる可能性が他よりも高いといえる。

駿河《するが》湾周辺はプレート境界が特に日本列島に接近していて、しかもここだけ150年以上も地震が発生していない空白域である。このため、ここを震源とする東海地震は特に警戒されている。しかし、地震発生のサイクルは人間社会のリズムに比べて非常に長く、地震発生の時期を正確に予測するのは極めて難しい。現在の地震予知は数十年単位での発生確率を報告するにとどまっている。

新潟地震で倒壊した県営アパート（1964.6.16,M7.5）

北海道南西沖地震で波打つように隆起した道路
（1993.7.12,M7.8）

兵庫県南部地震で横倒しになった阪神高速道路
（1995.1.17,M7.3）

新潟県中越地震で脱線した上越新幹線の最後部車両
（2004.10.23,M6.8）

スマトラ沖地震による大津波で廃墟と化したタイ南部カオラックのリゾート
（2004.12.26,M9.0）

図３－９　地震による被害

火山もひとたび噴火するとさまざまな被害を及ぼす。溶岩流や火砕流は谷筋の集落を飲み込む恐れがあり、火山弾も危険だ。有毒な火山ガスはもちろん、無害に思われる二酸化炭素も、大量にあふれ出てくぼみにたまると人間や動物を窒息させる。爆発による衝撃が周辺の窓ガラスを破壊することもある。火山灰が厚く積もった斜面では、まとまった雨が降るたびに泥流が発生し、下流に洪水をもたらしたりする。

火山灰は火山からかなり離れたところでも降り積もり、視界不良を引き起こして交通を麻痺させたり、農作物や生態系に被害を与える。上空に噴き上げた粉塵《ふんじん》が極めて多いと気流に乗って地球全体を覆い、地球の気候に影響を与えることもある。

このように火山の噴火は人間社会に多大な影響を及ぼすが、幸いにして地震と異なり、我々は火山噴火の前触れをある程度とらえることができる。マグマの上昇を示す微小な地震（火山性微動）や地鳴り、マグマが山体へ貫入したことを示す山体膨張などは、噴火が間近に迫ってきたことを教えてくれる。しかし噴火の規模まではわからないため、油断して避難が遅れれば大惨事となりかねない。さらに、火山活動がいつ終息するかを予測するのも難しく、避難をさらに難しくしている。2000年に始まった三宅島の噴火がまさにそうである。

火山は被害だけでなく、我々に恩恵も与えている。火山地帯には必ず温泉が存在し、豊富な地熱を利用して発電が行われているところもある。火山の雄大な姿は景勝地として親しまれ、貴重な鉱物資源をもたらすこともある。私たちは火山をもっとよく理解し、うまく付き合っていくことが大切である。

〈3-2 解答〉問1 エ　問2 ア

3-3 プレートテクトニクスと地殻変動

問1 プレートとその下とは何が違うか。
ア）岩石の種類　イ）岩石の密度　ウ）岩石の硬さ
問2 プレートが沈み込む場所にはどのような地形があるか。
ア）海嶺　イ）海溝　ウ）隆起山脈　エ）横ずれ断層

1 プレートテクトニクスの成立

地震や火山活動を説明するのに、現在では**プレートテクトニクス**という学説が普通に用いられる。これは地震や火山活動をはじめ多くの地殻変動がプレートの境界部に集中することから、これらがプレートの運動によって起こるとする考えである。この学説の登場によりそれまでの考えは一掃され、残されていた問題も次々と解決されていった。まさに地球観のパラダイムシフトが20世紀に起こったのである。

プレートテクトニクスについて語る前に一人の人物の紹介から始めたい。ドイツの気象学者（世界気候区分を完成したケッペンの娘婿にあたる）で、極地探検家でもあった**ウェゲナー**は、大西洋を挟んで向かいあうアフリカと南アメリカの海岸線がぴったりと合わせられることに注目した。彼は、もともと一つの大陸だったものが分裂し、移動して現在の姿になったとする**大陸移動説**を提唱し、かつて存在した巨大な大陸（超大陸）を**パンゲア**と名づけた。彼は大陸がかつてつながっていた根拠として、複数の離れた大陸にまたがって存在する山脈や地質構造、それに化石の分布が、超大陸を想定するとすべてつながってうまく説明できることを示した。1912年のことである。

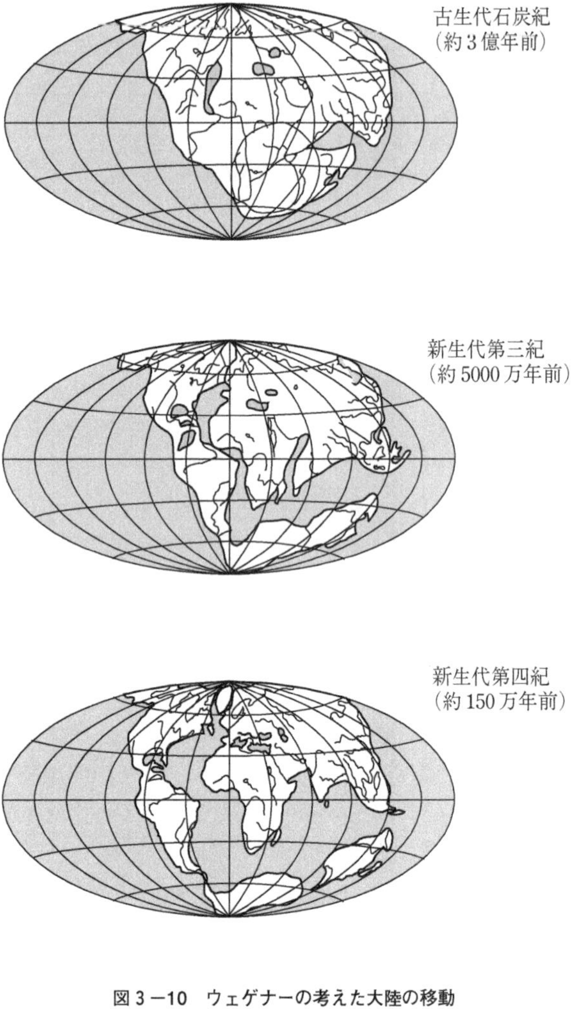

図3—10　ウェゲナーの考えた大陸の移動

大陸移動説はこのように魅力的な説であったが、大陸移動の原動力について満足な説明ができなかったこともあり、当時の主な研究者からは相手にされなかった。そして彼自身がほどなく遭難死したこともあり、次第に忘れ去られていった。

一度は忘れ去られた大陸移動説だが、２度の大戦の後に復活を遂げる。復活を告げる使者は海底からやってきた。

冷戦さなかの1950年代、アメリカは軍事目的もあって海底地形の調査を積極的に進めた。海底の凹凸を調べるには音波探査が用いられる。これは海上で火薬を爆発させ（最近ではエアガンが用いられる）、その音響が海底で反射して戻ってきたものをとらえ、その時間差を測るという方法で測定される。海底が盛り上がっていれば海上からの距離は短くなり、時間差は小さくなる。調査の結果、それまで単調だと思われていた海底に、思いもよらない大規模な地形が浮かび上がってきた。

大西洋の中央には大きな高まりが南北に走り、大西洋両岸の海岸線と並行して湾曲している。この長大な海底山脈は**大西洋中央海嶺**と名づけられた。同じような海底の高まりはインド洋や太平洋でも見つかり、それらは連結して地球を一回りするほどだった。逆に**海溝**と名づけられた深い凹地形も見つかった。海水で隠された海底にこのような雄大な地形が存在したことは大きな驚きであり、しかも海嶺が大陸の海岸線と並んで走っていることは、両者が無関係でないことを想像させた。

海底地形のデータが蓄積されてくると、海底の様子に関心が移ってきた。音波は海底の軟らかい堆積物を通過してその下の硬い岩盤でも反射するため、海底に積もった堆積物の厚さがわかる。音波探査は海底の岩盤に降り積もった堆積物の厚みを見事に描き出した。それは海嶺で最も薄く、そこから離れるにしたがって厚くなっていた。堆積物は主にプランクトンの遺骸などで、その厚みは時間の経過とともに厚くなる。つまり海嶺は岩盤ができたばかりで、両側に離れるほど古くなる。これは、海底が海嶺で誕生し、ベルトコンベアのように両側に離れていくイメージを抱かせる。そうだとすると、大西洋はどんどん拡大し両側の大陸はどんどん離れていくことになる。逆に巻き戻すと、今度は両大陸が接近し合体してしまう。これは大陸移動説そのものではないか！　こうして、海底は海嶺で誕生し両側に移動していく、という**海洋底拡大説**が登場したのである。

海洋底拡大説はさまざまな分野にインパクトを与えた。太平洋に浮かぶハワイ諸島は、実は6000mもの深海底からそびえる火山の頂上が海面から顔を出したものである。現在も活動中の火山があるハワイ島が最も大きい島で、北西に離れると火山活動は終了し、島は沈んだり風雨や波に削られて小さくなり、ついには水面下に没して海山列となる。もし、ハワイ島の火山活動をもたらすマグマ源（**ホットスポット**と名づけられた）がそのままで、ハワイ島をのせた海底が北西に動けば、やがてハワイ島はマグマ源から離れてしまう。すると火山活動もやがて止まり、長い間に沈んだり削られて小さくなってしまうだろう。ハワイ島の北西に連なる島々はまさにこうしてできたのではないだろうか。海底が移動するという考えは、こうしてさまざまな問題を解決する理論として定着していったのである。

海底の岩盤は海嶺から離れるほど古くなる。しかし最も古いものでも約２億年前のもので、大陸の岩石が40億年前にまでさかのぼれるのとは対照的である。そして古い海底は大陸に沿って走る海溝までくるとぷっつりと消えてしまうのである。では、それより古い海底はどこへ行ってしまうのだろうか。

地震学者はすでにこの答えを持っていた。地震が太平洋を取り囲む地域で多発することはすでに知られていて、日本は全域

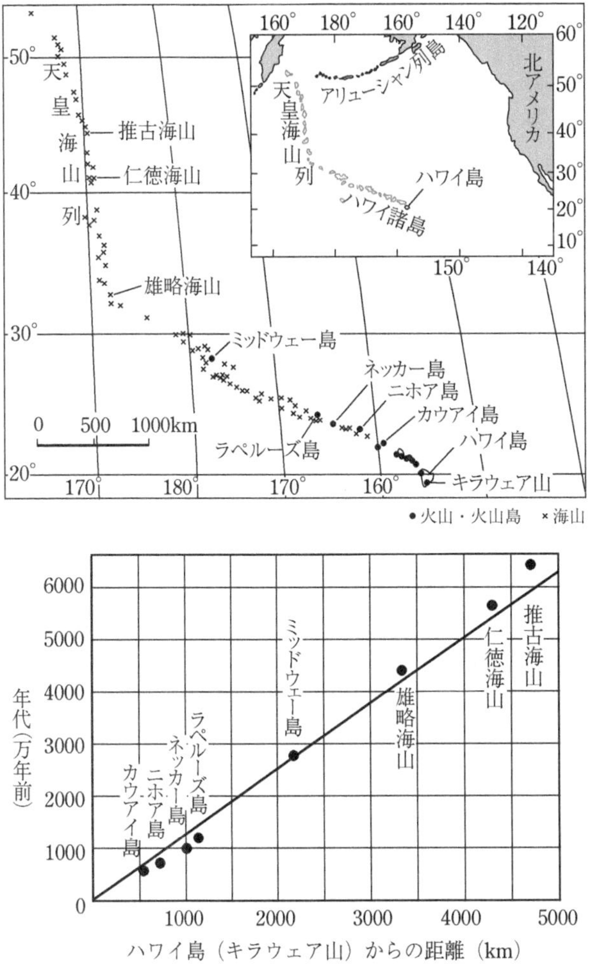

図 3－11　ハワイ諸島および天皇海山列と岩石の年代

がこの帯の中に位置する。京都大学の和達清夫らは日本や日本近海で起こる地震の震源の深さを詳細に調べた。その結果、地震発生域は太平洋側では浅く、日本海や大陸に向かうにつれて深くなり、太平洋側から斜め下に続く面となることを明らかにした。これを**深発地震面**または**和《わ》達《だち》-ベニオフ面**という。

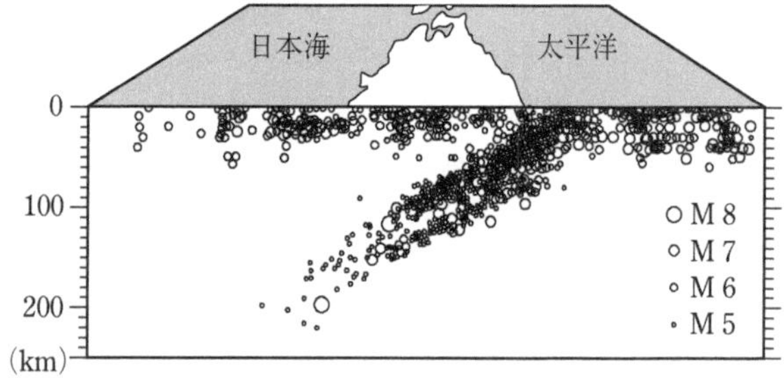

図３－12　東北日本の震源分布

海底の岩盤は海溝に達すると姿を消し、そこから斜め下に向かって深発地震面が始まる。これは、海底が海溝から地球内部に向かって沈み込んでいるイメージを与えるのに十分であった。ここに、地表は海嶺や海溝で区切られた十数枚のプレートによって分割され、プレートは海嶺で誕生し海溝まで運ばれてそこで沈み込む、というプレートテクトニクスの基本原理が打ち立てられた。ウェゲナーの大陸移動説からすでに半世紀が過ぎ去ろうとしていた。

2 プレートとは何か

プレートは文字どおり地表を覆う硬い板であり、その境界は海嶺や海溝である。そしてその境界付近で地震などの地殻変動が発生している。

■やってみよう■　プレートの輪郭を描く

図3-1の上にトレーシングペーパーをかぶせ、以下の要領でプレート境界を描け。

1．震源が連なるところを赤鉛筆で薄くなぞる。

2．インド北部など震源が分散している地域では、境界が明瞭な地震域の南縁をなぞる。

できあがったものを図3-13にかぶせてみよう。

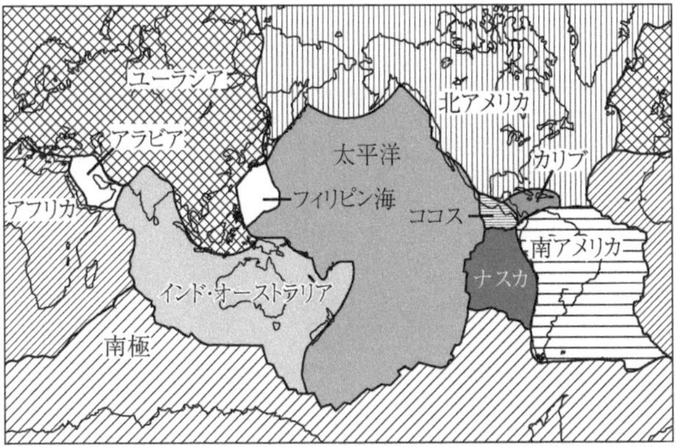

図3－13　プレートの分布

地殻の厚さやマントルの深さと同様に、プレートの厚さも地震波の研究から明らかにされている。地下を通過してきた地震波を詳しく調べると、地表から深さ約70～200km（場所により一定でない）では、地震波の速度が少し遅くなることがわかってきた。ここを上部マントルの**低速度層**といい、ここでは温度が岩石の融点に近づき、岩石が極めてゆっくりとなら流動できる（温かいとより軟らかくなるなど、ますますべっこう飴のようだ)。この低速度層を**アセノスフェア**と呼び、その上の硬い層を**リソスフェア**と呼ぶ。地殻とマントルが岩石の種類の違いによって区分されているのに対し、リソスフェアとアセノスフェアは岩石の硬さによって区分され、岩石の種類や密度の違いは問わない。リソスフェアは地殻だけでなくマントルの一部を含み、両者は一体となってふるまう。

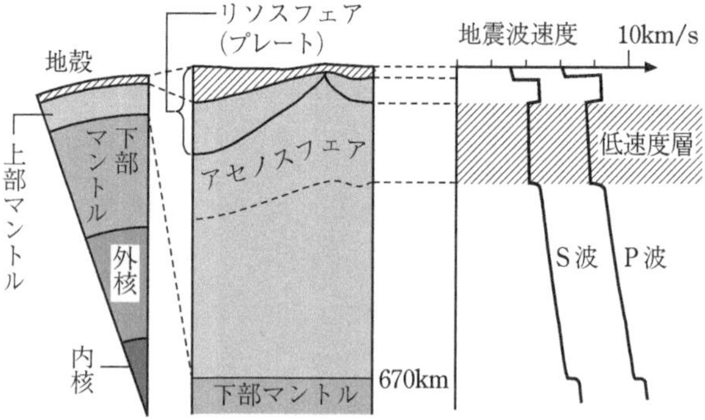

図3—14　リソスフェアとアセノスフェア

リソスフェアは海嶺や海溝などによって十数枚のプレートに区切られ、各々のプレートはアセノスフェアの上をそれぞれ独立した向きに運動している。そしてプレートどうしが接する境界には、各々のプレートの動く向きによって以下に示す3つのタイプが存在する。すなわち、

(1) 離れる境界

(2) すれ違う境界

(3) 閉じる境界

である。

それぞれの境界の姿について、順に紹介していこう。

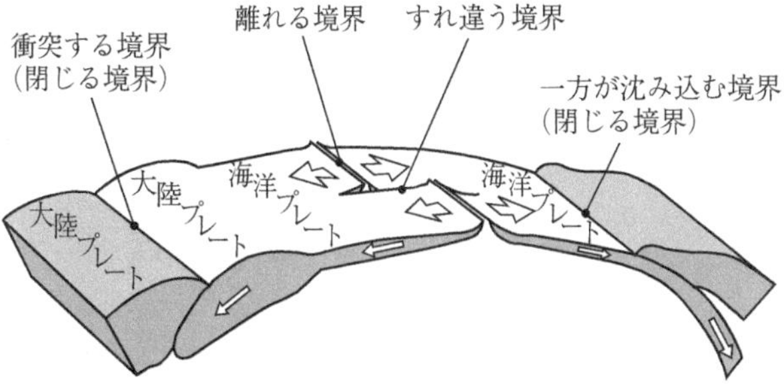

図３－15　プレート境界の種類

3 海嶺と地溝帯（離れる境界）

海嶺は大西洋からインド洋を経て太平洋に達する長大な海底山脈である。海嶺ではプレートが両側から引っ張られ、そのすぐ下にはマグマが迫っている。マグマは引っ張りで生じた割れ目を上昇し、途中や地表（海底）で冷え固まって岩石（斑れい岩や玄武岩）となり、これが新たなプレートとして付け加わる。海嶺はいわば地球を一周する割れ目火口といえよう。

アイスランドは大西洋中央海嶺が海面から顔を出したところで、海嶺の様子を陸上で観察できる数少ない場所である。島には地盤を引っ張る力によって無数の地割れが存在し、割れ目から溶岩を噴き出すような噴火が頻繁に起こっている。

プレートの離れる境界を陸上で観察できるもう一つの場所が東アフリカにある**アフリカ大地溝帯**である。タンガニーカ湖など水をたたえたところもある。また付近にはキリマンジャロ山など大きな火山がそびえている。アフリカ大地溝帯は現在も年間数mmの速度で拡大していて、大陸が今まさに分裂を始めたところである。両側が離れるにつれて地溝帯の中央部は落ち込み続け、このような凹地となったのである。このまま地溝の拡大が続くと、やがて海水が浸入して細長い海となり、アフリカは東西に分裂してしまうだろう。紅海がまさにこの状態で、アフリカから分裂したアラビア半島との間に海水が浸入したものなのだ。大地溝帯の両側も、数千万年もすれば大西洋を隔てたアフリカと南米のように遠く隔てられてしまうかもしれない。

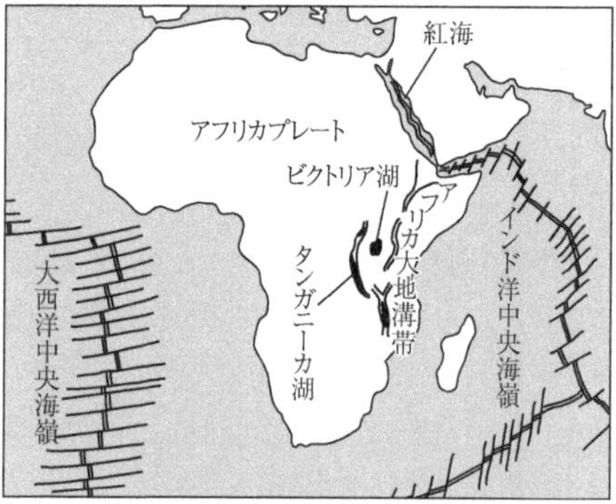

図3－16　大西洋中央海嶺とアフリカ大地溝帯

4 トランスフォーム断層（すれ違う境界）

海嶺はよく見ると、無数の亀裂によってずたずたに断ち切られている。この亀裂ではプレートどうしが横ずれの関係にあり、これを**トランスフォーム断層**と呼ぶ。トランスフォーム断層は海嶺と海溝や海溝どうしをつなぐこともある。

アメリカ西海岸では、1400kmにわたって北米プレートと太平洋プレートが横ずれの関係にあり、ときおり動いて大地震をもたらす。そのためこの地域は、アメリカでは例外的に大地震の多発する地域であり、サンフランシスコやロサンゼルスでしばしば地震による被害をもたらしている。ただし、マグマが発生するような条件は成立せず、地盤の目立った隆起や沈降もない。

5 プレートの沈み込むところ（閉じる境界1）

大西洋やインド洋と異なり、太平洋では大陸沿岸を縁取るように太くはっきりとした震源の帯が伸びる。ここでは、ほかでは見られなかった深い場所（100km以深）に震源を持つ地震が多く見られる。地形を見るとここには、**海溝**が大陸や弧状列島に沿うように深い切れ込みをつくっている。

日本列島は典型的なプレートの沈み込むところである。日本列島の東からは太平洋プレートが西進し、南にはフィリピン海プレートがあって北西へ動いており、それぞれ海溝（浅いものを**トラフ**という）から日本列島の下に斜めに沈み込んでいる。太平洋東部の海嶺で誕生した太平洋プレートは、西進を続けて日本海溝までくると、日本列島の下に斜めに沈み込む。沈み込むといっても陸側のプレートと海側のプレートはがっちりと固着しているので、プレートの沈み込みに伴い陸側のプレート（ここでは北米プレート）も引きずり込まれてたわみ、ひずみ

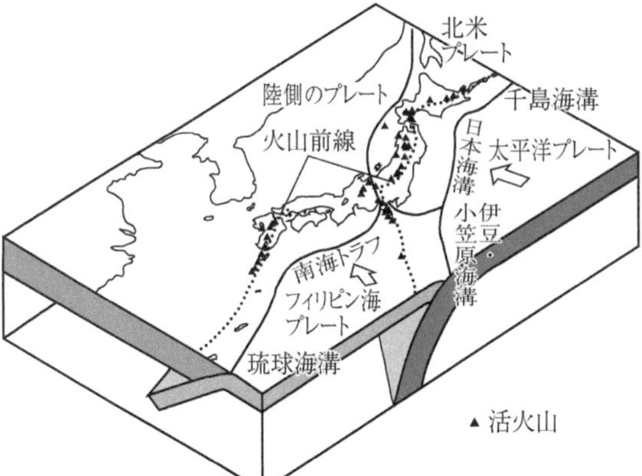

図3－17　日本列島周辺のプレート

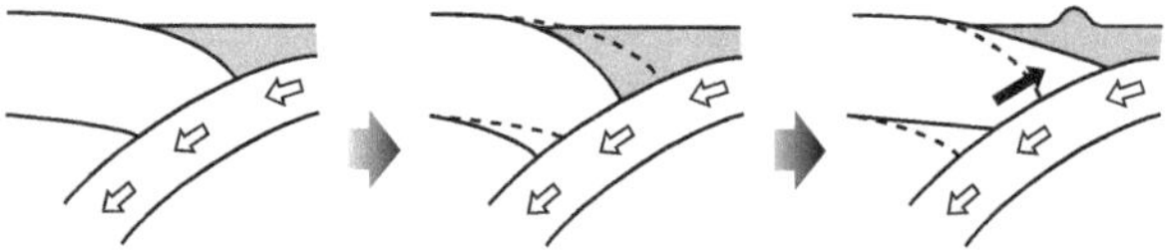

海側のプレートの沈み込みによって陸側のプレートが
長い時間（数十～百数十年）かけて引きずり込まれ、
それが限界に達して一気にはねる現象が大地震となる

図３－18　プレート境界における大地震発生のしくみ

が蓄積する。そしてひずみが限界に達すると、固着面が一気にずれて元に戻り、ひずみを解消する。これが大地震である。ちょうど下敷きの端を持って形をひずませたとき、ある限界でバチンと跳ねて元に戻る、そんな現象と思えばよい。プレートの沈み込みが継続する限り、再びひずみは蓄積して大地震は繰り返す。

図3-12の震源分布をもう一度見てほしい。地震はプレートどうしの接触面だけでなく、本州から日本海にかけての浅いところでも生じている。これが先述した活断層による地震である。活断層の地震はプレート境界の地震にくらべ規模が10分の１程度と小さいが、人間の生活圏のすぐ足元で起きるため、社会に大きな被害を与えることがある。この活断層を動かすのも太平洋プレートが北米プレートを押す力である。また、沈み込んだ太平洋プレートの上面や内部でも地震は生じている（これが深発地震面となる）。プレートの沈み込みというと水の中に石板が突っ込んでいくようなイメージを持つかもしれないが、プレートが沈み込んでいく場所はマントルという岩石の塊であり、プレート自体が周囲から相当な抵抗を受けて、バリバリと壊されながら（これが深発地震）沈んでいくのである。

一方、壊されながら沈み込んでいくプレートの周り（アセノスフェア）では、プレートに押されているのに地震は生じていない。プレートは何億年も地表を移動しているうちに芯まで冷やされ、圧力に対して壊れるように変形するが、アセノスフェアの岩石は熱く融点に近いので、ぐにゃりと曲がるような変形をするのだと考えられている。

図3-17には日本列島の活火山の分布も示した。火山は海溝と一定の距離を保つように並んでいる。そして図に示したラインの太平洋側には火山がなく、反対側に火山が集中するのとは対照的である。これを**火山前線**（火山フロント）という。火山がこのような分布をするのは、やはり沈み込むプレートと何か関係がありそうである。

海溝に沿った場所での火山活動をもたらすマグマは、上部マントルや地殻下部の岩石に水などが混じることで発生すると考えられている。海洋プレートをつくる岩石は、海水と反応して含水鉱物（第２章参照）を持つようになる。これが海溝から沈み込んで100〜200kmの深さまでくると、強い圧力で含水鉱物が分解して水を放出し、その水はアセノスフェアや、その上側

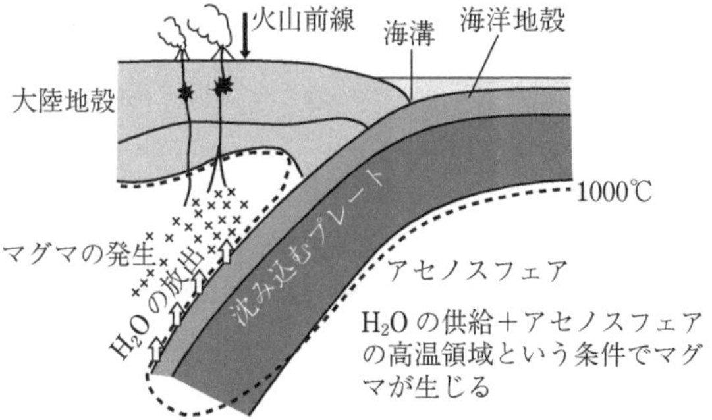

図３−19　沈み込み帯におけるマグマの発生と火山

のプレート（大陸側プレート）内の岩石に供給される。こうしてマグマができるのである。発生したマグマは上昇し、途中で組成を変化させながら地表に達する。火山前線は、沈み込んだプレートが水を吐き出し、マグマをもたらすラインなのである。

6 プレートの衝突と巨大山脈（閉じる境界2）

ヒマラヤ山脈は8000m級の山が連なる巨大な山脈で、現在も年間数mmずつ隆起している。ここはインド大陸がユーラシア大陸に衝突しているところで、インド大陸の北進に伴って地盤が著しい圧縮を受け、たたみ込まれるように変形したのがヒマラヤ山脈である。同様の構造がアルプス山脈まで連続して見られ、**アルプス-ヒマラヤ造山帯**と呼ばれることもある。

インド大陸はもともとアフリカなどと一緒に南半球に存在し、ユーラシア大陸との間には海が広がっていた。ヒマラヤ山脈のかなり高いところから、この海に生息していたアンモナイトや貝類の化石が見つかっている。インド大陸の北上により、その間に広がっていた海洋プレートは海溝から沈み込んだ。

しかし大陸はそうはいかない。大陸は大部分が軽い岩石である花こう岩でできているため、大陸は沈み込んでいけないのである。こうしてインド大陸はユーラシア大陸に衝突し、ヒマラヤ山脈を形成したのである。地殻は圧縮され、ヒマラヤからチベット高原にかけては地殻の厚さが通常の2倍になった。さらにインドの北進はユーラシアを横方向にも押し出していて、インドシナ半島や中国南部を東に押し出し、中国など大陸内部に長大な活断層群をもたらしている。

北アメリカ東部のアパラチア山脈やロシアのウラル山脈は、現在は隆起をやめた古い山脈で、長年の侵食によりなだらかな

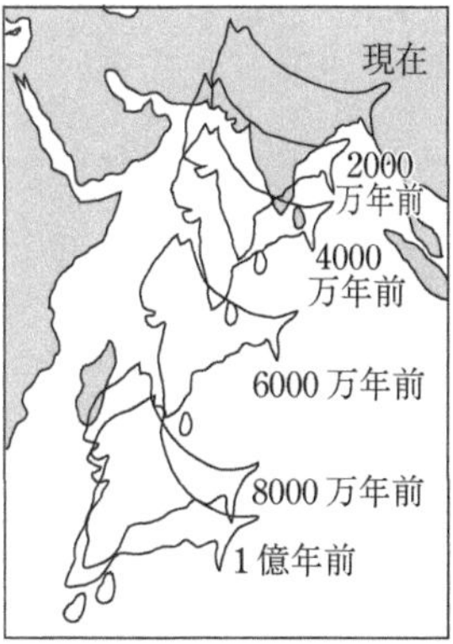

インド大陸の北上
2000 万年間隔でインド大陸の
北上を復元したもの

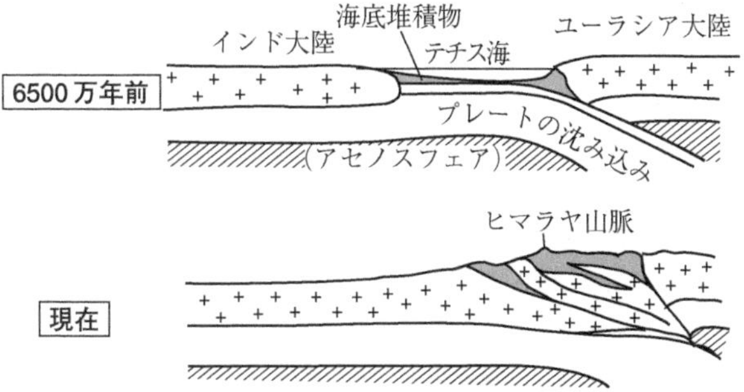

図 3 − 20　インド大陸の北上、および衝突とその断面図

山容をしている。こうした山脈は超大陸パンゲア以前の大昔に起こった大陸の衝突でできたもので、大陸の離合集散が何度も繰り返していたことを示している。特にユーラシア大陸は、他の大陸の中央部がほとんど平坦であるのとは大きく異なり、中央部に古い山脈が何列も走っている。ユーラシア大陸は小さな大陸が多数合体してでき、今なおインドやアラビアなど大陸の衝突合体が続く「未完成の大陸」なのである。

〈3-3 解答〉問1 ウ　問2 イ

3-4 マントルの対流

(問1) 沈み込んだプレートはその後どうなるだろうか。
ア)融けてマグマになる　イ)周囲のマントルと同化する
ウ)マントルの底まで沈んでいく
(問2) プレートの運動がこのまま続くと、地球は数億年後にはどんな姿になるだろうか。
ア)大陸がさらに分裂する　イ)大陸が合体し超大陸となる
ウ)現在とあまり変わらない

1 プレートを動かす原動力

プレートを動かして地震や火山活動を生じさせる原動力は、地球内部の熱の流れである。地球内部に蓄えられた大量の熱は、岩石をゆっくり対流させながら地表に流れ出している。

地震波によって地下の構造がわかることは第１章で述べた。もっと精密に観測すると、マントル内の同じ深さでも地震波の速度にわずかなずれが読み取れる。これを視覚化したものが**地震波トモグラフィー**である。ちょうど医療で用いるＣＴスキャンの技術（あらゆる向きからＸ線を当てて断面図を得る）を地球に応用したもので、ＣＴのＸ線に相当するのが地震波ということになる。岩石が熱く軟らかいと岩石中の地震波の速度は遅くなるため、地震波トモグラフィーは地球内部の温度構造を表すことになる。

地震波トモグラフィーによって、日本列島の地下約670km付近に冷たい物質の塊が存在することがわかってきた。これは沈み込んだプレートの残骸と考えられる。同様の冷たい塊が他の

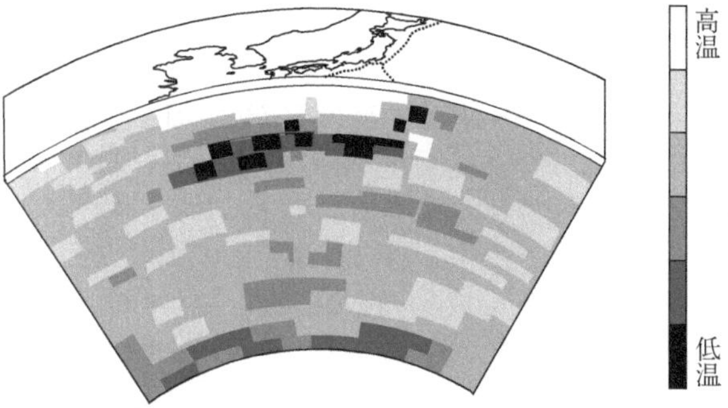

図3－21　地震波トモグラフィー

プレートの沈み込む場所でも見られる。さらに、この冷たい塊のずっと下にも周囲より冷たい物質が溜まっていることがある。これは、深さ約670kmで一度滞留したプレートの残骸が、ある程度まとまって一気にマントルの底まで沈んでいくことを想像させる。

実は、深さ670kmは上部マントルと下部マントルの境界であり、ここを境に構成する岩石の密度が急激に変化する。そのため、順調に沈んできた海洋プレートも一度ここで滞留し、より高密度の岩石に変化するなどの準備を終えてから、深さ2900kmのマントルの底まで落ちていくのである。

海嶺で生まれた海洋プレートは、移動するうちに徐々に冷えて重くなり、水深を増して海溝に達する。海溝から沈み込んだプレートは圧力によって徐々に重い岩石となり、これが沈み込むことで後につながるプレートを引っ張る。これがプレートを動かす原動力となる。地球の多くの場所では、沈み込んだ部分のプレートがプレート全体の動きをコントロールしていると考えられている。

2 プルームテクトニクス

地震波トモグラフィーは、それまで見えなかった地下のダイナミックな構造を鮮明に浮かび上がらせた。日本列島や東アジアの下では、冷たいプレートの残骸がマントルの底まで沈んでいるが、対照的に南太平洋の下では、熱い物質がマントルの底から湧き上がっているように見える。この湧き上がりは深さ670kmあたりできのこ雲のように広がり、そこからいくつものホットスポットが立ち昇って太平洋プレートを貫き、ハワイやポリネシアの島々を形成している。熱い物質の上昇はアフリカの下でも起こっているように見える。

マントルの底から立ち昇る熱い物質の流れを**ホットプルーム**と呼ぶ。逆に冷たいプレートの残骸が沈降する流れを**コールドプルーム**と呼ぶ。厚さ2900kmにもおよぶマントル全体でこのように巨大な上昇流と下降流が存在するということは、マントル全層で物質の対流が生じていることを意味する。プルームによる物質の流れが地球のさまざまな現象を説明するという概念

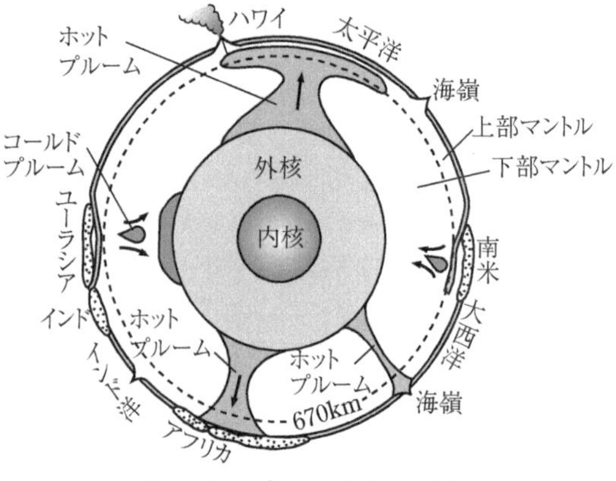

図3－22 プルームテクトニクス

を**プルームテクトニクス**という。プレートの動きは、この全マントルにおよぶ対流運動の表層部を担っているにすぎない。

プルームテクトニクスの立場から、超大陸パンゲア以降のプレートの動きを振り返ってみよう。現在アフリカにあるホットプルームは、パンゲアを分裂させ大西洋を開いた。南太平洋にあるホットプルームは、太平洋にいくつもの海山や火山島を形成した。一方、現在のユーラシア大陸の下にはコールドプルームがあり、いくつもの小大陸が吸い寄せられるように集合してユーラシアが誕生した。ユーラシアの周りからは今もプレートが沈み込み、沈み込んだプレートがさらにプレートを引きずり込んでいる。アフリカやオーストラリアもすべてユーラシアを目指して動いており、やがてインドのように合体するだろう。こうしておよそ２億年後には再び超大陸が形成され、こうした大陸の分裂と再集合は何度も繰り返されるだろう。

3 冷え続ける地球

ホットプルームとコールドプルームはマントル全体を対流させ、その表面に浮かんだ木の葉のように大陸が離合集散する。こうした過程が繰り返されることにより、地球は徐々にではあるが冷めてきている。

遠い遠い将来、アセノスフェアは徐々にその流動性を失い、プレートは駆動のしくみを失う。地震もほとんど起こらなくなり、山脈の隆起も起こらなくなる。すでにある巨大な山脈はやがて侵食によってなだらかになり、海溝も堆積物で埋めたてられ、地表は起伏の少ないなだらかな姿になるだろう。さらに年月が経つと、地下でマグマの生産が途絶え、火山は活動できなくなる。こうして地球はいつの日か、月や火星のように冷たく不活発な天体へと変わっていくだろう。

〈3-4 解答〉 問1 ウ　問2 イ

第4章

変わりゆく地表の姿

4-1 地表の景観を決めるもの

問1 地球以外の惑星や月の表面に特徴的な地形は何か。

ア）クレーター　イ）山脈や海溝　ウ）火山　エ）断層地形

オ）水による侵食や堆積の地形　カ）生物がつくる地形

問2 高い山も次第に削られたりして低くなる。現在の地球上に高い山が存在するのはどうしてか。

ア）過去にはもっと多くの山が存在し、徐々に減って現在の姿になったから

イ）高い山を削ったり沈めたりする作用と、地面を持ち上げようとする作用の両方が存在するから

ウ）太陽や月の引力が地面を常に持ち上げるから

問3 水や空気の作用は、究極的に地表をどうするか。

ア）地表の凹凸を増やすように作用する

イ）地表の凹凸をなくすように作用する

1 景観を決めるさまざまな要因

宇宙から見ると地球は青く美しい惑星である。この独特の青さは、表面積の７割を占める海の色を反映している。ゆえに地球は〝水の惑星〟とも称される。白く輝く雲や雪原も水であり、もっと言えば、海面の青さが大気を通して宇宙から見えるのも、太古には厚い雲として地表を隠していた水が地表へ移動して海となり、二酸化炭素などが海に吸収されて大気からなくなり、その結果薄く透明な大気となったからである。

大気と水を取り去った固体地球表面の景観はどうだろうか。特徴といえるものを順に挙げてみよう。

（1）月や水星に比べてクレーターが少ない。

地球にもいくつかクレーターが存在するが、月や水星の表面がクレーターでびっしりと覆われているのに対し、地球の景観の中でクレーターはほんの脇役にすぎない。これは、地表には大気や水があって風雨が地表の凹凸をすぐさま削り取ってしまうこと、さらにプレートが古いほうから順に沈み込んでいき、過去の痕跡を消してしまうこと、などが原因である。

（2）地表が大陸上と深海底の２段の平坦面を持つ。

第１章でも述べたように、地球は大陸地殻と海洋地殻という性質の違う２つの地殻が地表を覆っている。大陸地殻は厚さが約30〜40km、厚いところで60km以上もあり、海洋地殻の６〜７kmと比べて極めて厚い。

このため、海水を取り去った地球の表面には２段の平坦面が見られる。むしろ２段の平坦面の標高差が５km程度で済んでいるのは、厚い大陸地殻が下のマントルに深く根を下ろした状

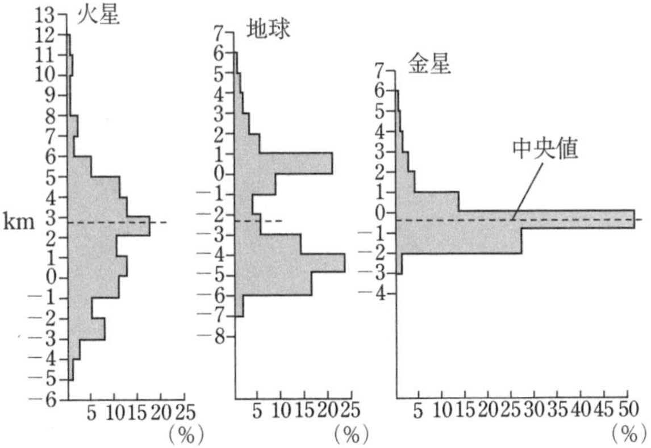

図４－１　地球型惑星の地表面高度分布（Cattermole, 1994）

態でマントルに浮かんでいるからである（アイソスタシー）。大陸地殻上部の大部分は花こう岩でできていて、この岩石は主に地殻下部の岩石が水のある条件で部分融解することでできた岩石と考えられている。つまり大陸の存在も水が存在した結果、ということができる。

（3）海嶺や海溝、山脈など、大規模な線状の凹凸がある。また、火山も一列に並ぶことが多い。

第3章で述べたように、地球ではプレートテクトニクスが地表の運動を支配している。そして明確にプレートが存在する天体は、地球以外にはまだ確認されていない。

火山自体は火星や木星の衛星イオにも見られ、金星にもマグマを流出する凸地形がある。月の「海」と呼ばれる黒い場所も、衝突クレーターにマグマが染み出した溶岩の湖であった。つまり火山（＝マグマの噴出でできた地形）は、太陽系の天体にとってそれほど特異ではない。星の内部にたまった熱を効率的に排出するのに、火山は都合のよいしくみなのであろう。

しかし、火山が列状に分布するのは、やはりプレートを持つ

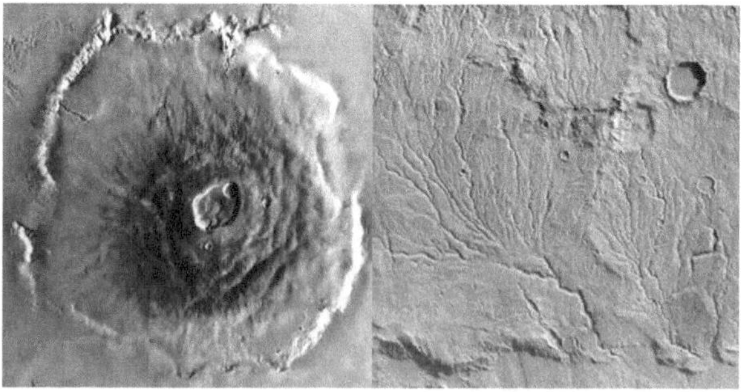

図4－2　火星の表面（左：火山　右：流水地形、NASA）

地球だけの特徴である。第３章で述べたように、火山は海嶺上に並んだり、日本列島のように海溝に沿って伸びたり、ハワイのようにホットスポットから一列に伸びたりしている。さらに、玄武岩以外の多様なマグマを噴出しているのも地球の特徴である。マグマの多様性にも水が関与していることが多い。

（4）流水や風、氷河などがもたらす、侵食作用や堆積作用でできた地形が見られる。

地形を刻む侵食・運搬・堆積作用をもたらすのは、大気も無視できないがやはり水の力が圧倒的に大きい。火星には水によってつくられたことを示す地形が残っていて、かつて海が存在した可能性が指摘されている。水の作用がもたらす地形については次節で詳しく述べる。

（5）生物が関与してできた地形が見られる。

地表では生物が多様な生活を営み、地表の景観にアクセントを加えている。景観という言葉には森林や草原などのイメージが含まれ、生物の存在は無視できない。さらに生物の中には、単に装飾のようにそこにあるのではなく、サンゴのように積極的に地形を造営する場合もある。環礁は、洋上の島の周囲にできたサンゴ礁が島の侵食や沈降に抗して成長し、ついにはサンゴのみが海面から突き出したものであり、さながらサンゴによる勝利宣言、といえるだろう。

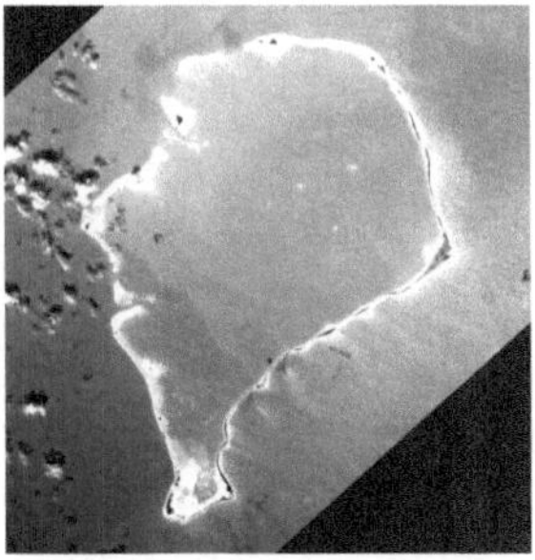

図４－３　ツバルの環礁
（ISSより撮影、NASA）

しかし景観に最も大きな影響を与えている生物は人間であることは疑う余地がない。飛行機から地上を眺めれば、そこには平野に刻み付けるように都市や道路や建造物が見え、直線的な人工の海岸線が見え、丘陵地に虫食い状にゴルフ場が見えるだろう。夜になればまばゆい光が目に飛び込んでくる。この光は宇宙からも見え、地球はついに「夜半球も光り輝く」惑星になっているのである。

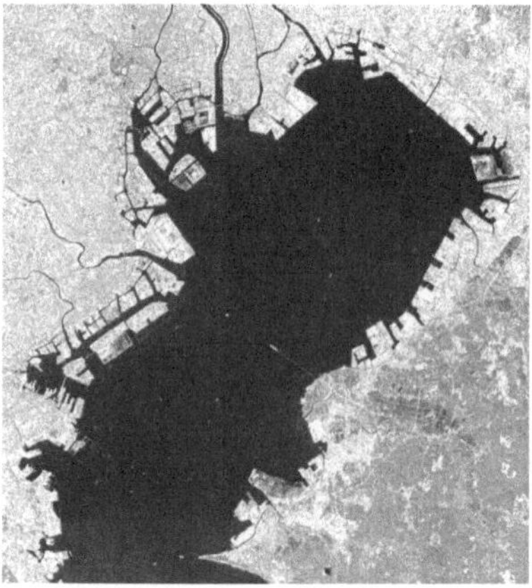

図4－4　ほぼ人工海岸となった東京湾（JAXA）

地球の景観はこうした多くの特徴を持つが、そのほとんどが根源をたどると、地球が〝水の惑星〟であるという一点に行き着く。地球が海を持ったということはそれほど重大なことなのである。しかしそれは、惑星の大きさが小さすぎず（重力が水分子を引き止めておける）、太陽からの距離が適当で熱すぎず寒すぎず、という条件を満たしたからにすぎない。宇宙に浮かぶ無数の恒星の中にこうした条件を満たす惑星を持つものがあったとすると、その惑星は地球と同じような景観、つまり海があり、大陸があり、火山の弧があり、山脈と侵食谷と堆積平野があり、そして生物がいるのかもしれない。

2 2つのエネルギーがせめぎあう地表

冒頭の問いで「地球に高い山が存在するのはどうしてか？」と問われて困惑した人も多いだろう。しかし、周りより高いところというのは安定ではない。重力が絶え間なく下向きに引っ張るせいで、全体的に徐々に沈んで高度が下がり、出っ張った部分が風雨に削られてなだらかになってしまう。実際、大昔に大陸が衝突してできた古い山脈は、当時は高く険しい姿だったはずが現在では低くなだらかな山容をしている。

山ができるためには、マグマが噴き出し岩石を積み上げるか地盤が持ち上がるかしなければならない。前者を**火山**、後者を**隆起山地**と呼ぼう。

火山は火口から火山灰や噴石や溶岩を放出し、それが火口の周りに積もることでできる地形で、もともとは富士山のように円錐形をしている。中央が陥没したり爆発することですり鉢状になることもある。

一方、隆起山地はプレート運動によって地盤が圧縮を受け、布団が折りたたまれるように隆起するか、断層運動で一方の側が隆起してできる。このため、隆起山地は頂上が連なる細長い形、つまり山脈になる。

こうした火山や山地は、常に風雨にさらされて削られていく。富士山が美しい円錐形をしているのは、富士山が活動を始めてまだ数万年の「若者」の火山だからで、数十万〜数百万年もすると斜面のいたるところに谷が発達し、等高線がぎざぎざになってしまう。

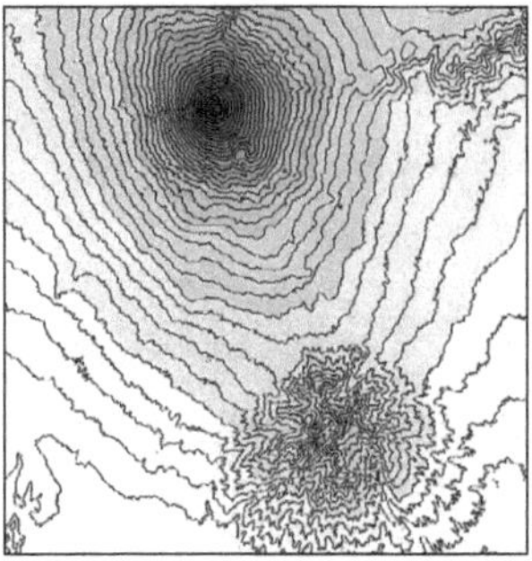

図４－５　富士山（上）、愛鷹山（下）の等高線（100m間隔）

隆起山地はどれもぎざぎざの等高線を持っていて、いくつもの谷が刻まれて残ったところが尾根となっている。地盤が盛り上がったり断層運動で持ち上がったりする大きさは、変動の激しいところでも年間数mm程度であるため、絶え間ない侵食も考慮すると、1000m以上の高山になるには100万年以上の歳月を必要とする。これは侵食によって深い谷が刻まれるのに十分な時間である。3776mもある富士山がたった数万年でできるのとは大きな違いといえよう。

図4-6に日本列島の最近約170万年間の隆起量を示す。これを見ると、険しい山脈として知られるところは現在も活発な隆起が続いているところであり、隆起と侵食がまさに拮抗して険しい山容を形成していることがわかる。

世界中を見回しても、標高が高く険しい山脈は、現在もプレートどうしの押し合いにより隆起が続いているところばかりである。アルプス山脈など氷河が発達しているところでは、重く硬い氷が地表をえぐるように削り、マッターホルンのような鋭い峰をつくることもある。

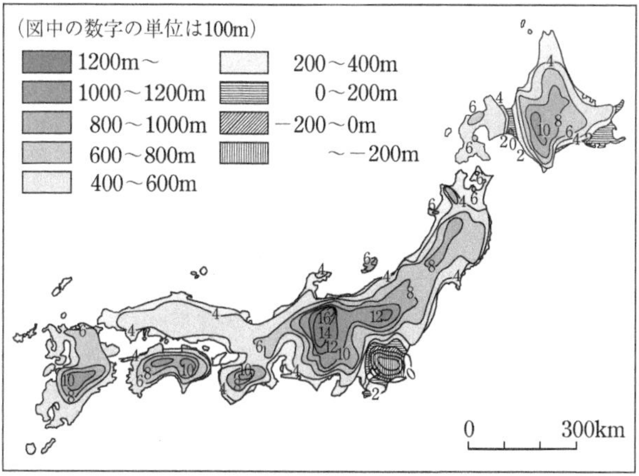

図４－６　日本列島の第四紀垂直変動量

地盤の隆起はプレートどうしの押し合いで生じ、火山はマグマがもたらす。これらはどちらも地球内部からの熱エネルギーが外に放出されることで起こる作用である。一方、水による侵食は、太陽からの熱エネルギーが水を高いところまで運び上げることで初めて起こる作用である。険しくも美しい山並みは、地表の景観をもたらす２つのエネルギーがぶつかり合った芸術作品なのである。

コラム

[標高のそろった山脈のできかた]

北アルプスや南アルプスの山々は日本を代表する険しい高山であり、いくつもの頂上を尾根づたいに踏破するルートは登山シーズンになると多くの登山家でにぎわう。ところで、こうしたルートを歩いてみるとわかることだが、山脈を構成するいくつもの頂上の高さが極めてよくそろっている。仮に複数の山頂にまたがる

図4－7　北アルプスの山頂の標高

ように全体に毛布をかぶせたとすると、なだらかな面になる。このなだらかな面を接峰面という。

実は、この接峰面こそが隆起する前の元の地盤がつくる面と考えられる。もとは平坦だった地面が隆起するにつれて、山肌を流れる水は頂上部を残して斜面を削り、削り残された部分が山脈となった。山頂の標高がよくそろっているのはそのためである。

③ 平坦な地形の功罪

第2章で述べたように、地表に露出した岩石はたちまち風化を受け、れきや砂や泥といった岩石の屑になってしまう。そして岩石の屑《くず》は水の流れによってさらに下方へと運ばれる。

河川の流れの勢いは一定でない。普段は穏やかな川の流れも大雨の後には驚くような激流となり、一抱えもあるような石をはるか下流まで運んだりもする。小中学校の教科書にも「河川は上流の岩石を下流に運ぶ」と書いてあるが、普段の流れではなく、こうした非日常的な流れこそが運搬作用の正体である。

山間部に降った大量の雨は、山を崩して大量の土石を含んで流れ（いわゆる**土石流**）、川が山地から平地に出たところにそれらを堆積して**扇状地**をつくる。傾斜がゆるやかな河川の中流域では、運びきれない大粒のれきだけが堆積して河原をつくり、砂泥は海岸付近まで押し流される。河川は蛇行し、流路を頻繁に変え、氾濫《はんらん》を繰り返しながら、流域の凸部を削り凹部を埋め立て、平坦な面をつくりだす。

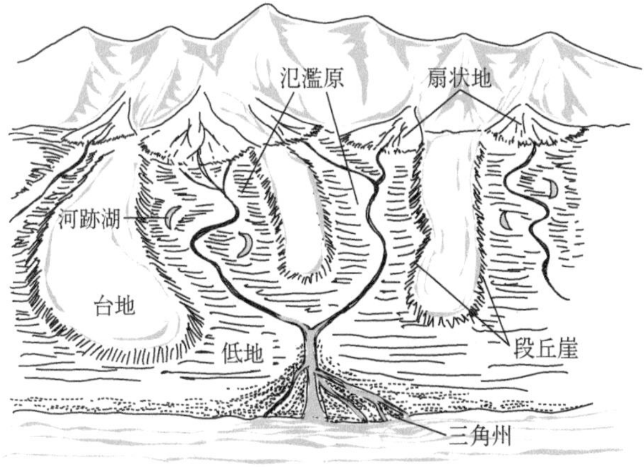

図４－８　河川がつくる陸上の堆積地形

平野をはじめとする陸上の平坦面は、ほとんどがこのように河川が幾度も氾濫することでつくられたものである。ところで、こうした平坦な地形は人間によって利用されやすく、農耕に利用されたり人口が集中したりしていることが多い。つまり、こうした市街地や農地が河川の氾濫（洪水）の影響を受けやすいのは必然である。事実、古代エジプトの人々は、ナイル川が毎年定期的に氾濫することを前提として生活を営んでいた。しかし現代社会は、洪水を受けやすい場所に生活しながら洪水の被害をさけようとする矛盾した要求をしがちである。「治水」という事業はこうした矛盾を克服しようとする人間の営みであり、その重要性は現在もまったく変わらない。

明治政府に雇われたオランダ人技師デ・レーケに「これは川ではない。滝だ。」と言わしめたほど勾配の急な日本の河川は、少々の大雨でも大量の土砂を下流に運び、氾濫を繰り返していた。そこで主だった河川の上流から下流まで連続的な堤防を築き、結果的に洪水の発生件数は減少した。しかし、広範囲に降った雨水が大小の河川を通じて下流に一気に集まる構造になり、下流の水位が急激に上昇して堤防が決壊するという新たな洪水を招くこととなった（上中流での氾濫は水を一時的に蓄え、下流に水が集中するのを防ぐ効果があった）。

さらに、本来なら定期的に河川からあふれて周囲に堆積するはずの砂泥が川底に堆積するため、ときどき川底をさらったり堤防を高くしないと洪水の可能性が復活してしまう。上流に設けたダムも同様に、放っておくと数十年で底が浅くなり機能が低下してしまう。土木事業者にとっては永遠に仕事がなくならないわけで結構なことだが、私たちにとって暮らしやすい平坦面は河川の度重なる氾濫がもたらしたのであり、堆積物が定期的に積もるという宿命は現在もなくなったわけではないことを忘れてはならない。

4 海岸における力のせめぎあい

河川は河口付近までくると流れが極めて遅くなるので、砂や泥のような細かい粒子まで堆積させ、低平な**三角州**（デルタ）をもたらす。海岸では堆積物が常に海の波に揺すられるため、ふるいにかけたように粒のそろった砂浜や泥浜（干潟）ができる。また風も砂を移動させる。砂浜に打ち上げられた海藻や漂流物の位置は満潮時の波打ち際を示すが、それより上側にも砂浜は続く。この砂は風が運んだものである。

一方、海岸は海水が常に押し寄せ、堆積物を持ち去ろうとするところでもある。波が強いところでは、引き波が砂を沖合に運び去る。また海に突き出した岬では波が強く打ちつけるため、海岸が削られて崖《がけ》となる。沿岸流や潮流が強いと、三角州をつくる砂は海岸沿いに運ばれて海岸砂丘（砂浜）や砂州をつくる。一般に、山地が海に突き出したところは崖になり、その間の奥まった湾には浜ができる。

砂浜の砂は風や海水によって少しずつ持ち去られている。砂はいつもそこにあるのではなく、河川からの供給量と海底に持ち去られる量とが平衡となることで存在できるのである。河川の上流にダムを建設した結果、土砂が下流に放出されなくなり、海岸では平衡が崩れて海岸侵食が進行するといった例は、日本中の海岸で見られる（多くのダムが稼動している現在で

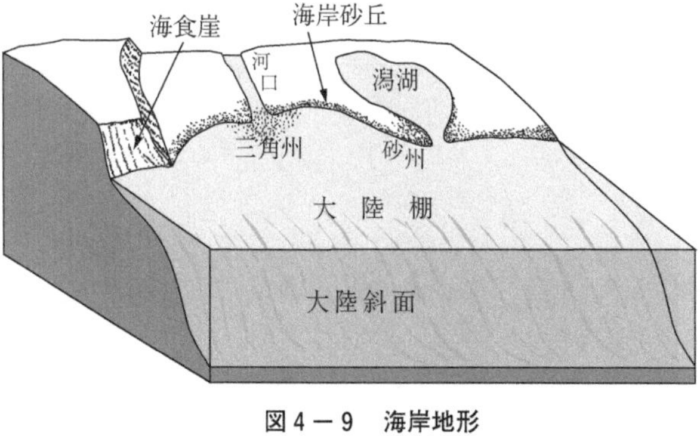

図4－9　海岸地形

は、海外から砂を輸入して砂浜を維持している場合もある)。

水深数mの浅海底では波の影響がほぼなくなるため、ここが堆積物の終着点となる。ただし、海底にもところによってはっきりとした流れがあり、そこではさらに深くへ運ばれる。また地震によって地滑りが発生し、深海底に**タービダイト**と呼ばれる地滑り堆積物をもたらすことがある。タービダイトの存在は20世紀初めには知られていたが、これをもたらす海底地滑りの存在は、大西洋を横断する海底通信ケーブルがこの地滑りによる流れで寸断されたことで明らかになった。

陸からの砂泥がやってこない遠く離れた深海底では、主にプランクトンの殻など（雪が降るように見えるのでマリンスノーと呼ばれる）が海底にゆっくりと堆積する。石英質の殻を持つ放散虫などの殻が集まると**チャート**という岩石となり、石灰質の殻を持つ有孔虫などの殻などが集まると**石灰岩**ができる。

こうした堆積物をのせたプレートが大陸側まで移動してそこで沈み込むと、堆積物は大陸に押し付けられ、さらに何千万年もかけて盛り上がり陸上に姿を現す。すると今度は再び削られて海に戻っていく。こうして地表の姿は、ゆっくりとではあるがダイナミックに変動を続けている。

地球は2つの大きなエネルギー、すなわち地球内部からの熱と太陽からの熱によって、刻々とその姿を変えている。海底だった場所が隆起して険しい山脈になり、するとそれが風化や侵食によって平坦な地形になる。このようなダイナミックな変化も、地球の歴史の中では繰り返し起こってきた。私たちの目の前に広がる景色も、過去から未来に向けて変化し続ける風景の断面でしかないのである。

〈4-1 解答〉問1 ア　問2 イ　問3 イ

4-2 過去の地球を読み解く

問1 地層に関する記述で正しいものを選べ（2つ）。
ア）形成後の逆転などがない限り地層は下層ほど古い
イ）陸上は海底よりも地層ができやすい場所である
ウ）化石になった生物の生息環境は、それを含む地層の堆積環境と必ず一致する
エ）放射性同位体を測ると地層がいつ堆積したかがわかる

問2 地層の時代を決めるには何を見つければよいか。
ア）生息域が広く長期間生息した生物の化石
イ）生息域が狭く長期間生息した生物の化石
ウ）生息域が広く短期間しか生息しなかった生物の化石

1 過去を調べるということ

地球上のあらゆる存在は歴史的な産物である。険しい山脈も荒涼とした砂漠も、私たちを含めあらゆる生物の存在も、すべてさまざまな過程を経て成立している。地上に広がる世界を理解するには、その過去を知ることが不可欠である。

地球の過去を知るにはどうしたらいいだろうか。それにはまず、過去の情報を現在まで残している何かを探し出さなければならない。空気や水は動きが速く、あっという間にかき混ぜられて過去の情報を失ってしまう。私たち生物の肉体も地上では不安定で、普通は死ぬと速やかに分解されてしまう。これに比べて氷は滞留時間が長く、場合によっては数万年も凍りついたままだったりする。しかも有機物を長期間保存することができるため、大昔に絶滅したマンモスが氷漬けのまま発見されるこ

ともある。さらに南極大陸やグリーンランドの厚い氷の層には、数十万年前の大気が気泡として閉じ込められていて、当時の大気組成や気温の変動を読み取ることができる（後述）。

しかし、もっと過去の情報を記録する媒体としては、やはり岩石（堆積岩）が適当ということになる。特に砂や泥などの堆積物が順序よく積み重なった**地層**は、詳しく調べることで過去のさまざまな情報を読み取ることができ、まさに地球の「古《こ》文《もん》書《じょ》」というべき貴重な資料である。

堆積物は一般に水平に薄く広がって積もるため、これが積み重なると断面は層状に見える。地層と呼ばれるゆえんである。この横の広がりは均質な堆積環境の広がりを示す。一方、地層の上下は堆積作用の起こった時期の前後関係を意味している。すなわち地層は、形成後の逆転などがない限りにおいて、下層ほど古く上層ほど新しい。これを**地層累重の法則**という。地層累重の法則は17世紀半ばすぎにステノによって提唱され、その後の地質学の基礎となっていった。

ところで、17世紀頃までは天地を揺るがすような大洪水や大噴火といった天変地異が地形や地層を形成すると考えられていた（当時の宗教観が科学観を支配していたことも否めない）。しかし18世紀後半〜19世紀になると、ハットンやライエルらが「現在は過去を解き明かす鍵である」すなわち過去に起こった現象は現在見られる現象で説明できる、という考え方（**斉一《せいいつ》説**）を提唱した。地層のでき方も劇的な天変地異ではなく、日常的に起こる堆積作用の長年にわたる積み重ねが原因だと説明した。斉一説の登場によって、過去に起こった現象を現在の知見で解釈することが可能になり、地層を調べることでそれがどのような環境で堆積したかを推定する、という地質学の根本原理がここに成立したのである。

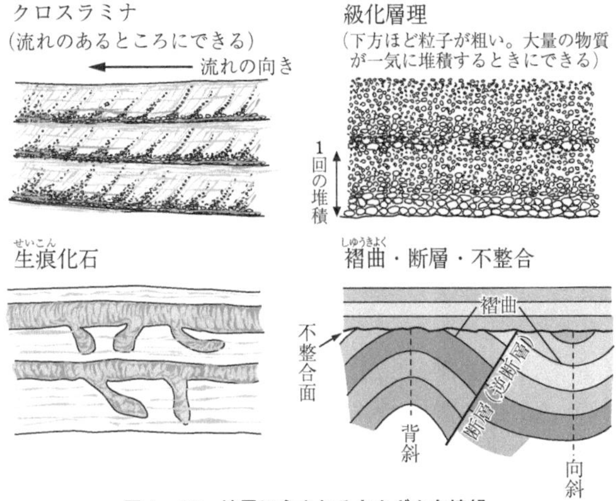

図4－10　地層に含まれるさまざまな情報

2 地層ができる環境

地層ができる場所はさまざまであるが、そのほとんどは川底か湖底か海底である。土砂が溜まりやすい場所は周囲より凹んだところであるが、そのような場所はたいてい水が溜まっているのである（例外として、風に乗ってやってくる火山灰や黄砂《こうさ》がつくる地層がある)。一口に海底といっても、海岸沿いと水深十数mの沖合海底と数千mの深海底とでは、堆積する粒子の大きさや１枚の層の厚さや含まれる構造などがそれぞれまったく異なる。

こうした堆積物は、かつてそこがどのような環境であったかを私たちに教えてくれる。れき・砂・泥といった粒子のサイズの違いは、当時のこの場所で水がどんな速度で流れていたかを物語る。粗い砂と細かい泥が互層を成していれば、そこは普段は泥が積もる静かな水底でときどき粗い砂が流れ込むような場所だったことを示す。1枚の層内で粒子の大きさが上方ほど細かくなっていれば、泥流のような混濁した流れが発生し、水底には重いものから順に降り積もり、後から軽い泥がしばらく浮遊してから沈んでいった様子がうかがえる。地層にはほかにもさまざまな証拠が含まれ、例えば水平な縞模様があれば、そこは流れのほとんどない穏やかな水底であったことを示し、逆に地層面に斜交するような模様があったり波の跡がついていれば、そこはある程度流れがあったことを示す。

地層に**化石**が含まれていれば、その生物の生息した場所や時代につながる重要な証拠になる。骨や貝殻などは硬い鉱物でできていて、有機物が分解された後も残って化石になりやすい。また、生物体そのものは失われても、それを挟み込んだ地層の岩石にその型が残ることも多い。また生物体そのものではないが、生物がつくった巣穴や這《は》い跡だって立派な化石（生痕化石）である。ただし化石によっては、生物が死んで骨や殻だけになってから別の場所に運ばれて堆積することも多い。この場合、地層が示す堆積環境と化石になった生物の生息環境は一致しないので注意が必要である。

このように地層を丹念に調べることにより、当時の様子がありありと浮かび上がってくる。地層はまさに過去の様子を記録した古文書なのである。

3 地層の対比と時代区分

一つの地層から得られる情報は限られているので、他の地層との関係を知ることが重要になってくる。これを対比という。離れた地層どうしを対比するには、双方の地層の中に共通する層を見つけ出せればよい。しかし、地層の広がりは有限で、遠く離れた場所まで同じ地層が連続することはない。せめて同時

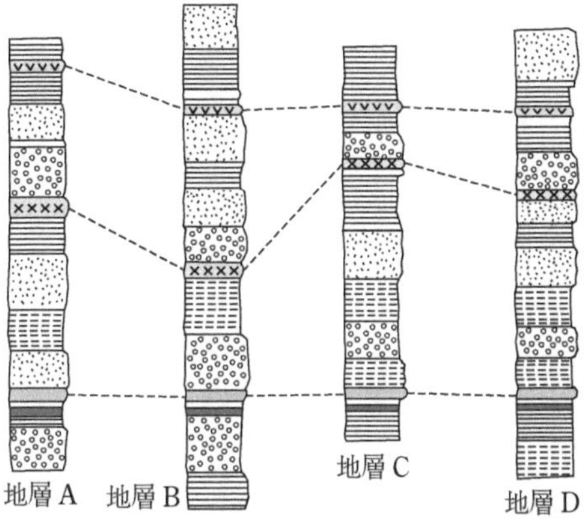

図4—11　鍵層による地層の対比

期に堆積したことを示す面（同時間面）があれば、それを頼りに新旧の対比を行うことができる。

地層中でよく目立ち、しかも同時間面となって対比に役立つ層のことを**鍵層**という。石炭の層や石灰岩の薄い層などは地層中でよく目立つので、鍵層になりうる。もっと広範囲を覆う鍵層として、火山の噴火によって降り積もる火山灰層がある。火山灰の堆積は地層が形成される時間に比べると瞬時の出来事ともいえ、火山灰の層が見つかれば同時間面として極めて有効である。日本は火山噴火が特に多く、地層中にたくさんの火山灰層が挟み込まれていて、そのひとつひとつを丹念に調べて噴火した火山や年代を特定することで、広範囲の地層の対比を可能にしている。阿蘇山や姶良《あいら》火山が起こした巨大噴火の火山灰は北海道でも確認できるほどであり（70ページのコラム参照）、その火山灰層は日本中の地層に挟み込まれ同時間面となってくれるありがたい存在となっている。

火山のない地域、あるいは火山灰すら届かない遠くとの対比

（例えば世界の地層との対比）はどうすればよいだろう。これには化石が用いられる。同じ種類の化石が出てくれば、それが出てきた地層どうしはほぼ同時期のものだということができる。ただし、生物によって生存していた期間の長さはまちまちであり、対比に用いるならばできるだけ生存期間の短いほうがよい。しかも、ある地域に限定して見られ他の地域では見られない種や、滅多に見つからない種（陸上の生物化石は堆積場所まで運搬されるうちに壊されてしまうことが多くなかなか見つからない）は対比には使えない。つまり対比に有効な化石とは、広範囲に豊富に産出して、しかも短期間で絶滅してしまったような生物が望ましい。このような条件を満たすものを**示準《しじゅん》化石**といい、広範囲に生息し環境変動に敏感なプランクトン類がよく利用される。また、三葉虫や腕足類、オウムガイやアンモナイト、二枚貝などの大型無脊椎動物の化石も、地層中に残りやすく鑑定しやすいためによく用いられる。

世界中の地層をこのように対比していくと、地層の順序が見えてくる。例えばアンモナイトの出る地層は必ず三葉虫の出る地層の上位にあり、アンモナイトの生息していた時代がより新しいことを意味する。このようにして古い時代から現在まで地層を一列に並べることができる。また、さまざまな生物の消長（出現と絶滅）を詳しく調べると、多くの生物種が同時に絶滅する時間面がいくつもある。これを時代区分の境にすると、絶滅と絶滅によって区切られた一つの時代は、その期間に生息していた生物によって特徴づけられる。こうして生物を基準にした古い時代から現在までの時代区分ができあがる。これを**地質時代区分**という。図4-12に最もよく用いられる地質時代区分を示した（アメリカでは石炭紀を２つに分割することが多い）。

時代区分は生物の変遷に基づいて行われるので、化石の出る

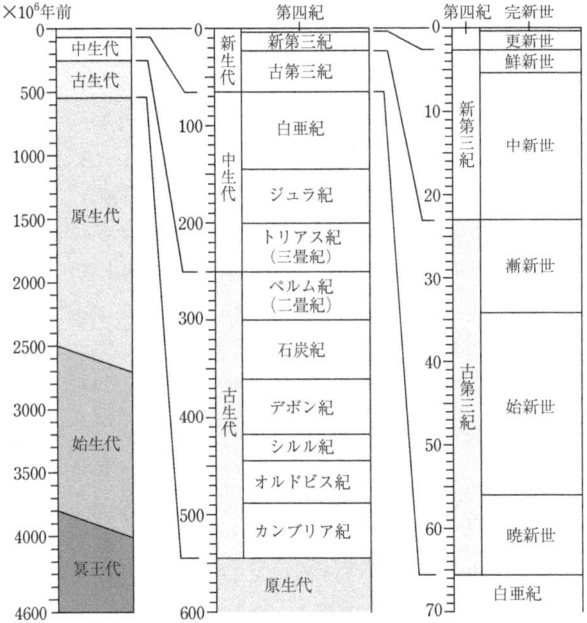

図4－12　地質時代区分（慣例的に「第三紀」も用いられる〈古第三紀＋新第三紀〉）

時代を大きく**古生代・中生代・新生代**に分け、さらにそれぞれを**紀**という単位に、紀はさらにいくつかの**世**《せい》に分けている。地質時代の名称は、地質時代区分が最初に成立したヨーロッパでの模式地（基準とされた地層のある場所）の名称（例：カンブリア紀〈ウェールズの古称カンブリア〉やジュラ紀〈フランスとスイスの国境にまたがるジュラ山脈〉）や地層の特徴（例：二畳紀〈模式地が大きく２層になっている〉や白亜紀〈模式地が白亜の崖になっている〉）が使用されている。古生代より前は化石がほとんど見つからないことから先カンブリア時代とひとくくりにされてきたが、近年では新たな化石や生物の間接的な痕跡の発見が相次ぎ、それによってここを**冥王代・始生代・原生代**と区分する方法が定着してきた。こうして地球の歴史年表ともいうべき時代区分が成立している。

図4-12を見ると、時代区分は新しい時代ほど細かく分類され、逆に古い時代ほど大きくひとくくりにされていることがわかる。これは、古い時代の情報ほど失われやすく断片的にしかわからないことを反映している。地球表面では風雨がせっかくの情報を削り取り、プレートが絶え間なく更新されるので、古い地盤がどんどん消えていくことを思い出してほしい。古い時代の断片的な記録から当時の様子を再現するためには、新しい時代を調べて得られた豊富な知識で補ってやる必要がある。まさに「現在は過去を解き明かす鍵」なのである。

4 地層の年代

化石によって時代区分ができても、それが現在からどれくらい前のことなのか、という年数までは教えてくれない。そこで今度は時代区分に数字の目盛りを刻む作業が必要になる。ここで登場するのが**放射性同位体**による年代測定である。

同位体とは同じ元素でありながら質量数（原子核に含まれる陽子と中性子の合計の数）の異なるもののことをいい、例えば炭素には^{12}Cのほかに^{13}Cや^{14}Cという同位体が存在する。このうち^{12}Cと^{13}Cは時間の経過に対して変化せず安定であるが、^{14}Cは時間とともに放射線（この場合はβ線）を出して崩壊し、別の元素（この場合は窒素の同位体^{14}N）に変わっていく。このような同位体を放射性同位体という。放射性同位体は外界の環境（温度や圧力）に左右されることなく、極めて規則正しいペースで崩壊して減少する。放射性同位体が半減するのに要する期間を**半減期**といい、同位体の種類により決まっている。例

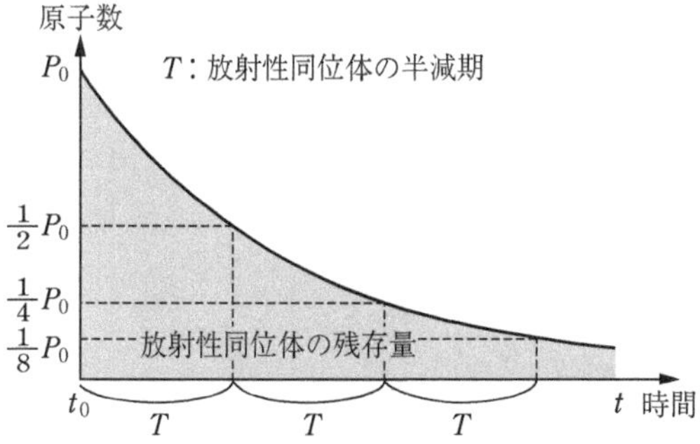

図4－13　放射性同位体の崩壊曲線

えば^{14}Cは約5700年かけて半減し、^{14}Nになる。この規則正しい変化が、時間を測るものさしとして用いられる。

^{14}Cは自然界では炭素全体の１兆分の１程度存在するが、崩壊量と生産量（大気上層の^{14}Nが宇宙放射線を受けて^{14}Cになる）がつりあって一定の量を保っている。植物が自然界のCO_2を吸収して組織をつくると、その組織には炭素１兆個に１つ^{14}Cが含まれることになり、それを摂取して生きる動物も同様の割合で^{14}Cを含む。貝やサンゴなど炭酸カルシウムの殻を持つ生物は、その殻の中に^{14}Cをやはり同様の割合で持つことになる。そして生物は生きている間は常に外界と物質のやりとりをし、^{14}Cの割合も常に一定に維持している。

生物が死ぬと外界との物質交換はなくなる。すると^{14}Cは時間とともに崩壊して徐々に減少していく。^{14}Cの半減期は約5700年なので、例えば１兆分の１あった^{14}Cが２兆分の１になったとすれば、それは死んでから約5700年経ったことになる。つまり、地層中の生物遺骸（木片や貝殻など）に含まれる炭素中に^{14}Cがどれだけ含まれるかを測定すれば、その生物が死んでからどれだけ経ったか、地層ができてどれだけ経ったかが推

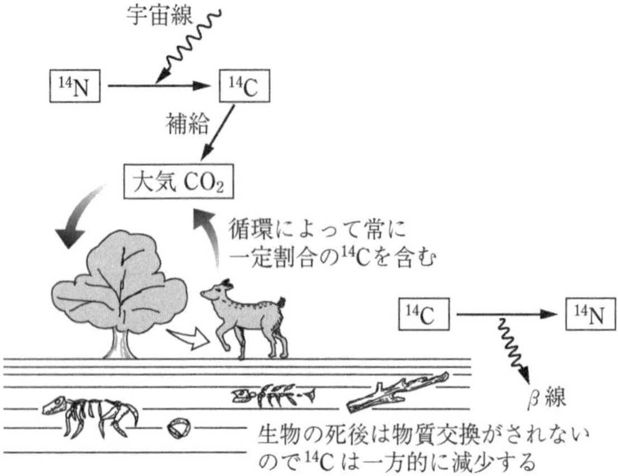

図4－14　^{14}Cによる年代測定のしくみ

定できるのである。これを**^{14}C法**という。半減期が約5700年と短く、5万年もすればもとの1/1000程度になってしまうので、比較的新しい地層や人類が登場してからの考古学などによく用いられる方法である。

もっと古い年代を測定するにはそれだけ長い半減期を持つ放射性同位体が使われる。^{40}K（カリウム40）の半減期は約13億年、^{238}U（ウラン238）の半減期は約45億年もあり、地球史の初期の年代ですら測定が可能である（逆に短い時間の測定には不向き）。^{40}Kは放射線を出して崩壊し、^{40}Ca（カルシウム40）と^{40}Ar（アルゴン40）になる。アルゴンは気体でありマグマから固まったばかりの火山岩には通常含まれない。このため、試料岩石中の^{40}Arは長い年月の間に^{40}Kから変わったものということになる。よって^{40}Arの量から崩壊した^{40}Kの量が見積もられ、最初に含まれていた^{40}Kの量が求められる。そして現存する^{40}Kの量と比較すると岩石のできた年代がわかる。これを

K-Ar法という。このような方法で地質時代の主な年代が決められている。

地層の年代や時代については、ほかにも放射性同位体から放射された放射線が鉱物につけた傷の数を数えたり、岩石中に記録されている地磁気の向き（地磁気はN極とS極が繰り返し入れ替わっていて、岩石ができた当時の地磁気の向きを調べると年代の絞り込みができる）なども利用される。このようにさまざまな証拠を組み合わせることで、過去の年代や時代を正確に把握し、地球の歴史を精密に再現できるのである。

5 さまざまな過去の時間の記録

地層や化石に刻まれた記録は過去にさかのぼるほど断片的であいまいになっていくと前に述べたが、大昔の情報であっても部分的に精密な記録が残されていることはある。代表的なものが植物の幹や貝殻に刻まれた年輪であり、もちろん年輪の幅が１年を示す。年輪は植物の幹や貝殻の成長が１年に一度遅くなるためにできるもので、季節変化や生物の生殖リズムを反映している。

さらに年輪の縞模様をよく見ていくと、冷害や干ばつなどの異常気象による生長障害が刻まれていることがある。異常気象は数十年の間に数回〜十数回は起こるので、数十年分の年輪を持つ樹木なら年輪に刻まれた異常気象を読み、他の樹木の記録とすり合わせることができる。1000年以上前になると化石として発掘された木の年輪も利用する。

こうして現在から数万年前までの年輪による「年表」ができあがっており、地層中から発見された木片の年輪と対比することでその年代を知ることができる。これを**年輪年代学**という。年輪年代学は考古学などの分野ですでに威力を発揮している。

サンゴ骨格の中にも年輪が刻まれている。しかも年輪の１年の幅の中にさらに細かい縞模様がびっしりと入っていることが知られている。この細かい縞は１年の幅の中に365本程度入っていて、なんと１日に１本（昼夜の変化で）できる「日輪」なのである。このほか、約29日周期である潮の干満を記録した「月輪」まで確認されるなど、サンゴはまさにカレンダーのようである。

現在のサンゴで見られる日輪や年輪は、大昔のサンゴの化石にも見られるであろうか。ウェールズは、3.5億年前の地層から得られたサンゴ化石の中にも年輪と日輪を見出し、その本数から当時の１年が約400日であったと推定した。地球が太陽の周りを公転する周期は地球誕生以来不変であり、かつ１年が400日であるとすると、１日の長さは約22時間となる。つまり地球はそれだけ速く自転していたことになり、それが徐々にゆっくりになって現在の１日24時間になったということになる。これは月の引力に引かれて生じる潮の干満により、海水が海底との間で摩擦を生じ、地球の自転にブレーキをかけるため、と考えられている。実際、現在も地球の自転は極めてわずかずつ遅くなっているが、その遅れは数万年積み重ねてようやく１秒となるほどわずかなものである。

地層には樹木やサンゴのような「年輪」は存在しないのだろうか。実は、条件さえ整えば年輪はできるのである。代表的なものが、湖面が氷結する湖の底にできる地層の縞模様である。湖が氷結する時期には堆積作用が極めてゆるやかになるため、春から秋までとは明瞭に区別でき、１年刻みの縞模様として観察できる。これを**年縞**《ねんこう》という。ほかにも、毎年春先に大陸からやってくる黄砂が湖底や日本海の深海底に年縞をつくったり、ナイル川やガンジス川といった大河川が雨季が来るたびに氾濫し、下流に洪水堆積物の年縞をもたらしたりすることがある。このような毎年繰り返される縞模様を大昔の地層中に認めたならば、それは大昔の１年を読み取ったことになる。

南極大陸やグリーンランドの厚い氷床は何十万年もの降雪が繰り返してできたものであり、地層と同じように下層から上層に向かって時代が新しくなっている。この氷を深くくり抜き、氷の中に含まれる気泡から過去の大気を取り出して分析することで、過去の地球の大気組成の変動や気候変動を読み取ろうとする試みが行われている。しかし氷中には時折遠方からやってくる火山灰や砂塵のほかに特に目立つ縞模様は存在しないのに、どのようにして年代を認定するのだろうか。

氷はいうまでもなく水の結晶である。水は酸素原子１個と水素原子２個でできた分子である。そして酸素には質量数16の酸素原子^{16}Oのほかに質量数18の酸素原子^{18}Oが存在し、これはどちらも放射壊変せず安定して存在するので安定同位体という。自然界では^{16}Oの割合が99.76％と圧倒的で、^{18}Oは0.20％しか存在しないが、それでも１gの水には7.0×10^{19}個もの^{18}O原子が存在することになる。

^{18}Oを含む水（ここでは「重い水」と呼ぶ）は^{16}Oを含む水（同様にここでは「軽い水」と呼ぶ）よりも質量が重く、「重い水」は「軽い水」に比べてわずかだが蒸発しにくい。このため、海水から蒸発した水蒸気は海水よりも少しだけ「軽い水」の割合が多く、これが凝結した雨や雪も同様に「軽い水」の割合が多い。気温が低ければ低いほど「重い水」は蒸発しにくくなるため、雨や雪には「軽い水」がさらに多くなる。つまり、雨や雪に含まれる^{18}Oと^{16}Oの同位体比は、気温の変動と相関があることになる。

南極やグリーンランドの氷床は、雪が積もって融けずに圧縮

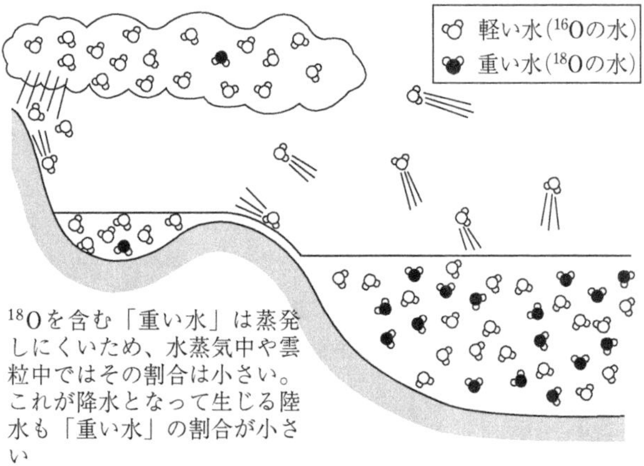
軽い水(^{16}Oの水)
重い水(^{18}Oの水)
^{18}Oを含む「重い水」は蒸発しにくいため、水蒸気中や雲粒中ではその割合は小さい。これが降水となって生じる陸水も「重い水」の割合が小さい

図4－15　海水と陸水の^{18}O/^{16}O比

されたものである。氷は下方ほど古く、氷の中に挟まる薄い火山灰などから年代を知ることができる。この氷をくり抜いた氷床コアから水の酸素同位体比を丁寧に分析すると、確かに1万1000年より前の氷期では^{18}Oの割合がより少なく、寒冷化が地球規模で生じていることがわかった。しかも氷期の中で短期間のうちに激しく変動する様子も明らかになり、気候の変動が従来考えられていたゆるやかなカーブを描くものという印象を覆した。さらに精緻な分析を行うことで、夏と冬の気温変化を同位体比から読み取ることが可能になった。つまり氷の中に1年周期の「年輪」を見つけることができたのである。

氷床コアでさかのぼれるのはせいぜい数十万年程度であり、それより過去の気候変動は別のものに頼るしかない。その重要な試料が、海底に積もった有孔虫の化石である。有孔虫は炭酸カルシウムの殻を持つ原生動物で、その殻が持つ^{18}O/^{16}O比は材料となる海水の同位体比を反映する。

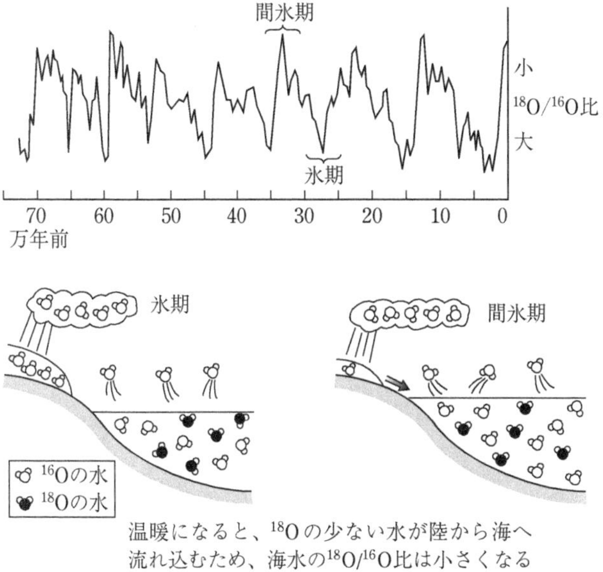

図4－16　過去70万年間の^{18}O変化曲線

海水は降水や陸上の氷と逆で、寒冷化すればするほど陸上に「軽い水」を集めた氷河が拡大することになり、海水には^{18}Oを持つ「重い水」の割合が増える。逆に温暖化すると陸上の氷が融けて海に流れ込み、海水の^{18}Oの割合は小さくなる。海底堆積物をボーリングして得られた有孔虫化石を同位体分析することにより、過去数百万年におよぶ気候の温暖・寒冷の変動が明らかになった。これによると、地球はこの70万年もの間に7～8度の氷期と間氷期を繰り返していることになる。1mmにも満たない小さな生物の殻から、ダイナミックな気候のうねりが読み取れるのである。

〈4-2 解答〉問1 ア、エ　問2 ウ

第5章

地球と生命の進化

5-1 地球の誕生と地球環境の変化

問1 地球に海が誕生したのは今からどれくらい前か。

ア）46億年前　イ）40億年前　ウ）20億年前　エ）５億年前

問2 地球上に初めて酸素をもたらしたものは何か。

ア）隕石の衝突　イ）火山の噴火　ウ）最初に登場した生物

エ）光合成をするバクテリア　オ）陸上植物

1 誕生したばかりの地球（冥王代）

地球の歴史は、今からおよそ46億年前に地球が太陽やほかの惑星と同時に誕生したところから始まる（太陽系誕生のプロセスは第８章で詳しく述べる）。しかし、地球上の岩石としてこれまでに知られている最古のものは、カナダ北西部アカスタという地域の花こう岩質の岩石で、約40.3億年前のものと推定され、それ以前の情報はほとんど残っていない。地球誕生の46億年前から記録の残る40億年前までの間は、さまざまな類推をもとに歴史を組み立てるほかない。

コラム

[「太陽系誕生＝46億年前」の根拠]

太陽系誕生の46億年前という数字は、地球に落下してきた隕石の年代（放射性同位体を用いた測定年代）が46億～45億年前に集中することを根拠としている。宇宙空間に浮かんでいたちりが集合して直径10km程度の微惑星になったのが46億年前で、それが集まって地球や他の惑星になった。微惑星から惑星になる過程はシミュレーションから100万年程度で十分とされるため、地球や他の惑星が誕生した年代も46億年前としている。

月の表面には、地球最古の岩石よりさらに古い44億年前の岩石が残っている。アポロ11号などが持ち帰った月の岩石の分析により、月はかつて全体がマグマで覆われていたことが明らかになった。同様に誕生当初の地球も、マグマの海（**マグマオーシャン**）で覆われていたと考えられる。微惑星の絶え間ない衝突によるエネルギーを、原始地球の大気が逃がさないため、ついには岩石まで融けてしまう灼熱の世界となったのである。地球誕生当時の岩石が残っていないのも無理はない。

地球内部では、微惑星中に含まれていた鉄をはじめとする金属が中心部に向かって沈み込み、やがて金属核とその周りの岩石という層構造ができあがる。マグマオーシャンの地表を原始の大気が包んでいたが、その成分は現在の地球大気とはまったく異なり、300気圧もの水（水蒸気や雲）と50気圧もの二酸化炭素を主成分とする濃密なものだったと想像される。

微惑星の衝突がおさまってくると、地表は徐々に冷め、やがて岩石の膜が張る。これが原始の地殻である。冷却はさらに進み、地表がおよそ数百℃になると、上空を厚く覆う雲から熱湯の雨が地上に降り注ぐ（大気圧が300気圧以上もあるので数百℃で水滴になる）。雨は地表をさらに効率的に冷やし、厚い雲は切れ切れになって熱を逃がすようになり、地表はさらに急速に冷め続ける。こうして雨が絶え間なく降り続くと、地表には巨大な水たまりができる。これが海洋である。水分を失った大気は晴れわたり、地表に太陽の光が射し込むようになった。こうして水をたたえた惑星が誕生したのである。

グリーンランド南西部には、39億〜38億年前の地層が変成岩化して残っている。この地層を調べると、酸化鉄が縞《しま》状に積もってできる縞状鉄鉱層と呼ばれる岩石や、石灰質の岩石が見られる。これらは海水から化学的に沈殿したと考えられることか

図５－１　グリーンランドの38億年前の地層（白っぽい縞の部分が石灰岩）

ら、当時すでに海洋が存在していたことがわかる。また、砂岩や角の取れた丸いれきを含むれき岩なども見られ、砂や丸いれきは陸から海底に運び込まれたことを意味することから、海洋だけでなく陸地も存在していたことがわかる。こうした証拠から、海洋は40億年前頃には存在していたと考えられる。

誕生した海には、大気から塩化水素のような水に溶けやすい気体が溶け込み、岩盤からはナトリウムやカルシウムや鉄といったイオンが溶け出した。また、地表に落下してくる隕石や彗《すい》星《せい》には炭化水素や単純なアミノ酸のような有機物が含まれており、これらも海水中に蓄積され、海水はさながらさまざまな成分を溶かし込んだスープのようであった。一方、水分と可溶性ガスを失った残りの大気は、二酸化炭素を主成分とし、酸素はまったく存在していなかった。このような現在とは大きく異なる環境で、最初の生命が誕生したのである。

2 生命の誕生と繁栄（始生代〜原生代）

地球上にいつ最初の生命が誕生したのかは、実は正確にはわかっていない。最も古い化石とされるものは、オーストラリアと南アフリカの35億年前の岩石中から発見されたバクテリアの化石であり、生命の誕生はそれより前でなければならない。多くの研究者は生命の誕生を40億〜38億年前としている。この時期は、それまで続いていた激しい隕石衝突も一段落し、生命の存続に必要な安定した環境がようやく整った頃でもある。ただし単純な有機分子だったものが生物体にまで組み立てられる過程については、現在も確かなことはわかっていない。

最初に登場した生物はどのようなものだったのだろうか。生物に必要な元素のすべてが海水中に存在すること、生物の営みが水を媒介とした化学反応で成り立っていること、さらに、私たちを含めた生物の体液が海水の成分とよく似ていること（第7章参照）などを考えれば、生物が海水中で誕生し、地球史の大半の期間を海水中で過ごしてきたことは疑う余地がない。

当時の地球が、大気中にも海水中にも酸素がない環境だったことを考えると、最初の生物は私たちのように酸素呼吸で生活する生物ではなく、現在も深海底の熱水噴出孔周辺で生息している化学合成バクテリアのようなものが有力である。彼らはまだ細胞内に核を持たなかったので、原核生物と呼ばれる。地球上に誕生した私たちの祖先は、このような単純な生物から始まったのである。

やがて、こうした環境に大異変が生じる。それまで酸素がなかった大気や海水中に酸素が現れ始めたのである。地球上に初めて酸素をもたらしたのは、**シアノバクテリア**（ラン細菌ともいう）であった。シアノバクテリアもそれまでの生物と同じバクテリアの仲間だが、最も大きな違いは彼らが**光合成**を行い、酸素を放出する点であった。シアノバクテリアの仲間は現在も湖などで大量発生するアオコなど多数生存している。

シアノバクテリアも含め、これまでに登場した生物が化石に残ることは極めてまれである。ではシアノバクテリアの出現した時期はわかるだろうか。それを教えてくれるのは**縞状鉄鉱層**である。縞状鉄鉱層はほぼ酸化鉄（赤鉄鉱Fe_2O_3や磁鉄鉱Fe_3O_4）でできた層とそれ以外（砂泥など）の層が繰り返す特徴的な地層で、20億年より前の世界中の海の地層中に見られる。この地層の特に鉄に富んだ部分は鉄鉱石として大量に採掘され、現在の私たちになくてはならない鉄資源となっている。

酸素がなかった初期の海水中では、鉄は主に水に溶けたイオンとして数十ppmの濃度で存在していた。しかし、シアノバクテリアの登場によって地球上には酸素が供給されるようになり、これが鉄イオンと結びつき酸化鉄の大規模な沈殿が繰り返しおきた。これが縞状鉄鉱層である。

図５－２　38億年前の縞状鉄鉱層

シアノバクテリアというちっぽけな生き物によって、地表の環境は無酸素から有酸素へと劇的に変貌《へんぼう》することになった。酸素のない地球上に登場した初期の生物にとって、酸素はその強い反応力で生物の組織をずたずたにしてしまうたいへんな猛毒であった。放出された酸素を鉄イオンが受け取ってくれるうちはまだいいが、酸化鉄の沈殿が終わりに近づくにつれて海水中の酸素濃度は徐々に増加し、その結果酸素に耐性のない多くの生物が絶滅したと考えられている。ただし酸素が極めて少ない環境である、深海の熱水噴出孔付近、土壌中や地下深くの地層中、さらには私たちの大腸内などには、現在もこれらの生物が数多く生息している。

生き残った生物の中には、酸素の反応力をうまくエネルギー合成に利用する手段を身につけた生物（好気性細菌）や、特に傷つきやすい遺伝子を細胞内の小さな部屋（核）にしまいこんで守る生物（真核生物）などがいた。

やがて真核生物の中には、酸素を用いて効率的にエネルギー合成を行う好気性細菌を体内に取り込み、エネルギー合成を行う組織、すなわちミトコンドリアとして活用するものが現れた。これが現在の**動物**につながる。さらにはシアノバクテリアも取り込んで、細胞内で光合成をする葉緑体として利用する生物まで現れた。これが現在の**植物**につながる。このように、生物は細胞内に別の単純な生物を**共生**させることで、より高度な能力を身につけていったのである。

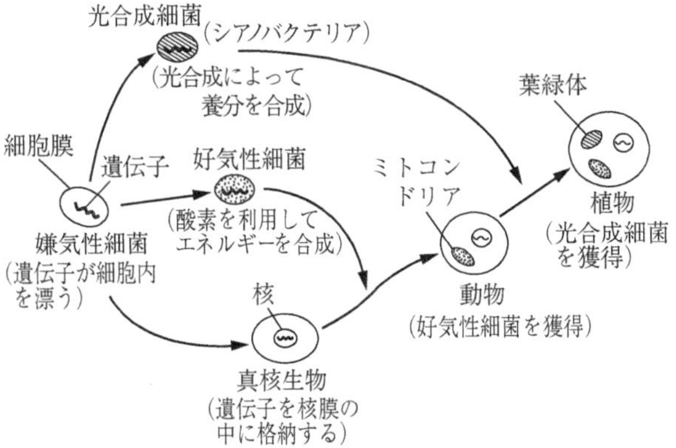

図5－3　細胞内共生

3 雪玉地球（原生代末期）

シアノバクテリアに加え植物につながる光合成生物が登場し、さかんに光合成をして繁栄するにつれて、大気中や海水中の二酸化炭素濃度は徐々に減少し、一方で酸素濃度は増加してきた。海水中に溶け込んだ二酸化炭素がカルシウムイオンと結びつき、石灰岩として大量に沈殿したことも見逃せない。およそ22億年前になると、陸上の土壌にも赤い酸化鉄（Fe_2O_3）が見られるようになる。これは大気中の酸素の濃度がかなり上昇したため、地表が大気によって酸化されたことを示す（それでも酸素濃度は現在の100万分の１程度）。

地球史を通じた二酸化炭素の減少は、一方で地球規模の寒冷化を引き起こした。大気中の二酸化炭素は地球から逃げ出す熱を閉じ込める働き（**温室効果**）があるため、二酸化炭素濃度の変動は地表の温度環境に甚大な影響を与える。地層中に残る氷河の痕跡を調べると、地球の大規模な寒冷化は原生代から現在までの間に何度もあったことがわかる。特に約６億年前に起きた寒冷化は極めて規模が大きく、地球全体が雪氷に覆われる状態だったらしい。これを**雪玉地球**（**スノーボールアース**）という。

惑星がこのように一度凍りついてしまうと、雪と氷で白く輝く地表は太陽光を反射してしまう。そのため惑星はせっかくの太陽光を吸収して温まることができず、どんどん寒冷化が進んでしまい、普通なら二度と温暖な環境には戻れない。しかし、幸いにして地球は活発に活動している。火山活動によって大気中に放出された二酸化炭素は、氷に遮られて海に溶け込めずに大気中に蓄積し、温室効果で地表を温めた。こうして地球は「雪玉」という危機的状態から抜け出すことができたのである。

雪玉地球は生物の進化にも影響を及ぼしている。氷に閉ざされた冷たい海中でも生命は脈々と受け継がれ、すでに出現していたであろう多細胞動物が滅びずに生き延びていた。このことが、次の時代に起こる生物の爆発的進化の伏線として極めて重要であったといえるだろう。

コラム

[暗い太陽のパラドックス]

太陽は最初から現在の明るさで輝いていたわけではなく、時代とともに少しずつ明るくなっている。大昔の太陽は今より暗く、45億年前は現在の7割、38億年前は現在の8割ほどの明るさだったと推定されている。このような太陽の下で、当時の地球環境を仮に現在と同じ地球大気として想定すると、38億年前の地球の海は冷たく凍りついてしまう。これでは生命の誕生は望めなかったであろう。

しかしグリーンランドなどの地層の記録からは、当時の地球にあったのは凍りついた海ではなく、むしろ温かい液体の海だったことがわかる。この矛盾は「暗い太陽のパラドックス」と呼ばれ、長年の謎であった。

現在では、地球初期の大気中には二酸化炭素などの温室効果ガス（他にはメタンなど）が現在よりもはるかに多く含まれていたため、これらの働きにより太陽光は弱くても地球は保温され、液体の海が維持されていたと考えられている。38億年前の太陽光を想定すると、1～数気圧程度の二酸化炭素があれば当時の地球に温暖な海洋が存在できることになる。これは、地上に残された石灰岩や有機物から推定される初期の二酸化炭素量を考えると、十分な量といえる。

〈5-1 解答〉問1 イ　問2 エ

5-2 生物の爆発的進化と陸上進出

問1 5.4億年前より後では化石の数が飛躍的に増え、細かい時代区分が可能となる。この前後で生物はどう変化したか。

ア）単細胞だったのが多細胞になり大型化した

イ）軟らかい肉体だけだったのが硬い甲殻を持つようになった

ウ）海で生きていたのが陸上でも生活するようになった

問2 生物の陸上進出を可能にした環境の変化とは何か。

ア）大陸の分裂　イ）気候の温暖化　ウ）酸素濃度の上昇

エ）オゾン層の形成　オ）石炭の形成

1 生物の爆発的進化（古生代初期）

ヨーロッパで化石の研究がさかんになったのは19世紀以降だが、研究者たちは化石を集めながらあることに気づいていた。それはある時代を境にして、それより古い地層から化石がまったくといっていいほど産出せず、それ以降の時代の地層から突然多量の化石が発見されることだった。そのため当初は、この時代を境に生物が地球上に登場し、それ以前は生物のいない世界だったと考えられた。化石の産する時代を古い方から、古生代、中生代、新生代と区分し、古生代より前を先カンブリア時代とひとくくりにしていたのはそのためである。先カンブリア時代と古生代の境界は、後に20世紀になって始まった年代測定により６億～５億年前とされ、現在では5.5億～5.4億年前とされている。

この5.4億年前を境に何が変わったのだろうか。この時代を境に、化石の数だけでなく種類も爆発的に増えている。この生物の爆発的な進化を**カンブリア爆発**と呼ぶ。そして、これ以降は詳細な時代区分を行うことが可能となるのである。古生代はカンブリア紀など６つの「紀」に分けられ、「紀」はさらに複数の「世」に分けられ、という区分法は第４章ですでに述べた。

もちろん、これ以前の地球上にもさまざまな生物が繁栄していたのは間違いない。オーストラリアのエディアカラにある７億～６億年前の砂岩層からは、数十cm～１mにもなる大型の生物（しかしどれも現在の生物とは似ても似つかない）の化石が豊富に見つかっている。これらを総称して**エディアカラ動物群**という。これらはみなクラゲのような軟らかい体をしており、保存条件が極めて良くないと化石として残らないようなものばかりであった。化石の研究者が長らく先カンブリア代の地層に目を向けなかったせいでこの時代の解析は後《おく》れているが、1947年のエディアカラにおける発見以降は徐々に注目が集まり、現在では世界で20ヵ所以上の発見例がある。

一方、5.4億年前のカンブリア爆発以降に現れた生物は、多くがキチン質（エビやカニの甲羅の素材）や石灰質の硬い殻で

図５－４　エディアカラ動物群

覆われるという特徴を持っていた。これが化石として残りやすかったのである。

それではなぜこの時期に硬い殻を持つ生物が登場したのだろうか。理由は明らかではないが、酸素濃度の上昇は海水を中性～弱アルカリ性に保ち、そのため石灰質の殻が溶けにくくなったことは原因の一つかもしれない。また、この時代の生物には60cmを超す大型の肉食動物アノマロカリスなどが見られるなど、生態系内での「食う・食われる」の関係がより複雑になっていたことがわかる。このことが、硬く丈夫な甲《よろい》を持った生物が増加する結果になったのではないだろうか。

コラム

[バージェス動物群と脊椎動物の祖先]

カナディアンロッキー山脈の中腹に露出するバージェス頁岩《けつがん》という地層からは、カンブリア紀中期（約5.2億年前）の生物化石が豊富に産する。この場所を有名にしたのは、生物の硬い殻だけでなく軟体部までが（泥に押し付けられた型として）残るなど、保存の良い化石を豊富に産したことがまず挙げられる。おそらく、生物が死後速やかに埋められ、軟体部もしばらく分解されなかったような環境にあったのだろう。また、それまで他の地域ではまったく見られない奇妙な生物が多数含まれることも特徴的で、これらの生物を総称して**バージェス動物群**と呼ぶ。中にはピカイアという生物も含まれ、これは脊椎《せきつい》の原始的なものとされる脊索《せきさく》を持つ生物で、脊椎動物の祖先かもしれないとして注目された。

バージェス動物群はその奇妙な姿もあって注目を集め、これが呼び水となって世界中で似た特徴を持つ生物の化石が次々と見つかり始めた。最近、中国・雲南省の澄江《チエンジヤン》でバージェス頁岩よりもやや古い時代（5.3億年前）の地層から多数の化石が発見され、**澄江動物群**として注目された。澄江の化石にはバージェス動物群

図5－5　バージェス動物群

と共通する生物が見られるが、最近ここから２種類の原始的な魚と思われる化石（ハイコウイクチス、ミロクンミンギア）が報告された。魚類はもちろん脊椎動物の仲間であり、この２種もしっかり脊椎を持っていた。脊椎動物の起源はピカイアよりも前にさかのぼることになったのである。

カンブリア紀は生物進化の上で特異な時代であり、バージェス動物群や澄江動物群のような生物の多くは、次のオルドビス紀を待たずに絶滅している。一方、現在につながる生物もほぼこの時期に登場したともいえる。脊椎動物もそうであるし、植物ではカンブリア紀中期に胞子の化石が報告されている。これまで、次のオルドビス紀と思われていた最初の陸上植物の出現時期が、この時代までさかのぼる可能性もある。生物が何らかのきっかけでカンブリア爆発と呼ばれる爆発的進化を遂げたこの時代は、生物進化における試行錯誤の壮大な実験室でもあり、生物間の激しい競争の中でうまく環境に適合できたものだけが次の時代に生き残っていった、ということもできる。

2 生物の陸上進出と超大陸の形成（古生代中期〜後期）

カンブリア紀以降の生物が有した石灰質の殻は、海水中では容易に分解せず、積み重なって「礁《しょう》」という地形を形成した。カンブリア紀には古杯《こはい》類という生物が「礁」を形成していたが、次のオルドビス紀を待たずにほぼ絶滅し、代わりに原始的なサンゴが現れ、次のシルル紀にかけて世界各地の海で**サンゴ礁**が形成された。サンゴ礁の形成は海水中の二酸化炭素濃度を下げ、それを補うために大気中の二酸化炭素が大量に海に溶け込んだ。そのため大気中の二酸化炭素濃度が低下し、地球は一時的に寒冷化した。

バージェスの環境がそうだったように、生物の軟組織である有機物が分解されずに地層中に埋没することは多い。この場合、分解の際に消費されるはずだった酸素は余って蓄積される。こうして大気中の酸素は一貫して増加し続け、その一部は上空に**オゾン層**を形成した。これにより生物にとって有害な紫外線が上空で吸収されるようになり、生物は陸上で生活することが可能になった。

シルル紀には、緑藻類から進化したコケ植物やシダ植物の仲間がまず陸上に出現した。彼らは水辺を離れることができなかったが、次第に生息範囲を広げ、やがて**シダ植物**が森林を形成するようになった。次のデボン紀には**裸子植物**も出現し、**昆虫**をはじめ多様な動物が森林で生活するようになっていた。脊椎動物では魚類の一部が河川を生活の場にし、その中からやがて**両生類**が現れた。両生類は新たな環境で、重力や乾燥に耐えられるよう進化をとげ、河川沿いに生息域を拡大していった。

デボン紀の次の石炭紀になると、世界各地でシダ植物や裸子植物の森林が発達し、地球上の陸地は緑で覆いつくされた。枯死した樹木は湿地に埋もれ、大規模な**石炭層**になっていった。

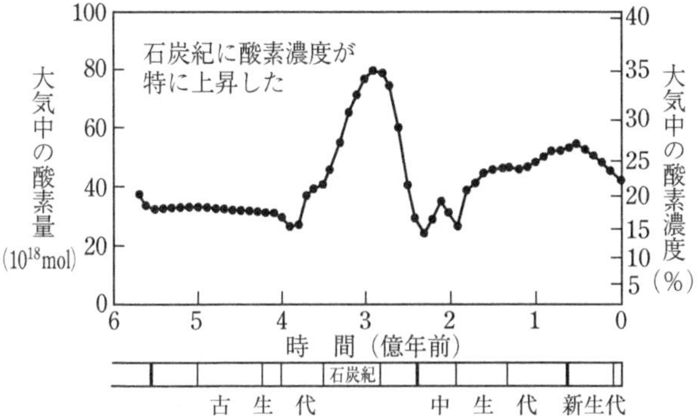

図5－6　古生代から現在までの大気中酸素濃度の変動

現在採掘されている石炭の約半分がこの時代に形成されたものであり、石炭紀という名称もここから来ている。酸素濃度はさらに上昇し、現在よりも高い水準(約35%)だった。

図5-7にこの頃の大陸の配置を示した。大陸はほぼ一つにまとまって超大陸パンゲアを形成している。大森林はヨーロッパから北米にかけての地域に発達し、またこの地域からはイクチオステガなど初期の両生類の化石が見つかっている。この時代

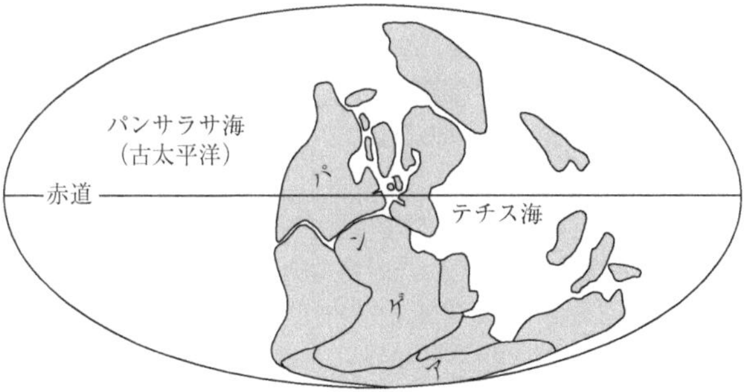

図5－7　石炭紀後期(3億600万年前)の大陸配置

は、北米大陸とヨーロッパ大陸が衝突した後で、衝突境界には現在のヒマラヤ山脈に匹敵する巨大な山脈ができていた。これが、現在はなだらかな山容をなす北米東部アパラチア山脈やスコットランドのカレドニア山脈である。この山脈に海からの水分を含んだ風がぶつかると、山麓《さんろく》や周辺に豊かな降水をもたらし、広大な湿地帯と大森林を育《はぐく》んだ。この樹木が湿地に埋没するとやがて石炭となり、現在の北米東部や中央ヨーロッパの炭田地帯となったのである。

魚類から進化した両生類は、湿地帯で大いに繁栄し陸上環境に適応していった。乾燥した内陸まで森林に覆われた石炭紀には、最初の**爬虫《はちゅう》類**も登場した。彼らは卵を硬い殻で覆って乾燥から守り、自らも鱗《うろこ》のように硬い皮膚で全身を包むことで、乾燥した内陸への進出を可能にした。このように、山脈の形成やオゾン層の形成といった地球の活動と、大森林の形成や動物の陸上進出といった生物の進化は、密接に関係しあっている。

コラム

[大気中の酸素も「化石」？]

「地球の酸素は森林がつくる」「熱帯雨林は地球の肺」といったフレーズを耳にすることがある。確かに地球史の上では、無酸素状態だった地球上に光合成生物（シアノバクテリアだったことを忘れてはならない）が登場し、酸素がつくりだされたことになっている。しかし、現在の地球上で光合成を行う植物の貢献度はどの程度なのだろうか。

光合成とは簡単にいえば、二酸化炭素から炭素を奪って水とくっつけて有機物にし、残りの酸素を外に捨てることである。植物がせっせと光合成をして酸素を放出したとすれば、その分の炭素が有機物として地球上に蓄積しているはずである。事実、何もなかった陸上を大森林という有機物の塊が覆うようになった石炭紀には、余った酸素が大気中に蓄積して酸素濃度が非常に高くなった（図5-6参照）。

しかし、酸素濃度がこんなに高い状態は安定ではない。自然発火による火災も頻発するだろうし、地上の有機物は動物や細菌によって速やかに分解され、再び二酸化炭素と水に戻る。このとき酸素が消費されるので、結局は元の状態に戻るはずである。ではなぜ石炭紀の酸素濃度が高い状態を保てたのだろうか。これは膨大な量の樹木（すなわち有機物）が速やかに堆積物中に埋没し、分解されないまま地下に閉じ込められたからである。こうして酸素は余り続け、森林火災などで消費される分を含めてようやくつりあっていたことになる。気候が乾燥・寒冷化して森林の拡大と大量の埋没が一段落したペルム紀（二畳紀）になると、地上における有機物の生産と分解の割合は速やかにバランスを取り戻す。高すぎた酸素濃度は適当なレベルにまで下げられ、それ以降の酸素濃度は多少の変動はあるものの一定の割合を保っている。

酸素濃度が一定の割合に保たれているということは、植物が供給した酸素はすべてそこで生活する動物や細菌によって消費されていることになる。現在の大気の約５分の１を占める酸素は、シアノバクテリアによる酸素の放出開始（正確には海水中の鉄イオンがほぼ消費されて酸素が余り始めたころ）から古生代が始まる直前までの間に、有機物が埋没するにつれて徐々に大気中に蓄積されたものなのである。

有機物は基本的に生物が作り出すものであり、地層中に閉じ込められた有機物は生物がかつてその時代にいたことを示す痕跡、つまり化石である。一方、酸素も生物によって有機物と一緒につくられ大気中に蓄積したものであるから、やはりかつての生物が活動していた痕跡、すなわちこれも「化石」といっていいのかもしれない。

〈5-2 解答〉問1 イ　問2 エ

5-3 進化と絶滅、温暖化と寒冷化の歴史

(問1) 古生代末の大量絶滅事変は何をきっかけにして起きたと考えられているか。

ア) 大気中の酸素濃度が急激に低下した

イ) 海水中の酸素濃度が急激に低下した

ウ) 海水中の二酸化炭素濃度が急激に低下した

(問2) 恐竜などを絶滅に追いやった中生代末の大量絶滅事変の原因とされる巨大隕石衝突の根拠は何か。

ア) 絶滅境界の地層に大量の恐竜が死んだ痕跡が見られる

イ) 絶滅境界の地層に特殊な元素の濃集が見られる

ウ) 絶滅境界の地層が世界中のどこにも見つからない

(問3) 最初の人類はアフリカ大陸で登場し、南極を除くすべての大陸に移動した。人類の移動を可能にしたのは何か。

ア) 気候が温暖化し、海面が上昇した

イ) 気候が寒冷化し、海面が低下した

ウ) 気候が湿潤化し、森林が拡大した

1 大陸の分裂と大絶滅（古生代末）

5.4億年前のカンブリア爆発で始まった古生代は、ペルム紀末の2.5億年前に起きた大量絶滅事変で幕を閉じる。この出来事は、当時の海洋生物種の約80%が絶滅するという劇的なものであり、三葉虫など古生代を代表する多くの生物がグループごと全滅した。また同じく繁栄していた腕足類などはかろうじて全滅を免れたものの（シャミセンガイなど数種がわずかに現存）、グループ内の多くの仲間を失った（図5-9の③）。

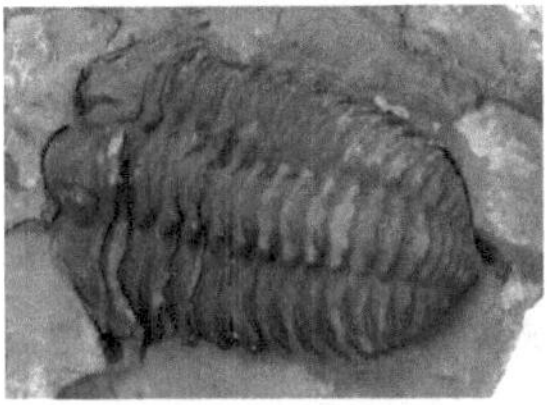

図５－８　三葉虫

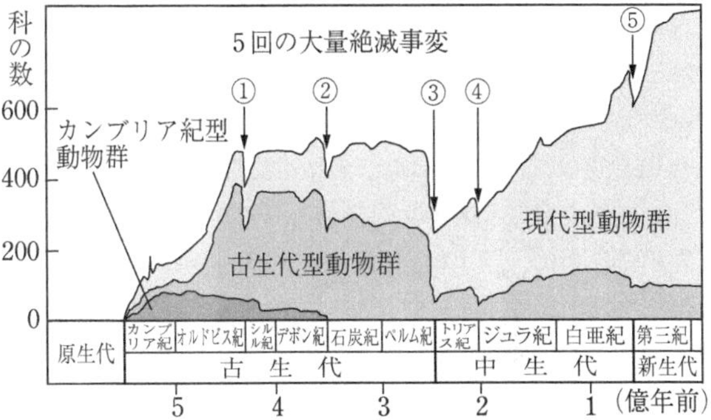

図５－９　各時代における生物の科数の変動（Raup and Sepkoski, 1984）

この大量絶滅事変の原因は何だろうか。この時代の陸地から遠く離れた海底堆積物を調べると、有機物をたっぷり含む黒いチャート（放散虫などのプランクトンの遺骸が堆積してできた石英質の岩石）が見出される。陸からの砂泥がやってこない遠い深海底では堆積速度が非常にゆっくりなので、本来なら埋没する前に有機物が分解される。すると無機質の殻だけがチャートをつくるため決して黒くはならず、むしろ微量に含まれる鉄が酸化されて赤くなる。ところが、有機物がたっぷり残って黒いということは、当時の海水（大気と接触している表層は除く）が有機物を分解するだけの酸素を持っていなかった証拠となる。このことから、当時の全海域で大規模な無酸素事変（海水が極端な酸欠になる事変）が生じたという説明がされている。この無酸素の状態は約1000万年以上も続いたことが、黒いチャート層の厚さから推定されている。

この無酸素事変をもたらした原因についてはまだ特定されていないが、その一つとして超大陸パンゲアの分裂と関連づけるものを紹介しよう。この時期、超大陸の下からスーパープルーム（第３章で述べたホットプルームの巨大なもの）が上昇して大陸を引き裂き、大規模な噴火活動を引き起こした。大規模噴火は膨大な粉塵を大気上層に巻き上げ、太陽光を遮《さえぎ》って植物の光合成を妨げたり、いっそうの寒冷化をもたらしたりするなど、さまざまな環境変動を引き起こしたと推測される。ただし不思議なことに、陸上の動物にはこのときあまり変化がなく、次の中生代に入ってトリアス紀（三畳紀）の末に大量絶滅事変（図5-9の④）を迎えることになる（この事件の原因は隕石衝突であった可能性があるが、これは恐竜が絶滅した白亜紀末の絶滅事変とは別の事件である）。

2 恐竜の繁栄（中生代）

古生代末の大量絶滅事変の後、地上は生き延びた生物から派生した新たな生物で満たされるようになり、地上の世界は大きく様変わりした。これ以降の時代を中生代と呼ぶ。

中生代の海洋にはアンモナイトや特徴的な二枚貝が登場し、時代を区分する重要な化石となっている。しかし中生代を代表する生物といえば、なんといっても**恐竜**であろう。恐竜は爬虫類に属し、その中でも竜盤目と鳥盤目という２つのグループに属する生物群のことを指す。これらは骨盤の形で分類され、同じ爬虫類であっても現存するカメやヘビなどとはかなり遠いグループとなる。またこの時代には、空を飛ぶ翼竜や海を泳ぐ魚竜・クビナガ竜の仲間も登場した。彼らも骨盤の形が恐竜と異なるので恐竜とは呼べないが、同じくこの中生代に登場し繁栄した特徴的な爬虫類のグループである。

恐竜は中生代のトリアス紀に登場し、前述したトリアス紀末の絶滅事変を生き延びたことで、その後のジュラ紀・白亜紀という長い時代に大いに繁栄した。恐竜は敏捷《びんしょう》で運動能力に富んだものが多く、他の爬虫類と違って体温を一定に保つことができたという説もある。全長30m、体重数十トンに達する巨大なものから、体長1m程度の小型のものまで、実にさまざまな種類の恐竜が登場し、地上はまさに恐竜の楽園であった。

哺乳《ほにゅう》類はトリアス紀に原始的な爬虫類（恐竜が分化する前の爬虫類）から分化した。ただしこの時代の哺乳類はネズミほどの大きさで、恐竜などに比べ化石が少なく、進化の道筋も含めよくわかっていないことが多い。

鳥類はジュラ紀に恐竜から分かれて進化した。かつて「恐竜と鳥との中間種」とされた有名な始祖鳥は、現在ではかなり鳥類に近づいた存在とされ、もっと恐竜の特徴を残した鳥類の化石が近年相次いで発見されている。これらの中には「羽毛を持つ恐竜」と呼ぶほうが適当なものもあり、恐竜と鳥類の境界は極めてあいまいなものになってきている。いずれ鳥類は、恐竜のうち現在まで生き残った種類、と定義されるかもしれない。

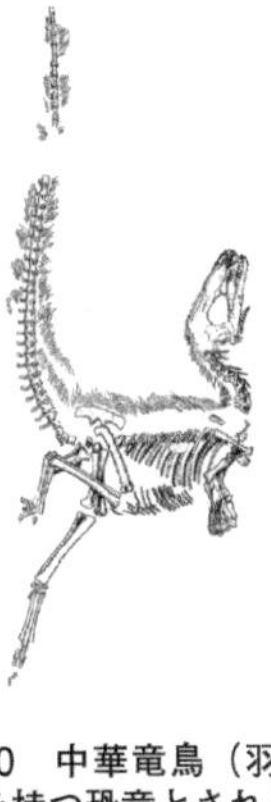

図5－10　中華竜鳥（羽毛を持つ恐竜とされる。Currie & Chen,2001）

恐竜が栄えたジュラ紀から白亜紀にかけては、超大陸の分裂が進行して海

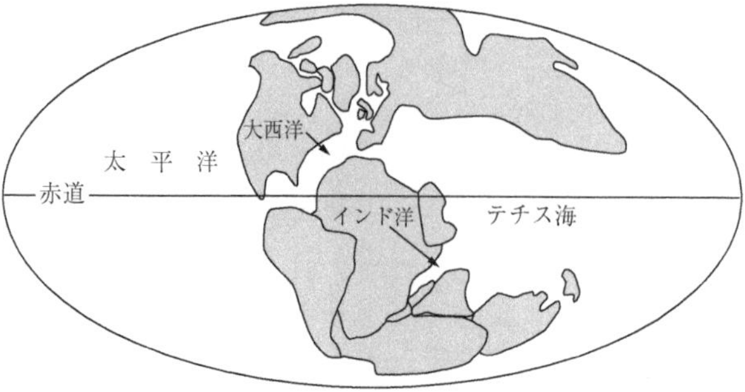

図5－11　ジュラ紀後期（1億5200万年前）の大陸配置

嶺でのプレート生産(すなわちマグマ活動)が活発だったため、二酸化炭素濃度は現在より数倍高かったと推定されている。つまりこの時代は現在よりもかなり温暖な気候が続いていたはずである。分裂した大陸と大陸の間には浅い海が広がり、温暖な海洋で繁栄したプランクトンの遺骸が大陸分裂でできた海底のくぼ地に集積し、陸からの砂泥で急速に埋めたてられた。これが石油のもととなったとされている。現在の主要な産油地帯であるアラビア海や北海、メキシコ湾などは、当時大陸が分裂してできた凹みの位置にある。

③ 恐竜の絶滅（中生代末）

中生代に隆盛を誇った恐竜は、白亜紀末の6500万年前に突如として姿を消す。この絶滅事変（図5-9の⑤）を境に、これ以降を新生代と呼ぶ。この絶滅事変については、これまでさまざまな説が提唱されてきたが、1980年代に登場したアルバレス父子の「隕石衝突説」が現在では主流になっている。

中生代白亜紀と次の時代である新生代古第三紀の境界層を世界中で調べると、ほぼどこでも薄い粘土層が見られる。その成

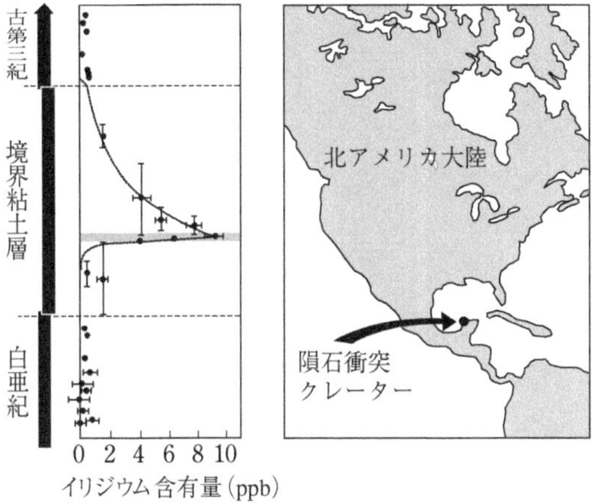

図5−12 イリジウム濃集層とクレーターの位置

分を詳しく分析すると、イリジウムという元素が濃集していることが明らかになった。イリジウムは非常に重く、鉄と親和性の高い元素で、地球形成時に鉄とともに地球中心部に沈み込んでしまい地表にはまず存在しない。このイリジウムが世界中の境界層中に濃集して存在することは、これを含む地球外物質つまり隕石が地球に衝突し、粉々になって世界中に降り積もったことを意味する。その後、この時期に形成されたとみられる巨大な衝突クレーターが、メキシコのユカタン半島で油田探査目的で得られた地下構造の調査データから発見された。さらに境界層から隕石の破片や衝突時の高圧条件下でできた鉱物が発見されたり、クレーター周辺の境界層に大規模な津波による堆積物が見つかったりするなど、大規模な天体衝突が起こったことはほぼ間違いない事実と認められるようになった。

地球に隕石が衝突するとどんなことが起きるだろうか。ま

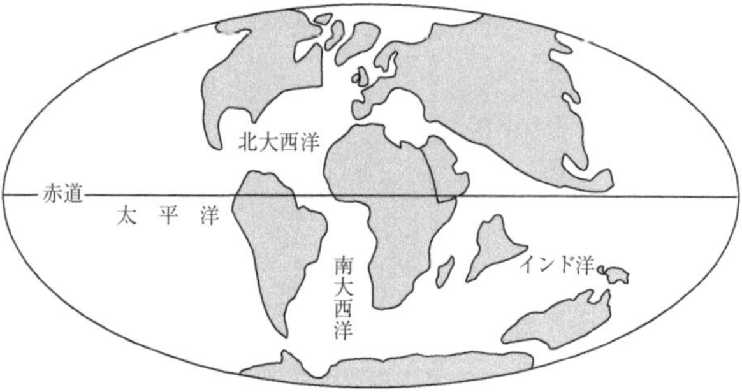

図5－13　白亜紀末期（6500万年前）の大陸配置

ず、衝突した場所では地面を十数kmもえぐりとるほどの大爆発が生じ、猛烈な温度の爆風が周囲をことごとく焼き払う。隕石の落下した場所が海であれば、猛烈な高さの津波が周辺に襲いかかる。そして大気中に放り出された粉塵は、大気上層に長期間ただよって太陽光が地表に射し込むのを遮り、地上は極端に寒い時期がしばらく続く。こうした環境の激変は、地上にいた生物を絶滅させるに十分だったであろう。

白亜紀末の絶滅事変は陸上の恐竜だけでなく、アンモナイトやクビナガ竜をはじめ多くの海洋生物をも絶滅させた。しかし鳥類や哺乳類のように生き残った生物も多く（その中にはカメやヘビやワニといった爬虫類も含まれる）、その選別の理由は現在も謎のままである。アンモナイトなどの化石数が絶滅の数万年以上前から徐々に減少していることから、隕石衝突は事実としても（あるいは隕石衝突が恐竜たちに最後のとどめを刺したとしても）大量絶滅の原因はほかにある、例えばマントルの底から巨大なプルームが立ち昇り、極端な規模のマグマ活動が起きたことで地球環境に打撃を与えた、などとする考えも十分な根拠を持っている。

4 鳥類と哺乳類の時代（新生代）

恐竜たちが絶滅した後、その生態系の空白を埋めるように急速に発展したのが哺乳類や鳥類である。この時期、すでに大陸は分裂して散らばっていたので、それぞれの大陸で固有の生物が進化し生態系を形成した。現在の哺乳類食肉目を見ても、アフリカのライオンやハイエナ、ユーラシアのトラやオオカミ、南北アメリカのピューマといった具合である。オーストラリアは早い時期に他の大陸から孤立したので、現在の哺乳類の主流である有胎盤《ゆうたいばん》類が他の大陸から流入せず、有袋《ゆうたい》類を主とする独特な生物相を保っている。

哺乳類では、草原を生息域とする草食動物や、それを捕食する肉食動物が生態系の主役となっていった。一方、動物との共生関係を確立し、花に蜜をため、果実をつける被子植物が登場し繁栄した。私たち人類の祖先も、樹上生活に適応し果実などを食べる生活を送っていた霊長類の仲間とされている。彼らは樹上生活を送る中で、立体視のできる目の配置やものをつかむ能力を発達させ、直立姿勢の基礎を身につけていった。やがて霊長類の中で、樹上生活から草原に降り立ち、地上での生活に移行したグループの中から、人類の直接の祖先が現れた。現時点で最古の化石人類としては、600万～500万年前の化石が東アフリカで発見されている。

5 人類の時代（新生代第四紀）

中生代の終わりから新生代を通じて、地球の気候は変動しながら全体としてゆっくり寒冷化していった。この理由としては、大陸の分裂期には活発だったマグマ活動が大陸の再合体の時期になって徐々に低下したこと、また大陸がバラバラに配置して海流を分断したり、それまでなかった両極周辺に大陸が移動して地球を効率的に冷やしたり（陸は海より冷めやすい）した結果と考えられる。

新生代新第三紀の中頃から第四紀の約1500万年をかけて地球は寒冷化が進み、特に最後の260万年間である第四紀には、寒冷な氷期とその間のやや暖かい間氷期が繰り返す**氷期–間氷期変動**の時代となる。寒冷な氷期には大陸上の氷床が拡大し、海面は大きく低下した。このため、氷期には大陸棚のかなりの部分が陸化し、大陸や島は陸続きとなり、陸上動物が広く移動するようになった。日本列島にナウマンゾウやヘラジカがやってきたのも、海面が下がりユーラシア大陸と陸続きになったからである。20万年前にアフリカで誕生した現生人類の祖先も、地続きとなった大陸を歩いて（一部は海を越えて）ユーラシアから北米・南米に至るまで移動したのである。

第４章で述べたように、近年グリーンランドや南極に広がる氷床のコアや海底での堆積物コアの分析などから、氷期の気候変動が詳しく調べられてきた。その結果、氷期は数年から数十年単位で年平均気温が数度も上下するような、非常に不安定な状態であったことがわかってきた。この理由として、気候を安定に保つ働きのある海洋の深層水循環（第７章で詳しく述べる）が、過去にほんの些《さ》細《さい》なきっかけで弱まったり停止したりしたことが、最近の研究で明らかにされている。

最終の氷期（ウルム氷期）は約２万年前に最も寒冷な状態になり、それ以降の地球は急速に温暖化し、１万年前には現在とほぼ変わらない安定した気候になったらしい。人類が狩猟・採集生活から農耕・牧畜の定住生活を始めたのも、ちょうどその頃と考えられている。この気候の安定化こそ、人類が農耕を始めるのに重要な要因だったと考えられる。

農耕・牧畜を覚えた人類は、生活を安定させて急速に人口を

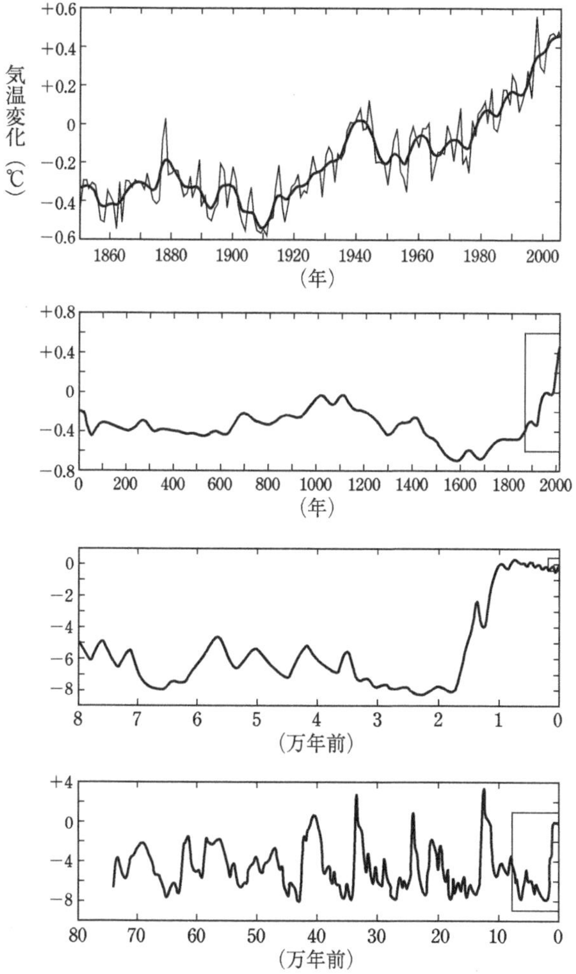

図５－14　最終氷期以降の気候変動

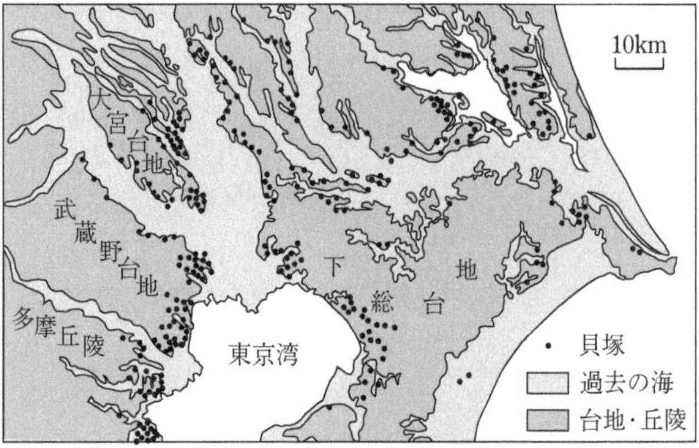

図5－15　縄文時代当時の海岸線

増やす。特に**ヒプシサーマル**と呼ばれる今から6000年前頃の温暖な時期には、現在では砂漠地帯のサハラや中近東でも緑の大地が広がっていたらしい（サハラ砂漠中央のチャド湖の堆積物中に植物花粉が豊富に見られる）。日本ではちょうど縄文時代に相当し、海面が現在より10～20mも高いため海岸線はずいぶん内陸にまで入り込んでいた（これを**縄文海進**という）。日本列島の平野の多くは当時は浅い海底であり、砂がゆるく積もる場所だったらしい。縄文人が残した貝塚の分布から当時の海岸線がわかる。

やがて中緯度地域が乾燥化し始めると、人類は水を求めて大河川に集中する。こうして大河川の流域では人口が稠密《ちゅうみつ》になり、都市が形成され国家が誕生し、ここに人類による文明が誕生した。エジプト・メソポタミア・インダスの各文明と、中国の長江文明（黄河文明より1000年前に始まった稲作文明）は、ほぼ同じ緯度にあり、文明の始まった時期も今から約5000年前で共通している。つまり、人類に文明を誕生させたきっかけも気候変動ということになる。

　このように、生物の進化と繁栄から人類文明の誕生と発展に至るまで、地上で繁栄する生物の営みは地球環境の変動に大きく依存している。生物の絶滅は決して珍しいことではなく、生物の側にそれを食い止める手段はない。これは人類とて例外ではない。

　人類文明は最終氷期後の安定した気候に支えられてここまで発展してきた。しかしこの安定は、氷期-間氷期変動の中では極めて例外的な時期であり、今後再び氷期がやってきたり逆に急激な温暖化が進行したりする可能性は十分ある。そうした気候の急激な変動に対して、私たちの文明はまったく未経験であり、耐えられる保証はない。

　現在、人間社会の活動の影響が徐々に地球環境に現れ始めている。化石燃料の燃焼が原因といわれる地球温暖化も、人間がつくり出したフロンガスによるオゾン層の破壊の問題もそうであるが、共通する問題は、私たち人類が地球環境の大きな変動を望まないにもかかわらず、地球環境に与える負荷を制御できないことにある。ではどうすればいいのだろう。地球環境を大きく変動させないためには、まずは地球環境と私たちの活動にどういったつながりがあるかを、正しく認識することではないだろうか。この地球環境におけるさまざまな要素間のつながりや、それが維持されるしくみについて、大気と海洋について解説する第6章と第7章の中で詳しく触れていくことにする。

〈5-3 解答〉問1 イ　問2 イ　問3 イ

第6章

大気と水が織りなす気象

6-1 私たちをとりまく大気

(問1) 大気圏は４つの圏に区分される。以下の４つの圏を下層から順に並べよ。

ア）熱圏　イ）対流圏　ウ）中間圏　エ）成層圏

(問2) 対流圏の厚さはおよそ何kmくらいか。

ア）1km　イ）5km　ウ）10km　エ）50km　オ）100km

1 大気圏の構造

地球（天体）を包む気体のことを**大気**という。空気と呼ぶことも多いが、空気というと限定的な大きさを持つ塊をイメージすることが多い（この意味を強調するために「空気塊《かい》」という言葉もある）。そこでより普遍的な意味を持つ用語として、この章では大気という呼称で統一する。

私たちをとりまく大気はどこまであるだろうか。富士山のような高山に登ると、大気が薄くなることがわかる。大気の密度は上空にいくにつれて急激に小さくなり、多くの人工衛星が周回する地上500km以上の上空では、地上の１兆分の１以下にまで下がってしまう。このあたりになると大気の密度は宇宙空間（太陽系空間）とあまり違わない。そこで地上から数百kmまでを**大気圏**としている。

地上と上空では大気密度以外にどのような違いがあるだろうか。高い山に登ると涼しく（あるいは寒く）なることから、地上から上方に向かうにつれて温度がどんどん下がっていくことが予想される。実際、20世紀になるまでは、地上から宇宙空間に至るまでずっと下がり続けると考えられてきた。しかし20世紀に入り、自記温度計を載せた無人の気球を飛ばせて調べた結果、高度十数km付近に温度がほとんど変化しない層が発見された。その後、スイスの物理学者ピカールが自作の気球に乗り込んで高度16kmに達したり、第２次大戦後にはロケットを用いた大気上層の観測が進むなど、大気上層についての知識が蓄積されるにつれて、大気圏の温度分布は単純ではないことが明らかになってきた。

図6-1に大気圏の断面を温度の変化とともに表す。これを見ると、温度変化の曲線が３回折れ曲がることがわかる。この折れ曲がる高度を境にして大気圏を４つの領域に区分し、下から順に**対流圏**・**成層圏**・**中間圏**・**熱圏**と名づける。

地上から高度約10km（緯度により８～16km）までは、地表から上昇するにつれて温度が下がる。この層を**対流圏**と呼ぶ。対流圏では平均して100m上昇するごとに0.65℃下がるという関係があり、標高3776mの富士山山頂では標高０m地点に比べ

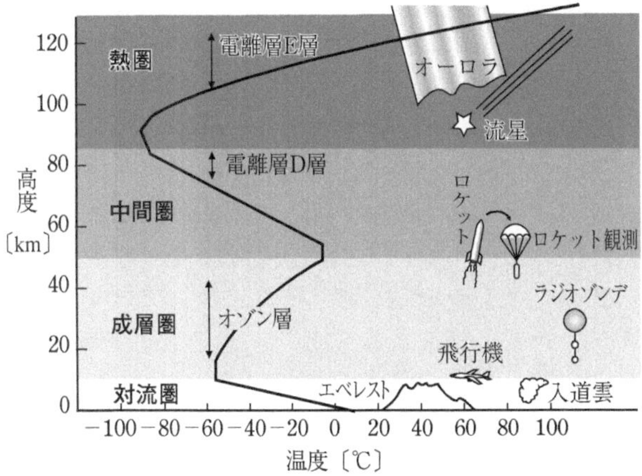

図６－１　大気の温度の鉛直分布

て22〜23℃低いことになる。飛行機が飛ぶ高度10kmの上空では−50℃にもなる。対流圏は、その名のごとく対流現象が起きやすい大気の層である。ここでは下層の大気が暖かく軽いのに対し、上空の大気が冷たく重いため、両者が入れ替わろうとして対流が生じやすい。実は毎日の天気の変化は大気が上昇したり下降したりすることが原因で生じるのだが、こうした現象は大気圏の最下層わずか10kmの間で起きているのである。

対流圏の上から高度約50kmまでは、上昇するにつれて温度が上がる。この層を**成層圏**という。ここでは対流圏とは逆に、上空ほど暖かく軽いため大気の上昇や下降が起きにくく、安定している。このような構造を密度成層と呼ぶことは、第1章の地球内部構造のところで述べた。もちろん成層圏の名もここから来ている。飛行機が高度10km以上まで上昇してほぼ成層圏に達し、安定航行するのもこのためである。ただし、成層圏でも水平方向には強い風が吹いている。また、成層圏には酸素原子3つでできた気体分子オゾンが周囲より高密度に存在する**オゾン層**があり、太陽からの紫外線を吸収して地上に紫外線が降り注ぐのを防いでいる。

成層圏の上からは再び温度が下がり始める。この層を**中間圏**という。高度約80〜90kmでは−90〜−100℃近くまで下がる。対流圏と同じく上層ほど冷たい構造ではあるが、ここまで来ると大気の密度が極めて小さくなり、大気中に含まれる水蒸気の量はさらに少ないので、むしろ雲ができないことのほうが普通である。

高度80〜90kmまで来ると、大気の密度は地上の10万分の1以下にまで下がっている。さらに上昇すると温度は再び上昇に転じ、500℃以上にまでなって宇宙空間につながっていく。ここを**熱圏**という。ただし大気の分子数が極めて少ないため、私たちが日常感じる熱さは感じられないはずである。

熱圏は大気圏の上端であり、宇宙からやってくる飛来物が最初に通過するところである。宇宙空間に漂うちりが地球に落下すると、大気との摩擦で発光する。これが**流星**である。流星が生じるのは80〜120kmで、これより上方では大気があまりに薄すぎて発光しない。また、太陽から吹いてきた荷電粒子が地球磁場にとらえられ、南北の磁極周辺に吸い寄せられると、大気分子に衝突して発光させる。これが**オーロラ**である。緑色は酸素の発光、赤色（ピンク色）は窒素の発光であり、まさに地球独特の光ということができる。

2 大気の温度構造の要因

大気圏はなぜこのような複雑な温度構造を持つのだろうか。大気を暖めているのはもちろん太陽である。太陽からやってくる光には、私たちの眼に見える可視光線だけでなく、X線や紫外線、赤外線それに電波などが含まれる。これらは波長の違いを除けば互いに似通った性質を持つ「波」であり、これらを総称して**電磁波**と呼ぶ。言い換えれば、連続する電磁波を波長に

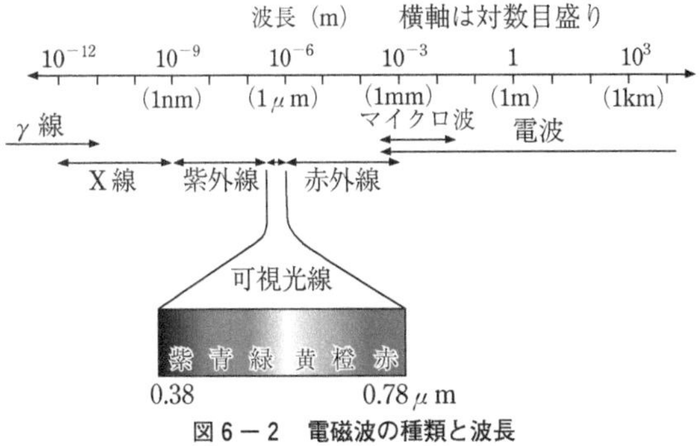

図6－2　電磁波の種類と波長

よって区分したものが、X線・紫外線・可視光線・赤外線および電波ということになる。

物質は電磁波を吸収すると熱に変える。私たちが太陽光を浴びて暖かいと感じるのも、体が太陽光という電磁波を吸収して熱にしているからである。気体は種類によって吸収する電磁波の波長域が異なり、これによって大気の暖まり方に特徴が生じる。では太陽光のつもりになって、大気圏を再度上から眺めてみよう。

太陽光が地球大気に達すると、大気上端の大気分子にX線が吸収される。大気分子は原子やイオンにまでバラバラにされ、非常に高速で飛び回る。粒子（ここでは原子やイオン）の運動の度合いが温度なので、熱圏は非常に高温になる。イオンが多く集まる層は電波を反射するため、**電離層**と呼ばれ遠隔地との通信をする際に利用される。電波を用いて遠隔地と通信ができるのは、地上から発信した電波が電離層と地表で反射を繰り返し、はるか遠方にまで到達するからである。

太陽光に含まれるX線は極めて少ないため、熱圏を通過する間にX線はほぼなくなってしまい、この後しばらく太陽光はほとんど何も吸収されずに大気圏を進む。次に吸収されるのは紫外線である。

紫外線はオゾンによって吸収されるが、オゾンが最も多く存在するのは成層圏の中層（高度20～30km）である。しかし成層圏上層や中間圏にもオゾンはわずかに存在するため、そのわずかなオゾンが上から降り注ぐ紫外線を吸収して大気を暖める（大気が薄いほど、少ない熱でも温度を上げやすい）のである。逆に最もオゾンの多い成層圏中層では、紫外線のかなりの量がすでに吸収されており、しかも大気密度が大きくなってくるので温度がなかなか上がらない。その兼ね合いで成層圏と中間圏

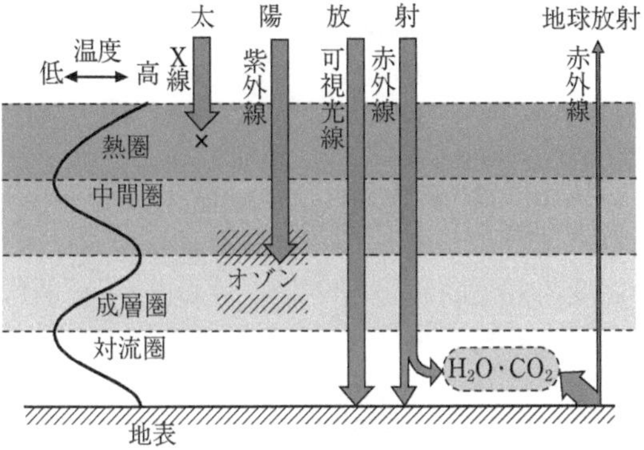

図6－3　大気の暖まるしくみ

の境界（高度50km付近）に温度のピークをつくるのである。

太陽光のうち残ったのは可視光線と赤外線である。可視光線は雲で反射する分を除けば、そのまま成層圏と対流圏を通過して地表に達し、一部は地面で反射され、残りは地面に吸収される。赤外線は半分ほどが大気中の水蒸気や二酸化炭素に吸収され、残りはやはり地面に吸収される。こうして地面が温まると、今度は地面が熱源となって赤外線を中心とした電磁波を放射する。この赤外線も大気中の水蒸気や二酸化炭素に吸収されて大気を暖める熱になる。つまり対流圏は主に地面から暖められるので、地面に近いほど暖かいというわけである。

3 大気の成分

地球の大気は78％が窒素、21％が酸素であり、この他アルゴンという希ガスが１％を占める。この割合は高度80kmまでほぼ変わらない。普通は時間をおけば重いものほど下層にたまるはずなので、このことは大気が十分かき混ぜられていることを意味している。80kmより上方では、大気分子が解離した酸素原子や窒素原子の割合が増え、さらに高度数百kmではヘリウムや水素が多くなる。これは太陽から吹いてくる粒子(**太陽風**)と同じ成分で、もはや地球大気とは呼びづらい。

窒素 N_2	78.08%
酸素 O_2	20.95%
アルゴン Ar	0.93%
二酸化炭素 CO_2	0.04%

図6－4　大気の組成（水蒸気を除いた体積比）

地表付近の大気成分にはこのほか、二酸化炭素などさまざまな気体がそれぞれわずかずつ含まれる。二酸化炭素は大気中の0.04%にすぎないが、赤外線を吸収して大気を暖めるという**温室効果**が強い気体（**温室効果ガス**）で、その量が増加することで地球温暖化の心配がされている。また、水蒸気は０～数%の間で大気下層を中心に存在する（変動幅が大きいため、大気成分の割合を論じるときには除外する）が、これも温室効果が大きい。

地球のこのような大気組成は、地球の歴史の中でつくられたものである。第５章で述べたように、原始の地球は300気圧もの水蒸気と50気圧もの二酸化炭素からなる大気に包まれ、１気圧未満の窒素は微々たる成分にすぎなかった。それが海洋の誕生と二酸化炭素の海洋への吸収が進むにつれ、地球の大気は窒素を主成分とするようになり、さらに光合成生物が放出する酸素が蓄積されて、現在の大気が成立したのである。

4 大気圧

大気は質量を持つので、大気をのせた面は大気から圧力を受ける。標高０mの地上が受ける大気の圧力（**大気圧**）の平均を１気圧とする。１気圧は圧力の単位Pa（パスカル）で表すと、１気圧 $=1.013\times10^5$Pa$=1013$hPaとなる。これは１m^2の面に10.3トンの物体が与える重力に相当する。地上で生活する私たちは大気から大きな力を受けているのである。

大気圧を初めて正確に測定したのはイタリアのトリチェリである。彼は当時すでに著名な物理学者であったガリレオと親交があり、ガリレオから「ポンプで水を10m以上くみ上げることができない理由」について相談を持ちかけられた。トリチェリは逆に、水面の上に10mもの水柱が立つことに興味を持った。水の密度は1 g/cm^3なので、10mの水柱の底面には1 cm^2あたり1kgの重さに相当する力がかかるはずである。水柱を支える底面はこれに耐えているのだから、周りの水面は同じ大きさの力を大気より受けているに違いない。つまり大気の圧力は水柱が水面にかける圧力と一致する。

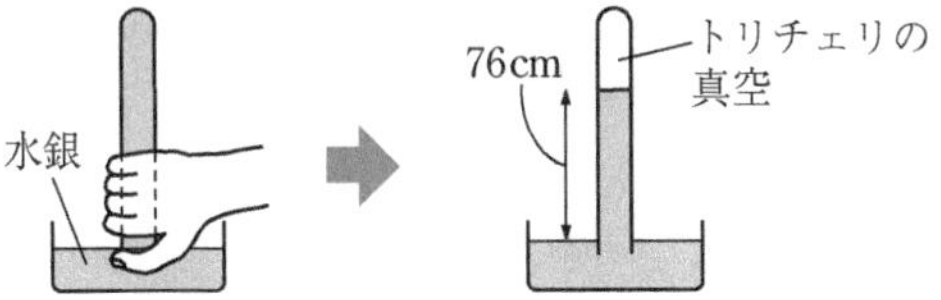

図6－5　トリチェリの実験

トリチェリは大気圧が水柱にして約10mに相当することを予想していたので、水の代わりに密度が13.6g/cm^3もある水銀を用いて実験を行った。一方の端をふさいだ1.2mのガラス管に水銀を満たし、親指で蓋《ふた》をしながら水銀の入った鉢に逆さに立てて親指を離すと、水銀はするすると降りてきて下から76cmのところで静止した。つまり大気圧の大きさは水銀柱76cmが与える圧力に一致する。こうしてトリチェリは大気圧の大きさを初めて正確に測定したのである。

トリチェリは水銀柱の高さが日によって変化することも見出した。これにより、気圧が日によって変化することが明らかになった。この水銀柱は世界最初の気圧計ということになる。

〈6-1 解答〉問1　イ、エ、ウ、ア　問2　ウ

6-2 太陽放射と大気の運動

問1 太陽放射のうち、地表に吸収されて直接地表を温めるのに使われるのは割合にしてどれくらいか。

ア)90%　イ)70%　ウ)50%　エ)30%

問2 地球の大気が循環する最大の原因は何か。

ア)昼と夜の温度差　イ)低緯度と高緯度の温度差　ウ)海上と陸上の温度差　エ)地球内部熱の放出量の地域的な偏り

問3 砂漠は地球上の緯度何度付近に形成されるか。

ア)0°付近　イ)20〜30°　ウ)40〜50°　エ)70〜80°

1 太陽放射と地球放射

太陽からの電磁波がさまざまな波長の波を含み、それが大気を暖めていることは前節で述べた。太陽から放射される電磁波を総じて**太陽放射**という。図6-6は太陽光の波長ごとのエネルギー量を表したものである。太陽からの放射エネルギーは0.5μm付近の波長帯で最も強いことがわかる。この前後の波長帯は、ちょうど人間の眼に光として感じることができるので可視光線と呼ばれている。

図6-6には地表が受け取る太陽放射エネルギー量も描いてある。太陽からやってきた電磁波のすべてが地球を温めるわけではなく、約3割は雲や地表などに反射して大気圏外に逃げてしまう。この割合のことを**アルベド**（反射率）という。雲や雪原は宇宙から見ると白くまぶしく見えるところなのでアルベドが高く、海洋は暗い色に見えるためアルベドが低い。さらに、大気中のオゾンや水蒸気・二酸化炭素などによって太陽放射のう

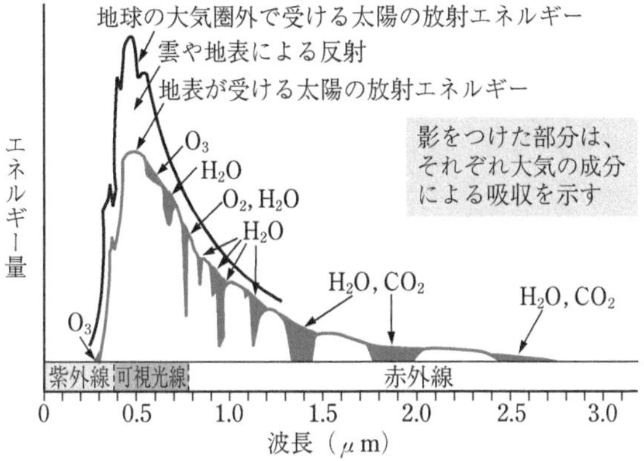

図6－6　太陽放射の波長分布

ち特定の波長域が吸収され、残りが地表に達する。結果として、元の太陽放射のほぼ半分が地表に吸収されることになる。

温められた地表は主に赤外線を放射することで冷めていく。これを**地球放射**という。地球放射の大部分は大気中の水蒸気や二酸化炭素などに吸収されて大気を暖めるのに使われ、大気圏外に逃げ出す量は少ない。このほか、地表の熱は**伝導**（地表に直接触れている大気に熱を伝えること）や**潜熱による熱輸送**（水の蒸発の際に地表から気化熱を奪い、上空で水滴になる際にその熱を放出すること）により、大気を下層から暖める。地表が放出する熱のうちほぼ8割が赤外線による放射、伝導や潜熱による輸送が残り2割となる。

暖められた大気も赤外線を放射することで冷める。大気から放たれた赤外線は約4割が大気圏外へ、残りの6割が再び地表を温めるのに使われる。地表は自らが暖めた大気によって温め返されているのである。このしくみを**温室効果**という。この温室効果のおかげで、地球は大気がなければ平均気温が約－18℃

の凍りついた惑星になるところを、平均気温が約15℃の温暖な惑星となっているのである。

2 地球の熱収支

太陽放射は主に地表を温め、地表は大気を暖める。暖められた大気は再び地表を温め、こうして地表と大気は赤外線を介して熱をやりとりする。このやりとりから漏れるように、熱が赤外線の形で少しずつ大気圏外に放出される。地表も大気も、受け取る熱と同量の熱を放出することで一定の温度を保っている。このように、地球の熱の収支はつりあっているのである。

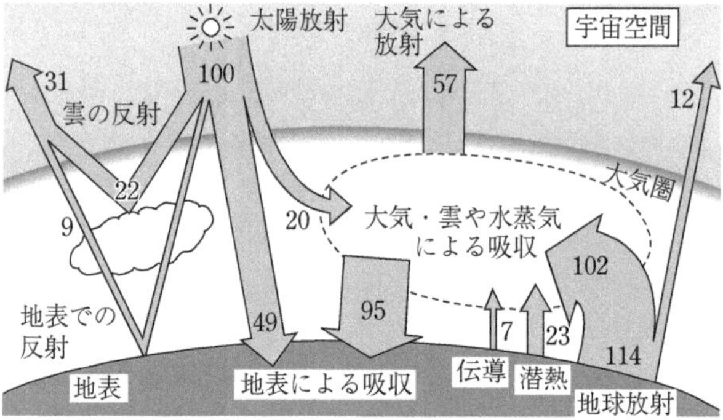

図6－7　地球の熱収支（大気上端に到達する太陽放射エネルギー量を100とする）

地球全体で見れば地表や大気の熱収支はそれぞれつりあっているが、局所的に見るとそうではない。太陽光線は平行なのに対し地表は球面なので、単位面積あたりが受け取る光の量は太陽光線に対して垂直に近いほど大きく、浅い角度になるほど小さくなる。すなわち地表は赤道付近で最も多くの太陽エネルギーを受け取ることができるが、高緯度地域では受け取るエネル

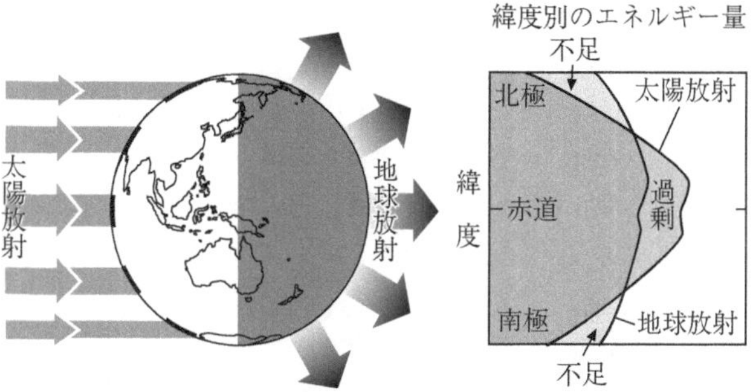

地表が受ける太陽放射の量は緯度により大きく異なるが、地表が放つ地球放射の量は太陽放射ほど違わない。このため場所により熱収支に過不足を生じる

図6－8　太陽放射量と地球放射量の緯度分布

ギー量は少なくなる。一方、地表（大気も含む）から大気圏外に放射する赤外線の量は、暑いところと寒いところで多少の差はあるが太陽放射ほど大きな差ではない。このため、低緯度では地表が受け取る熱が逃がす熱を上回り、逆に高緯度では地表が失う熱のほうが上回る。

もし地表が受け取る熱が失う熱より多いままなら、地表の温度はどんどん上昇してしまい、非常に高い温度で安定することになる（高温になると地表から放射される熱が増え、受け取る熱に等しくなるところで落ち着く）。逆に、失う熱のほうが多いままだと地表はどんどん冷めてしまい、極端に冷たい温度で落ち着くことになる。しかし実際には、地球上で最も暑いところでも40℃を上回ることはほとんどなく、最も寒いところでも－50℃を下回ることはほとんどない。これは、低緯度で余剰となった熱を速やかに熱の不足している高緯度に輸送するしくみがあるからである。この熱輸送を担うのは、**（1）大気の循環、（2）海水（海流）の循環、（3）潜熱による輸送**である。（1）はこれから述べるが、（2）は赤道付近の温かい海水が寒冷な高緯度に流れ込んでそこを暖めるしくみである。また（3）の潜熱による輸送は台風などを想定すればよい。赤道付近で海水が水蒸気になる際に周りから気化熱を奪い、日本列島のある中緯度付近までやってきて、今度は水蒸気から水滴になる際にその熱を放出するというしくみである。

コラム

[大気のない月面の温度環境]

地球に大気や水がない場合どれくらいの温度になるのかを推測するには、月面の温度を参考にすればよい。太陽から見ると地球とほぼ同じ距離にある月は、地球が受けるのと同量の太陽放射を浴びる。月の輝いている表面の温度は130℃にもなるが、陰になってどんどん冷めていくと－160℃にまで下がる。月面の反射率は地球よりずっと低く太陽光をよく吸収して温まりやすいことや、月の自転が非常に遅いので温まるのも冷めるのも極端になることを差し引いても、大気と水による熱輸送が地球環境にどれほど貢献しているかは実感できるであろう。

月面の温度を平均すると－20℃くらいになる。これは地球大気の温室効果がなかった場合の平均気温に一致する。地球の温暖な気候はまさに温室効果ガスのおかげといえる。

3 温度差がつくる大気の流れ

空気塊は暖められると膨張し、軽くなって上昇する。上昇気流の上端では空気が余って周囲に流れ出し、下端では空気が薄くなるため**低気圧**となって周囲から空気が流れ込む。逆に、空気塊が冷却されると収縮し、重くなって下降する。下降気流の下端では空気が圧縮されて**高気圧**となり、空気が周囲に押し出される。このように大気の暖まり方に差があると、上昇気流や下降気流が生じて気圧に差が生じ、高気圧側から低気圧側に向

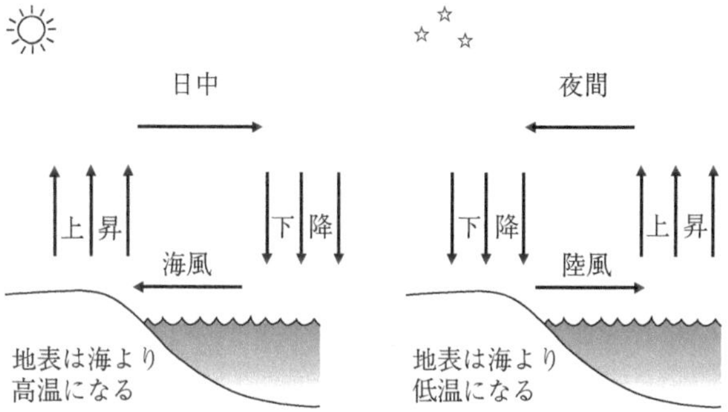

図6－9　海陸風のしくみ

かって風が吹く。気圧の差が大きいほどその間には大気を押し流そうとする力が強く働く。これを**気圧傾度力**という。

海岸に近い場所では**海陸風**《かいりくふう》という風が吹いている。海水は陸地をつくる物質（岩石など）よりずっと暖まりにくく冷めにくいため、日中は陸地のほうが熱くなり、その熱を受け取って陸上の空気も暖められる。すると陸上で上昇気流が生じ、地表付近が低気圧になって海側から風が吹き込む。これが**海風**《うみかぜ》である。夜間は逆に陸地のほうがより強く冷却されるため、陸上の空気も冷やされて下降気流となる。するとそこが高気圧となり海に向けて風が吹く。これが**陸風**《りくかぜ》である。海風と陸風が入れ替わる朝夕は一時的に風が止む**なぎ**（漢字で凪と書く）となり、夏には蒸し暑く感じるひとときである。

地球規模の海陸風と呼べる風が**季節風**（モンスーン）である。季節風とは文字どおり季節によって向きが大きく変わる風のことで、大陸と海洋の温度差が低気圧・高気圧をもたらし、その間に風を吹かせる。ユーラシア大陸の周辺で吹く季節風について考えると、冬は大陸内部の気温が非常に低くなって高気圧が発達し、周辺に向けて空気を押し出す。冬の日本列島に吹き付ける北西季節風がこれにあたる。逆に夏は大陸内に低気圧が、インド洋や太平洋に高気圧ができ、海側から湿った風が吹き込むことになる。これがヒマラヤ山脈のような障害物に衝突すると手前側に激しい降雨をもたらす。このように季節風の影響が強く、降水量の極めて多い雨季を持つ気候を**モンスーン気候**といい、アジア南岸〜東岸に特徴的な気候となっている。

4 ハドレーの循環とコリオリの力

地表の温度差は風をもたらす。つまり風は地表の温度差を緩和するために熱を運んでいることになる。北半球で北風が吹くと寒くなり南風が吹くと暖かくなるのは、まさに風が熱輸送を担っていることに他ならない。

地球上で最も高温な場所は赤道を含む低緯度の地域であり、逆に最も低温な場所は両極から高緯度にかけての地域である。すると赤道付近で上昇気流が、両極付近で下降気流が生じ、それをつなぐように大気は大規模な循環をしているはずだ。1735年にイギリスのハドレーは、図6-10のような地球規模の大気循環を提唱した。

しかしこれだと、北半球の地表ではすべて北風が、南半球ではすべて南風が吹くことになり、実態に合わない。日本列島のある中緯度ではだいたい西風が吹いていることが多いが、もっと赤道に近づくと東よりの風が吹いている場所もある。このように東西方向の風をもたらすには、南北の温度差による気圧傾度力だけでは不可能である。このような大気の流れには地球の自転が影響しているのである。

地球の自転の影響とはどのようなものであろうか。大気は回転運動する地球上で運動すると、北半球では進行方向に対して右にそれるように動く。これを直角右向きに力を受けたと解釈し、その力を**コリオリの力**（転向力）と呼ぶ。

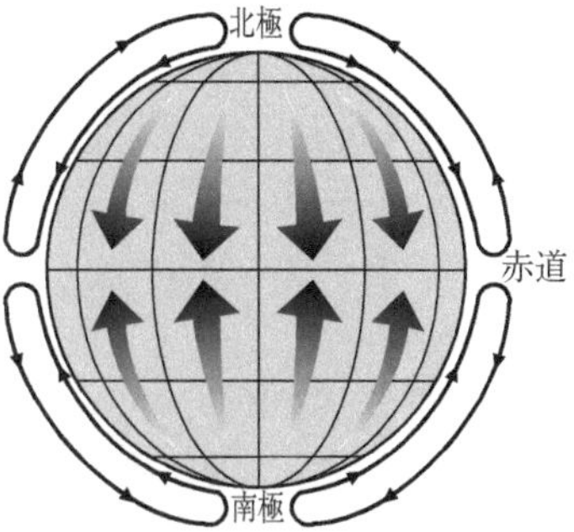

図６－10　ハドレーの考えた大気循環

コリオリの力が生じるしくみを図6-11を用いて説明しよう。今、北半球で同じ子午線上にある２点Ａ、Ｂ（低緯度側をＡ、高緯度側をＢとする）がある。ＡからＢに向けて物体を投げ飛ばすとすると、投げ飛ばされた物体の速度にはＡにおける自転速度が自転方向に加わる。地面も物体と同じ自転速度で動いていれば、物体の自転方向の運動は相殺されるはずである。しかし、高緯度側にあるＢはＡよりも遅い速度で自転しているため、物体はＢよりも東側に到達することになる。

これを自転する地上から見てみよう。物体はＡを離れＢに近

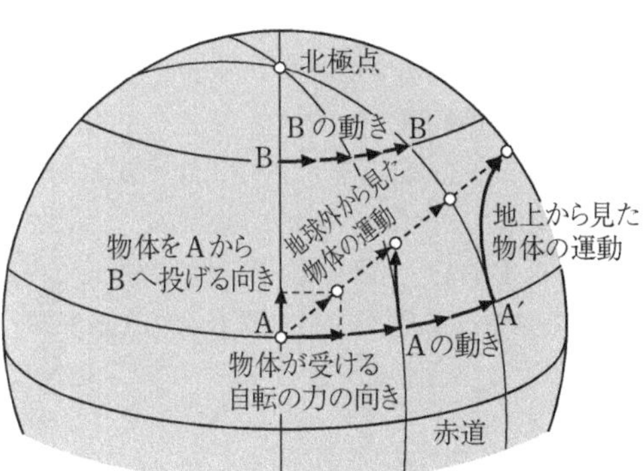

図６－11　コリオリの力のしくみ

づいていくが、次第にBより東側にそれていく。あたかも進行方向に対し右向きに何らかの力を受けたように見える。この力がコリオリの力である。この力は北半球では進行方向の右向き、南半球では左向きに働く。また少しの距離で自転速度の差が大きく現れる高緯度ほど強く働く。

5 地球の大気大循環

地表の温度差に加えコリオリの力も考慮して、地球規模の大気の循環が生じるしくみを考えよう。赤道付近で暖められた大気は上昇気流となり、対流圏と成層圏の境界面（圏界面）に達すると南北に流れ出す（成層圏の大気のほうが高温で軽いため、上昇気流は成層圏に入り込めない）。北半球では北に向かって流れ出すが、コリオリの力を受けて徐々に右にそれていき、北緯20〜30°付近でほぼ真東に向かって吹くようになる。この風に働くコリオリの力は南向きなのだが、南からはどんどん大気が押し寄せてくるので南下することもできない。するとここの大気が密になって重くなり、ついには下降気流となる。この下降気流の地上部分では高気圧が一年を通して居続けることになり、一年中晴天で雨量が少ないため、砂漠が広がっている。ここを**亜熱帯高圧帯**と呼ぶ。

亜熱帯高圧帯から赤道に向けて吹き出した風はやはりコリオリの力を受けて右にそれ、東よりの風になる。これを**貿易風**という。南北の亜熱帯高圧帯から吹き出した貿易風は赤道域で収束し（ここを**熱帯収束帯**という）、先ほどの上昇気流につながる。こうして1つ目の循環が完成する。ハドレーの予言した循環より小規模ではあるが、彼の唱えた原理で生じる循環なので**ハドレー循環**と呼ぶ。

一方、高緯度側には両極の周辺で冷やされた空気が下降気流

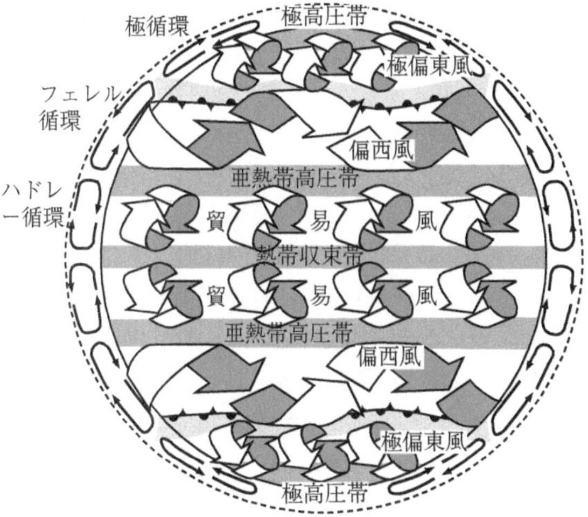

図6−12　地球の大気大循環

となって始まる循環が存在する。これを**極循環**という。下降気流でできた極高圧帯から吹き付ける冷たい風は、亜熱帯高圧帯から高緯度に向けて吹き出した暖かい風（コリオリの力を受けて西よりの風となるため**偏西風**という）とぶつかり、帯状の上昇気流である前線をつくって極循環を形成する。さらに亜熱帯高圧帯とこの前線との間にも、二つの循環に回されるような弱い循環が存在することになり、これを**フェレル循環**という。このように、地球の大気は南北それぞれの半球に3つの循環を抱え、それぞれが駆動することで赤道域の熱を高緯度に運ぶ、というモデルが20世紀中頃には確立した。これを地球の**大気大循環**という。

6 ジェット気流と偏西風

大気大循環のモデルは熱輸送に関しては矛盾なく説明してい

るものの、いくつかの問題点を抱えていた。ハドレー循環のある低緯度域では、地上と上空の風がベルトコンベアのように逆向きに吹いており、確かに循環のイメージと合致する。しかし、西風（偏西風）が吹き付ける中緯度域では、観測してみると上空も西風であり、しかも地上よりはるかに強く吹いていることがわかった。特に強い部分は秒速100m（時速360km）を超えることがあり、**ジェット気流**と呼ばれる。ジェット気流は第２次大戦中の米軍飛行機が日本に飛来する際、強い向かい風を受けることで広く知られるようになり、一方で日本からは風船爆弾を米国本土に到達させる手段として利用された。現在では東に向かう旅客機の運航時間を短縮するのに利用されている。

中緯度上空の偏西風は、極域の冷たい大気と中緯度の比較的暖かい大気が接することで生じる。北半球では北極周辺の冷たく重い大気が下方に沈み込むため、その上空には大気が薄くなって強い低気圧ができ、その周りを中緯度の暖かい大気が反時計回りに回る流れができる（低気圧の周りに吹く風については次節で述べる）。これが上空に吹く偏西風であり、暖気と寒気の境目で最も強い風すなわちジェット気流（亜寒帯ジェット気流）となる。このジェット気流は南北の温度差が大きくなる冬に発達する。一方、亜熱帯高圧帯の上空にもジェット気流（亜熱帯ジェット気流）が発達し、これは大気大循環のところで最初に述べた、赤道上空から南北に流れ出た風がコリオリの力によって曲げられて地球を周回するようになった西風に相当する。つまり亜熱帯から極域に至る広い範囲で、上空では常に西風が吹いていることになる。

ジェット気流は地球を周回するように吹く強風であるため、極周辺の冷たい大気と赤道側の暖かい大気の間を隔ててしまい、両者が混合するのを妨げる。南北の温度差によって生じた

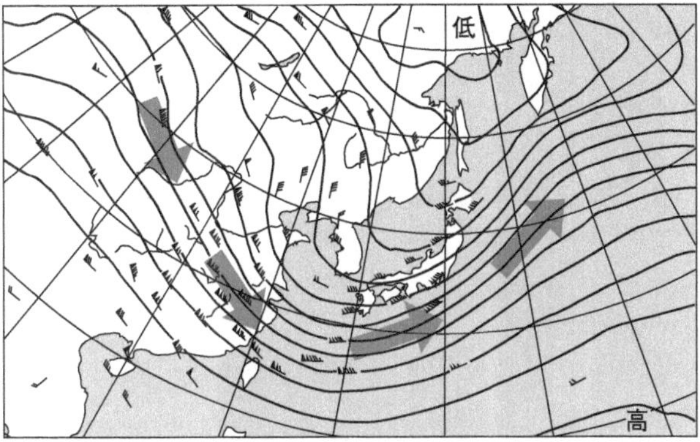

線の込みあうところに強風が吹いている（2005年1月1日の300hPa高層天気図）

図6－13　日本上空のジェット気流

ジェット気流が、皮肉にも熱輸送を担う南北の大気の流れを阻害してしまうことになる。しかし実際には、ジェット気流は南北に蛇行することで、低緯度側の熱を高緯度側に運んでいる。ジェット気流が蛇行するきっかけは、地球上の海陸の分布やヒマラヤ山脈・チベット高原といった障害物の存在であり、実際こうした要因の多く集まる北半球のほうが南半球よりもジェット気流の蛇行は大きい。

7 大気大循環がもたらす世界の気候

太陽放射と地球放射の不均衡から熱輸送の必要性が生じ、大気が循環して恒常風（偏西風や貿易風のように常に吹いている風）をもたらしている。これに大陸や海洋の分布、地形や海流などの地理的要因が加わり、気候が成立する。

地球の気候帯はドイツのケッペンによる分類法が現在も広く用いられる。彼の分類法はその土地の特徴的な植生をもとに、気候を降水量と気温で区分するもので、大陸の西岸では赤道か

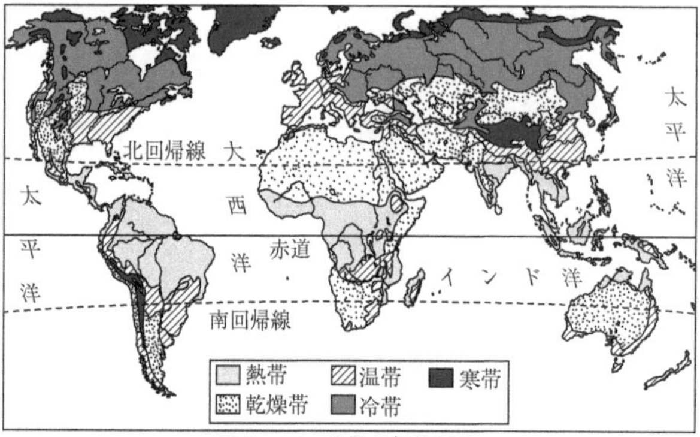

図6－14　世界の気候区分

ら高緯度に向かって順に、**熱帯・乾燥帯・温帯・冷帯・寒帯**のように配列する。砂漠気候を主とする乾燥帯は、大気大循環における亜熱帯高圧帯が一年を通して居続けることで生じる。大陸の東岸ではモンスーンの影響で乾燥帯を欠く。また、地球は地軸が傾いているため、太陽光がほぼ垂直に当たるところにできる熱帯収束帯の位置が、１年の周期で南北に移動する。これに伴って、熱帯と乾燥帯の境界には冬に乾季が訪れる**サバナ気候**（熱帯）が、乾燥帯と温帯の境界には夏に乾季が訪れる**地中海性気候**（温帯）が現れる。このほか、暖流が沖合を流れることにより高緯度にもかかわらず温暖で過ごしやすい**西岸海洋性気候**（温帯）や、標高が高いがゆえの冷涼気候ということでどれにもあてはまらない**高山帯**など、地球にはさまざまな気候が存在し、地表に広がる風景に変化を与えている。

気候を判断するには、過去30年間の気象データを平均した値（平年値）が用いられる。人間活動による植生の変化や地形の改変、さらには地球全体の温暖化や寒冷化などによって、各地の気候も少しずつ変化している。地球の気候を変動させる要因としては、地球の公転軌道のわずかな変動など天文学的要因から、大陸と海洋の配置の変化（極に大陸が位置すると寒冷化する、海流が寸断されると気候が変化する、など）や大規模火山活動のような地質学的な要因、雪氷面積の変化（アルベドの変化）や海洋の深層循環の変動、さらに人為的要因が主と思われる二酸化炭素濃度の増加など、さまざまなことが考えられる。私たちが身を委《ゆだ》ねる地球上の気候は、さまざまな要素が複雑に絡み合って成り立っているのである。

コラム

[オゾンホール]

成層圏のオゾンが生物にとって有害な紫外線を吸収してくれることは前述したとおりであるが、近年このオゾン層が破壊され問題になっている。特に南極や北極の上空には、オゾンの減少が特に激しい「オゾンホール」が毎年春先に必ず発達するようになった。なぜオゾンは均一に減らず極域にオゾンホールをつくるのだろう。そしてなぜ春先にできるのだろう。

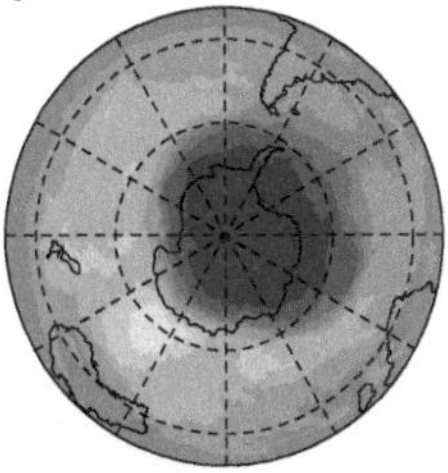

灰色の濃い部分ほどオゾン濃度が低い

図6−15　2005年10月5日の南極オゾンホール

そもそもオゾンが紫外線を吸収して熱に変えるしくみは、紫外線がオゾン分子O_3を酸素分子O_2と酸素原子Oに解離させ、このO原子が別のO_2と結合する（大気中のO_2の数はO_3やO原子よりも圧倒的に多い）際に熱が放出されるというものである。O_2とO原子が結合するとO_3となるため、結果としてO_3は増減せず、紫外線が熱に変えられただけとなる。ただし例外的な反応もあり、O_3の解離によって生じたO原子がO_3にくっつくと、O_2が２分子できる。これはオゾン２分子が減る反応である。逆に、O_2が紫外線を受けて２つのO原子に解離しそれぞれ

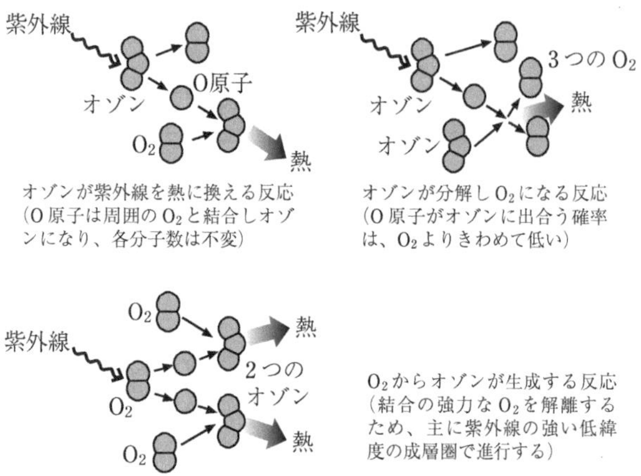

オゾンが紫外線を熱に換える反応
（O原子は周囲のO_2と結合しオゾンになり、各分子数は不変）

オゾンが分解しO_2になる反応
（O原子がオゾンに出合う確率は、O_2よりきわめて低い）

O_2からオゾンが生成する反応

（結合の強力なO_2を解離するため、主に紫外線の強い低緯度の成層圏で進行する）

図6－16　オゾンの分解と生成の反応

別のO_2と結合すると2分子のオゾンが生じたことになる。地球大気中のオゾンの量は、この分解と生成の両反応のバランスによって成り立っている。オゾンの生成が紫外線の強い低緯度の成層圏に集中するのに対し、オゾンの分解はオゾンのある全域で起きており、このため低緯度で生成されたオゾンがゆっくりと地球全体のオゾン層を補充していることになる。

一方、オゾン層を破壊する元凶は主にフロンなど塩素原子を含む炭素化合物である。フロンは化学的に非常に安定な人工物で、冷蔵庫やクーラーの冷媒、スプレーなどさまざまな場面で利用されてきた。このフロンが大気中に放出されると、安定であるため分解せず、対流圏ではしばらく大気中に滞留する。しかしフロンも、波長の短い紫外線（オゾンが吸収する波長とは異なる）に対しては分解され塩素原子を放出する。対流圏から成層圏にまでゆっくりと上昇したフロンが成層圏上層に達すると、短波長の紫外線を浴びて塩素原子を放出する。この塩素原子がオゾンから酸素原子を奪い、さらにオゾンに戻ろうとする酸素原子を奪ってもと

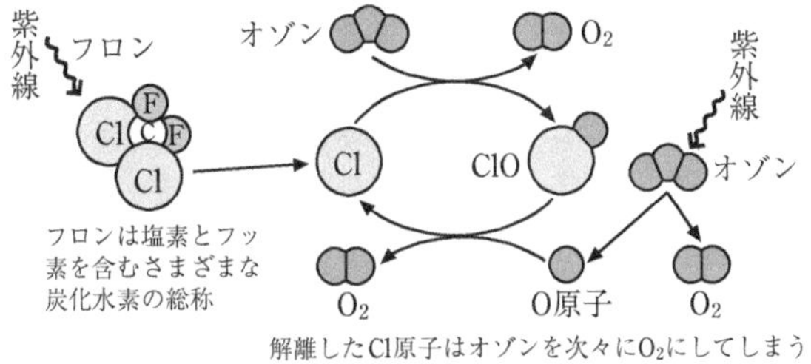

図6－17　塩素原子によるオゾン破壊のしくみ

の塩素原子となる。これを繰り返すことで、１つの塩素原子が次々とオゾンを破壊していくのである。成層圏上層でないとこの短波長の紫外線を浴びることはないので、オゾン層の破壊の中心は成層圏の上層ということになる。

ところが、南極や北極の上空でオゾンホールのできる高度は成層圏の下層であり、極域独特の気候や大気の流れが原因となることがわかってきた。極域では、冬にはまったく太陽光を浴びない日（極夜）が続き、空気が極端に冷却されて下方に沈降するため、上空（対流圏上層）には強い低気圧が生じる。この低気圧の周りには極渦という大気の強い流れが生じ、渦の外側と内側の空気の入れ替えがほとんどできない状態になる。渦の内側には氷の粒でできた雲ができ、フロンから生じて大気中を漂っていた塩素原子がこの雲粒に吸着される。この雲は冬の間ずっと持続するため、塩素原子が雲に蓄積される。

春になって日が射し込むようになると雲は蒸発し、大量の塩素原子は大気中に放出され、成層圏下層からオゾンを一気に破壊していくのである。失われたオゾンを他の場所のオゾンが補おうとしても、また高濃度の塩素原子を周囲に拡散しようとしても、極渦がバリアの役割を果たして妨げる。こうして極域のオゾンが集中的に破壊されてオゾンホールができるのである。

〈6-2 解答〉問1 ウ　問2 イ　問3 イ

6-3 雲と雨、低気圧と高気圧

問1 上昇気流から雨が降るしくみを説明したア〜エを、正しい順番に並べ替えよ。

ア)凝結核の周りに水蒸気が集まり小さな雲粒ができる

イ)空気が上昇しながら断熱膨張する

ウ)小さな雲粒が成長して雨粒となり落ちてくる

エ)気温が下がり、水蒸気量が飽和に達する

問2 温帯低気圧には関係し、熱帯低気圧には無関係なことがらを1つ選べ。

ア)暖気と寒気の境　イ)渦　ウ)上昇気流　エ)温かい海水

1 上昇気流の発生

前節で大気は暖められると上昇し、逆に冷やされると下降することを述べてきた。しかし、実際は地表のどこでも上昇気流や下降気流ができているわけではない。空気塊（ここでは混乱をさけるため、上昇や下降をする空気の塊を空気塊と呼び、その周囲を大気と呼ぶ）は上昇しながら冷えていくため、周囲の大気より暖かい（つまり軽い）間は上昇するが、周囲と同じ温度になるとそれ以上は上昇できなくなってしまう。

空気塊が上昇する過程をもう少し詳しく見てみよう。空気塊は周囲の大気よりもわずかでも軽いと浮力を得て上昇する。バルーンや気球は内部にヘリウムなどの軽い気体を詰めて浮かせたりするが、ここでの空気塊は大気中から便宜上切り取った塊なので、周囲の大気と成分の違いはなく、軽いのは単に暖かいからである。空気塊は周囲の大気と等しい圧力を保ちながら上

昇するので、上昇するにしたがって周囲の気圧が下がってくると空気塊も自らの圧力を下げ、膨張することになる。

一般に、気体が膨張するにはエネルギーが必要である。化学で登場するシャルルの法則では、等圧条件ならば気体の絶対温度と体積は比例関係にある。つまり熱エネルギーを気体に与えることで、その気体は周囲の大気を押し込んで膨張することができる。

ところが、空気塊が上昇に伴って膨張するこのケースでは、空気塊に熱エネルギーが与えられたわけでもないのに、周囲の大気の圧力が下がったことによって勝手に膨張してしまったということができる。このような膨張のしかたを**断熱膨張**という。空気塊が断熱膨張すると、はからずも周囲の大気を押し込んだことになり、それにはエネルギーが使われる。しかし外部から熱をもらえない以上、自らの熱を消費するしかない。こうして空気塊が断熱膨張する際には気温が下がるのである。スプレー缶のガスを噴射すると缶が冷たくなるのは、スプレー内に押し込められていた気体が急激に断熱膨張することで、気体が冷たくなるからである。反対に、空気塊を断熱状態で圧縮すると気温が上がる。これを**断熱圧縮**という。エアポンプでタイヤに空気を入れているとタイヤやポンプが熱くなるのはこのためである。

空気塊が上昇した際の膨張はほぼ完全な断熱膨張と見なせる(周囲の大気と空気塊がやりとりできる熱量は空気塊全体からすると極めてわずかである)。よって空気塊は上昇すると断熱膨張により気温が下がる。乾燥した空気の場合、100m上昇するごとに約1.0℃下がる関係が実験的に求められている。

ところが、対流圏の平均的な気温の鉛直構造は100m上昇するごとに0.65℃下がるというもので、この中を空気塊が上昇すると、すぐに周囲の大気より冷たく重くなってしまう。対流圏であってもどこでも上昇気流が発生するわけではない理由がこれである。乾燥した空気塊が上昇していけるには、空気塊が100m上昇ごとに1.0℃の割合で冷えていってもずっと周囲の大気より暖かい状態を保てるような、そんな大気の状態であればよい。例えば高度1000mの上空まで上昇するには、高度1000m上空の大気の温度が地上より10℃以上低ければよい。このように、地上と上空での温度差が非常に大きいときには、空気塊は常に周囲より軽い状態でいられるため、上昇気流がさかんに生じる。このような状態を「大気が不安定」であるという。地面が強い日射しによって急激に温まったようなときや、上空に冷たい寒気が流れ込んだようなときには、大気が不安定になって上昇気流がさかんに生じる。

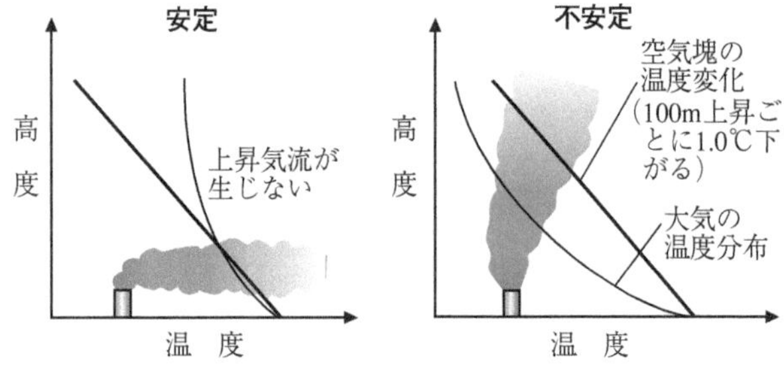

図6－18　大気の安定・不安定

上昇気流が生じる原因としては他にも、低気圧や前線といった気象条件があり、これについては後述するが天気の変化をもたらす主な要因となっている。さらに山地や丘陵のような地形を風が乗り越える場合、地形の高まりによって強制的に上昇させられる。山の天気が崩れやすいのは、日向《ひなた》と日陰ができやすく温度にムラが生じやすいため風が吹きやすいのと、どの方角から風が吹いても山肌を登る上昇気流になってしまうからである。

上昇気流が生じるとたいてい雲が発生する。この際、水蒸気が気化熱として持っていた熱（潜熱）が水滴をつくる際に周囲に放出されるため、これ以降は断熱膨張による気温の下がり方が緩和される。だいたい100m上昇するごとに約0.5℃しか下がらなくなり、これは対流圏の平均的な温度構造であっても上昇できることになる。夏の入道雲（積乱雲）は、水蒸気を大量に含んだ空気塊が上昇しながら雲をつくる際に、自ら発熱することで上昇する力を得て発達する雲である。

2 雲の発生

大気中には水蒸気がいくらか含まれる。一定体積の空気が含むことのできる水蒸気の量には限度があり、この限度量を**飽和水蒸気量**（圧力で考えれば飽和蒸気圧）という。飽和水蒸気量は図6-19のように気温によって大きく変化し、気温が低いと激減する。このため水蒸気を含む空気塊が断熱膨張によって冷やされると、含まれていた水蒸気が飽和に達し、含みきれなくなった分が水滴となる。

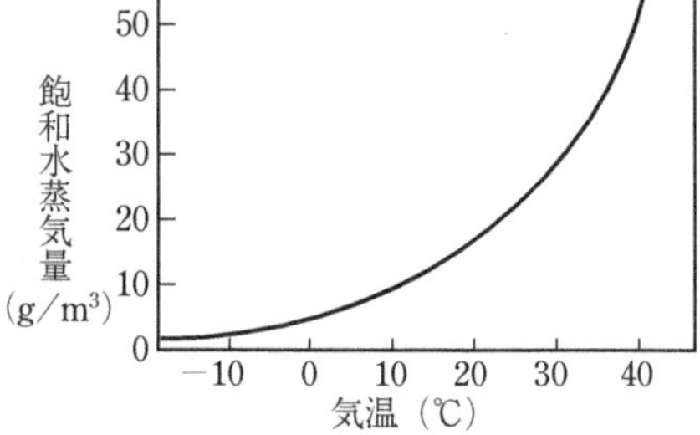

図6－19　飽和水蒸気量

雲は直径0.01mm程度の小さな水滴が無数に集まったもので、これを**雲粒**《くもつぶ》という。雲粒は低温だと水滴ではなく氷の粒であることが多い。直径0.01mmの雲粒にも水分子（水蒸気）が約10兆個も含まれており、大気中で飽和していても分子数の２～３％程度しかない水蒸気が、無秩序に衝突するだけではこんな巨大な集合体はつくれない。雲粒ができるためには水蒸気の集合場所が必要で、大気中に浮かぶ微小なちりや煤煙や塩のかけら（海塩粒子といい、海水の飛沫が蒸発してできたもの）があると、水蒸気はこれらに吸着し、これらを核にして水滴を成長させる。こうした大気中に浮かぶ粒子を**凝結核**と呼ぶ。凝結核がないといくら水蒸気量が飽和に達しても水滴ができない（この状態を過飽和という）ことが多く、こうした大気中を飛行機がエンジンからススを排出しながら飛行すると、このススが凝結核となって飛行機雲をつくる。

3 雨が降るしくみ

雲ができたからといって即これが雨となって落ちてくるわけではない。秋の空高くにできるすじ雲（巻雲）やうろこ雲（巻積雲）のように、決して雨を降らすことのない雲も多い。

地上に落下してくる雨滴の直径は１～５mmもあり、雲粒の直径0.01mmと比べると100倍以上（体積は100万倍以上）大きい。つまり雲粒が100万個以上集まってやっと雨滴が１つできることになる。水蒸気が雲粒になる際に凝結核というしくみを必要としたように、雲粒から雨滴をつくる際にもそれなりのしくみが必要なのである。雨滴の成長について、「**冷たい雨**」「**暖かい雨**」という２種類のしくみが考えられている。

「冷たい雨」と呼ばれる雨は、最初は氷の粒として落下を始め、途中で融けて雨になったものである。中緯度から高緯度の広い範囲では、ほぼこのしくみで降水が生じている。

上昇気流によってできた背の高い雲は上層ほど低温になるが、0℃以下になっても雲粒はすぐには氷の粒（氷晶）にならず水滴のままである（過冷却という）。－10℃以下になると一部の水滴が氷晶となり、すべての雲粒が氷晶となるのは雲の上層の－40℃より低温のところである。つまり－10℃から－40℃の間のところでは、水滴と氷晶が混在しているのである。

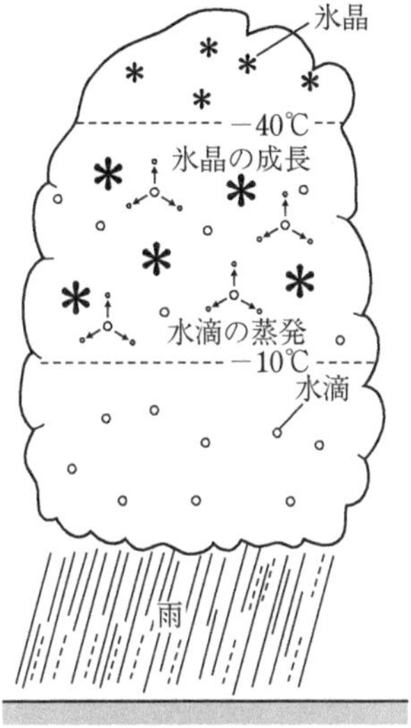

図6－20　冷たい雨のでき方

氷晶も水滴と同じように、水蒸気からできる際には氷に対する飽和水蒸気量を超えた水分が氷晶をつくる。この氷に対する飽和水蒸気量は、同温の水に対する飽和水蒸気量よりわずかに小さい。このため、氷晶と水滴が共存するところでは、水蒸気量が氷晶に対してちょうど飽和していたとすると、この水蒸気量は水滴に対して不飽和であり、水滴は蒸発して水蒸気を増やそうとする。すると氷に対しては過飽和になるので氷晶は水蒸気を集めて成長する。この繰り返しによって水滴はどんどん蒸発し、代わりに氷晶が成長して大きくなる。やがて、浮かんでいられない大きさにまで成長した氷晶は落下し始める。そのまま融けずに地上に達すると雪となり、途中で融けてしまうと雨になる。これが「冷たい雨」である。

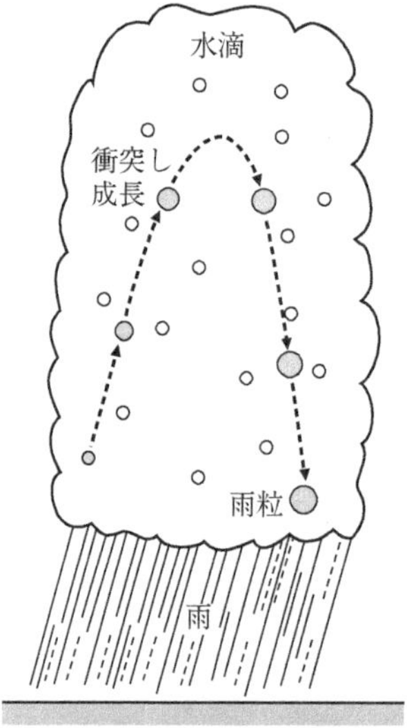

図6－21　暖かい雨のでき方

一方、「暖かい雨」が降るのは低緯度の暖かい地域で、ここでは雲の最上部でも氷晶が存在しない。にもかかわらず、そのような雲からも雨はもたらされる。熱帯では雲が発生してから雨が降り出すまで30分～1時間程度しかかからないことがある。数百万個以上もの雲粒をこれほどの短時間に合体させて雨滴をつくるしくみは、「冷たい雨」とはまったく違うものである。

熱帯の強烈な日射しによって激しい上昇気流が生じると、雲粒どうしが激しく運動して衝突を繰り返す。このとき、雲粒をつくる凝結核の大きさの違いによって雲粒の大きさも異なるため、動きの遅い大きな雲粒に小さな雲粒が次から次へと衝突し合体していく。こうして急激に成長した水滴は、やがて激しい上昇気流でも支えきれなくなったものから順に落下する。雨滴は落下の過程でも小さな雲粒をくっつけながら成長し、ついには地上に落下してくる。この雨が「暖かい雨」である。日本のような中緯度でも、夏の強い日射しを受けて激しい上昇気流が生じると「暖かい雨」が降る。夕立がこれにあたる。

4 低気圧・高気圧・前線

気圧が周りより低い場所を**低気圧**、逆に高い場所を**高気圧**という。天気予報からもわかるように、雨雲が発達して天気が悪くなる場所には低気圧や前線が存在することが多い。これは、低気圧や前線のある場所には必ず上昇気流が存在するからである。逆に、高気圧が覆うところは天気がよいが、これも高気圧のある場所は下降気流となっている（上昇気流の逆で、大気が断熱圧縮するため気温が上がり乾燥する）からである。結局のところ、天気の良し悪しは気流が上昇するか下降するかによって決まるということができる。

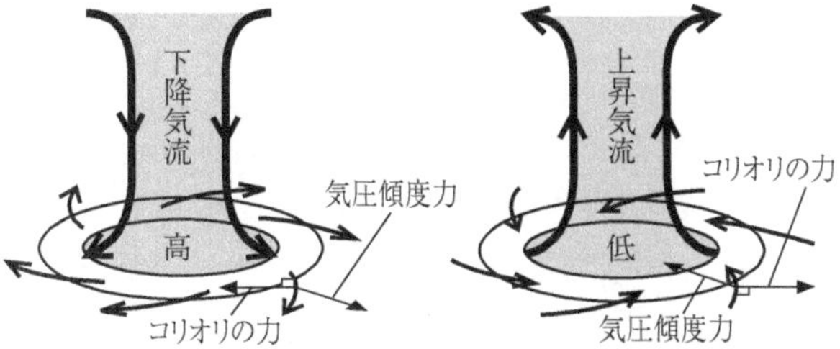

図 6 −22　高気圧・低気圧周辺に吹く風（北半球）

低気圧の中心は気圧が低いので、気圧傾度力が働いて低気圧の中心に空気を引きずり込む。しかし風にはコリオリの力も働く。北半球ではコリオリの力は風の進行方向の右向きに働くため、低気圧周辺では反時計回りの渦を巻くように風が吹く。逆に高気圧の中心は気圧が高いので、気圧傾度力が中心から外に空気を押し流す。これにコリオリの力が右向きに加わるため、高気圧周辺では時計回りの渦を巻くように風が吹く。

低気圧は発生する場所により、**熱帯低気圧**と**温帯低気圧**に分類される。熱帯低気圧は熱帯収束帯やその周辺で発生する低気圧で、ここでは暖かい海面から熱と水蒸気をもらった大気がさかんに上昇気流をつくっている。この上昇気流によって大気中の水蒸気量が飽和に達し雲をつくるようになると、潜熱を放出して大気を加熱するため、大気はさらに激しく上昇する。こうして上昇気流が発達すると中心の気圧はどんどん下がり、熱帯低気圧となるのである。熱帯低気圧に吸い込まれる風はコリオリの力を受けて渦を巻き、圏界面まで高く成長した積乱雲は激しい雨を降らせる。

北太平洋で発生した熱帯低気圧のうち、中心の最大風速が17.2m/s以上のものを特に**台風**と呼ぶ。インド洋で発生したものは**サイクロン**、北大西洋やカリブ海で発生したものは**ハリケーン**と、それぞれの地域で別々の呼称が定着している。

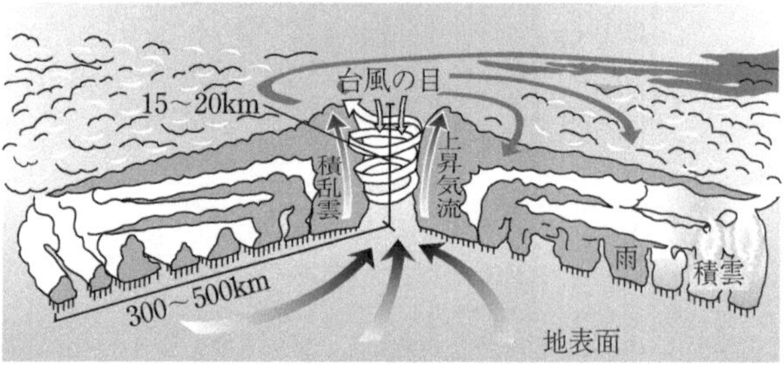

図 6 －23　熱帯低気圧（台風）の構造

一方、温帯低気圧（単に低気圧ということも多い）は、南北に蛇行しながら地球を周回するジェット気流によってもたらされる。前述したように、ジェット気流は高緯度の寒気と低緯度の暖気を隔てるように流れていて、南北に蛇行することで熱輸送を担っている。ジェット気流より高緯度側では、冷やされた大気が沈降して上空の気圧が低くなっている。ジェット気流が赤道側に蛇行したところは（気圧の低い）寒気が張り出す形になる。これを気圧の谷という。よく天気予報で「上空に冷たい寒気が流れ込み……」というフレーズが使われるが、これはまさにジェット気流の蛇行でできた気圧の谷、すなわち寒気の張り

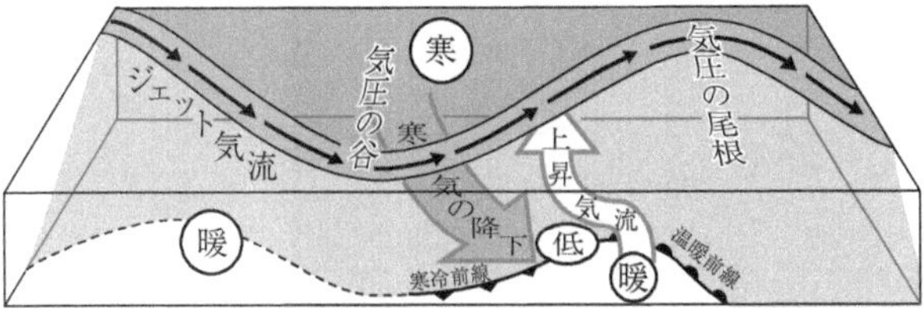

図6－24　ジェット気流の蛇行と温帯低気圧のでき方

出しが西から近づいてきた、ということを表している。

ジェット気流が蛇行しながら移動すると、気圧の谷の東側では寒気が暖気を押す形になる。寒気のほうが暖気よりも重いため、寒気は暖気の下にもぐり込んで暖気は持ち上げられる。持ち上げられた暖気はジェット気流によって次々と運び去られるので気圧の低い状態が持続する。これが温帯低気圧である。低気圧の中心部には風が吹き込み、コリオリの力によって北半球では反時計回りの渦を巻く。

温帯低気圧は寒気と暖気の境界（これを**前線**という）上にできるため、発達した温帯低気圧は天気図上でも前線を伴って描かれる。寒気が暖気の下にもぐりこむ前線を**寒冷前線**、逆に暖気が寒気の上にのし上がる前線を**温暖前線**という。温暖前線では暖気が比較的ゆるやかな傾斜を昇っていくため、雨をもたらす雲（乱層雲）も前線から200～300km前方までの広い範囲にでき、しとしとと弱い雨が長く降る。これに対し、寒冷前線では寒気のもぐり込みにより暖気がほぼ垂直の方向に上昇することになる。そのため垂直方向に成長する雲（積乱雲）が発達して激しい雨が降り、雷雨になることもある。

温帯低気圧の前方に伸びる温暖前線では暖気が地表を離れて上昇し、後方に伸びる寒冷前線では寒気が進入してくるため、暖気が地表を覆う面積は次第に狭まる。やがて寒冷前線が温暖

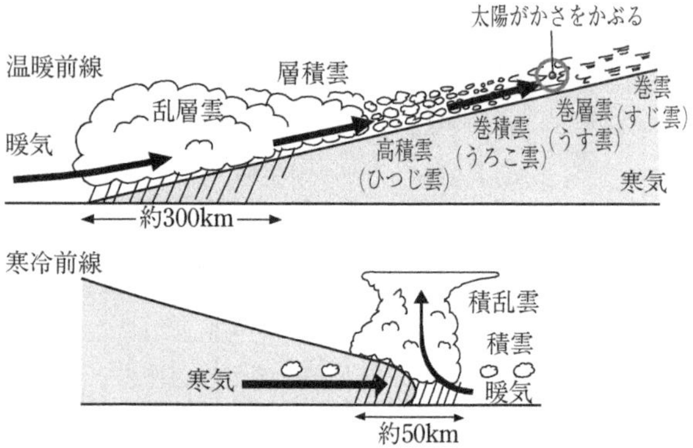

図6－25　温暖前線・寒冷前線の構造

前線に追いつくと、後方の寒気が前方の寒気に接して**閉塞前線**となる。暖気は地表から切り離され、上空に押し上げられる。

上空の気圧の谷は地上との摩擦がないので地上の低気圧や前線よりも速い速度で前進している。このため、気圧の谷の前面で発達した温帯低気圧はこの頃になると気圧の谷の内部に埋没し、上昇気流が寒気の下降とぶつかってしまう。こうして低気圧は急激に衰退し、消滅に向かう。

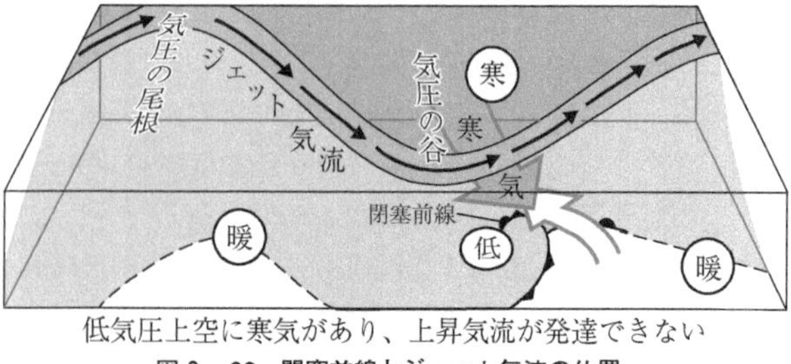

低気圧上空に寒気があり、上昇気流が発達できない

図6－26　閉塞前線とジェット気流の位置

〈6-3 解答〉問1　イ、エ、ア、ウ　問2　ア

6-4 日本の天気の移り変わり

(問1) 冬の日本海側の豪雪は何が原因か。3つ選べ。
ア) 貿易風　イ) 季節風　ウ) 暖流　エ) 寒流　オ) 山脈

(問2) 梅雨前線はどれとどれの間にできるか。
ア) シベリア高気圧　イ) オホーツク海高気圧
ウ) 北太平洋高気圧　エ) 移動性高気圧

(問3) 春秋に低気圧や高気圧を運んでくる風は何か。
ア) 貿易風　イ) 偏西風（ジェット気流）　ウ) 季節風

1 日本の位置と天気の特徴

日本は季節の変化が明瞭な国である。その原因は日本列島の置かれた地理的要因によるところが大きい。日本列島は中緯度の温帯域に位置し、冬には北方の寒気に、夏には南方の暖気に覆われるため、気温の変化が大きい。春や秋にはジェット気流が上空を流れ、低気圧や高気圧を西から次々に運んでくるので天気の変化が目まぐるしい。またユーラシア大陸の東縁に位置し、大陸の乾いた大気と海上の湿った大気の双方の影響を受ける。海陸の温度差が季節風をもたらすモンスーン気候にも属し、梅雨のような雨の多い季節もあれば乾燥した季節もある。東京の年間降水量は約1400mmで、これは世界平均の約２倍である。さらに南北に長く伸びた島の形、列島中軸を走る山脈などの複雑な地形、および沿岸を洗う暖流や寒流の影響が、日本海側の豪雪や瀬戸内地方の少雨のように地域によって多様性に富む気候をもたらしている。

2 偏西風と低気圧・高気圧　～春の天気～

「三寒四温」「春に三日の日和《ひより》なし」などのことわざもあるように、春の天気は周期的にころころと変わる。この季節にはジェット気流が日本上空を流れ、温帯低気圧と移動性高気圧が日本付近を交互に通るようになるからである。

春は一年で最も強風の吹く日が多い。これは、暖かくなって勢力を強めてきた太平洋上の暖気と大陸上に残る寒気が日本付近でぶつかり、寒気が暖気の下にもぐりこんで低気圧を発達させるからである。低気圧が日本海で急激に発達すると、強い南風が吹き付け、山脈を越えて吹き降ろすと断熱圧縮のため気温が急上昇する**フェーン現象**が起きる。また中国大陸の黄河流域で低気圧が発達すると、大量の砂塵を巻き上げ、偏西風に乗って日本上空に達することがある。これが**黄砂**である。

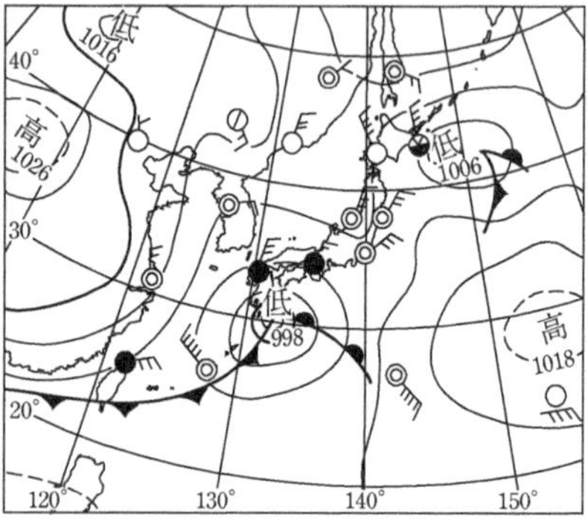

図6－27　春の天気図

コラム

[春一番]

春一番と聞くと、暖かな春の訪れを感じてわくわくする。しかし、その語源は悲惨な事故から来ている。1859年の旧暦2月

13日に出漁した壱岐島の７艘の漁船が強い突風にあって遭難し、漁師53人が亡くなった。それから漁師の間で春の初めの強い南風を、春一または春一番と呼ぶようになった。

春一番の定義は地域によって異なるが、気象庁によると「立春（２月４日頃）から春分（３月21日頃）の間で、日本海で低気圧が発達し、初めて南寄りの強風（8m/s以上）が吹き、気温が上昇する現象」とある。春一番は、冷たい北風の季節の終わりを感じさせる暖かい南風だが、台風に匹敵する強風によって災害が引き起こされたり、気温が急上昇して雪崩を誘発する危険があるので注意が必要である。

③ 梅雨前線　〜梅雨の天気〜

６月から７月にかけて、日本の雨季ともいえる梅雨《つゆ》がやってくる。梅雨とは梅の実が熟す頃の長雨という意味である。この時季には**梅雨前線**《ばいう》が日本付近にとどまり、しとしとと長雨をもたらす。梅雨は名称こそ変わるものの、西はバングラデシュ付近から東南アジアを経て中国中南部や朝鮮半島、そして日本列島におよぶ、広大な範囲で起こる長雨である。

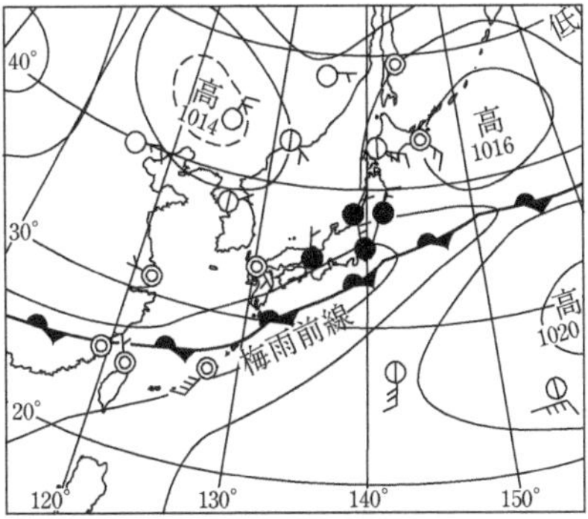

図６－28　梅雨の天気図

梅雨前線は温帯低気圧に伴う温暖前線や寒冷前線とは異なり、２つの高気圧から吹き出された空気がぶつかって上昇気流をつくるために生じる。これを**停滞前線**という。

梅雨前線をもたらす高気圧は、**北太平洋高気圧**と**オホーツク海高気圧**である。北太平洋高気圧は亜熱帯高圧帯の一部で、夏になると熱帯収束帯とともに北上し、勢力を拡大する。

もう一つのオホーツク海高気圧は、亜熱帯高圧帯でも極高圧帯でもない、一過性の不思議な高気圧である。これは２本に分岐したジェット気流の合流点にできる高気圧である。

冬には日本の南を流れていたジェット気流は、春から夏にかけて北上する。しかし途中で標高8000mを超えるヒマラヤ山脈・チベット高原にぶつかる。ジェット気流にとってこの地形の高まりは大きな障害であり、ここでジェット気流は山地の北と南に進路を分かち、オホーツク海付近で再び合流する。道路の合流地点では車が渋滞するように、２本の気流が合流するところでは空気が溜まって密になり、高気圧ができる。これがオホーツク海高気圧である。

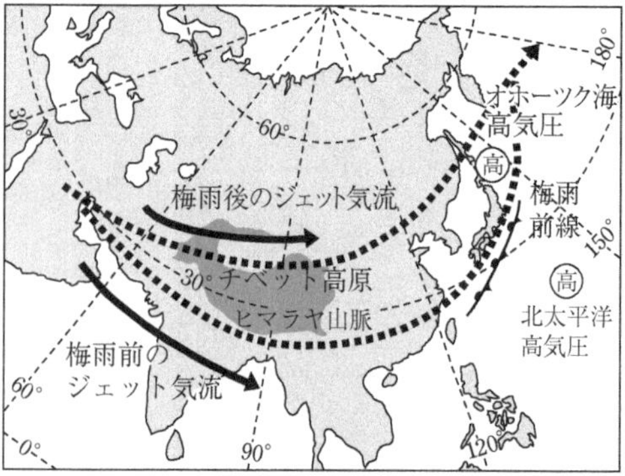

図６—29　梅雨の季節のジェット気流

梅雨前線は、北太平洋高気圧とオホーツク海高気圧の吹き出しがぶつかることで発生する。最初は北太平洋高気圧の勢力が弱く、そのため前線はずっと南方の沖縄付近にできるが、次第に北太平洋高気圧の勢力が増すため梅雨前線は北上する。日本では5月下旬から6月上旬にかけて南西諸島から順に梅雨入りし、梅雨前線が去るまでの約1ヵ月半の間じめじめした天気をもたらす。

ジェット気流がさらに北上し、やがてすべてがチベット高原の北側を通るようになると、ジェット気流の分流と合流がなくなり、オホーツク海高気圧は解消し、梅雨前線は消滅する。梅雨前線はだいたい北海道にかかる手前で消滅するため、北海道にははっきりとした梅雨がない。

オホーツク海高気圧と北太平洋高気圧の勢力のバランスは年によって異なり、オホーツク海高気圧の勢力が弱すぎると雨の少ない空梅雨に、反対に強すぎると前線が北上せずに停滞して冷夏になる。1993年の夏は米が大凶作となり輸入までされる記録的な冷夏となった。この年の梅雨前線は8月になっても本州付近に停滞し、九州以北の梅雨明けは特定されなかった。

コラム

[湿舌と雷]

梅雨の末期には、北太平洋高気圧の縁に沿って湿った空気が前線に流れ込み、集中豪雨を引き起こすことがある。天気図で見ると、湿った空気が舌を伸ばしたような形で日本列島に入り込むため、湿舌《しつぜつ》と呼ばれる。この頃は雷雨になることも多い。雷は、背の高い積乱雲の中で、雲粒が激しい上昇気流によって上昇と落下を繰り返す際に、摩擦によって生じた静電気がたまり、地面に対して放電するものである。特に、上空に寒気が入り大気が不安定なときに積乱雲は発達し、雷になりやすい。

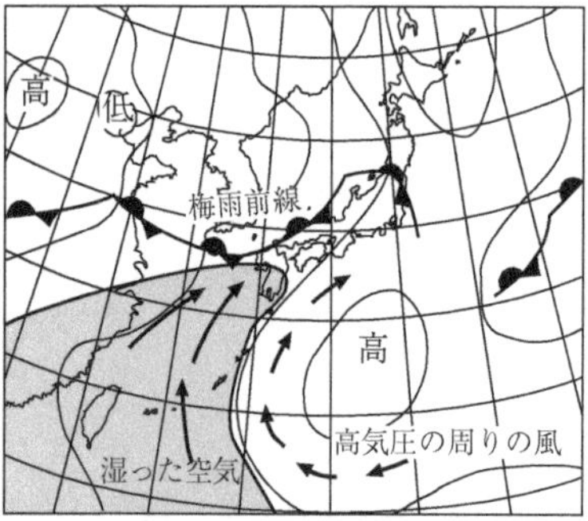

湿った空気が高気圧の縁を回り込み、梅雨前線に衝突して集中豪雨をもたらす

図６－30　湿舌の天気図（2003年7月20日）

4 北太平洋高気圧と台風　～夏の天気～

オホーツク海高気圧が消滅し、北太平洋高気圧が一気に日本列島を覆うと、梅雨が明ける。梅雨明け直前は豪雨になることが多いのに対し、梅雨明け後から10日ほどは天候が安定することが多い。これを「梅雨明け十日」という。

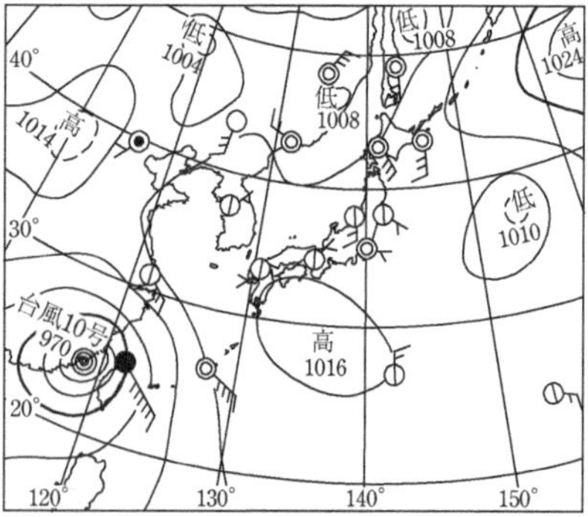

図６－31　夏の南高北低型の天気図

天気図を見ると、太平洋上に強い高気圧が存在し、等圧線の間隔は広い。風速は小さいものの暖かい湿った風が太平洋から吹き、蒸し暑く最高気温が30℃以上の真夏日が続く。

夏から秋にかけて、**台風**が日本付近にやってくる。台風は北太平洋高気圧の縁を通るように北上する。そのため、北太平洋高気圧の勢力が弱まり始め、高気圧の縁が日本付近にあたる８～９月頃に台風が日本付近を通過することが多い。日本の南海上では年間に平均27個の台風が発生し、そのうち日本に上陸する台風は平均すると約３個である。2004年には10個もの台風が上陸し各地に被害をもたらした。大雨や暴風、洪水による被害だけでなく、強い風が湾内の海水を１ヵ所に集める高潮の被害や、地盤のゆるみからくる土砂災害も台風災害では侮れない。

コラム

[台風の風と雨]

航海中に嵐に出遭うほど危険なことはない。そこで船乗りたちは、風の向きから嵐の中心方向を知る方法を見つけ出した。「風を背に受けて立つと、左手斜め前方に嵐の中心がある」というもので、これを紹介したオランダの気象学者の名を冠して、ボイス・バロットの法則と呼ばれる。低気圧に向かって反時計回りに風が吹き込んでいるのを経験的に知っていたのである。

台風が通過すると風速が急激に変化するのを体験したことがある人もいるだろう。同じ台風でも風の強さは一様ではない。台風の進行方向に向かって右側では、台風に吹き込む風と台風自体が移動する向きが一致して、風を強めあう。そこで台風の進行方向に対して右半分を「危険半円」と呼ぶ。反対に、左側では吹き込む風と台風の移動する向きが逆なので、互いに打ち消しあうため風が弱まり、船が通ることができるという意味で「可航半円」と呼ばれる。ただし、可航とはいっても台風近辺が危険なことには変わりない。

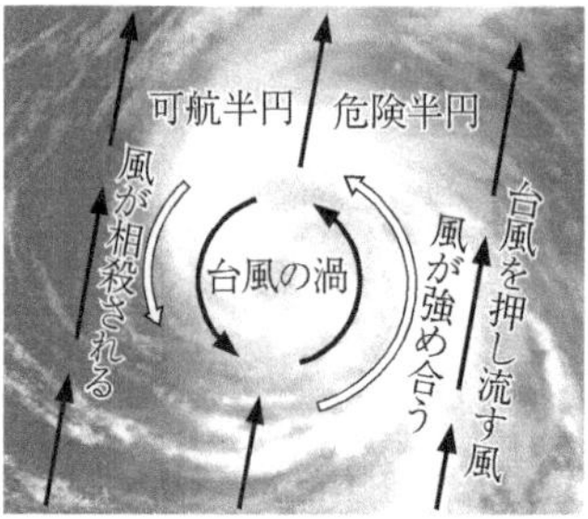

図６－32　可航半円と危険半円

雨に関しては台風の進行方向の右半円と左半円で特に傾向が変わるわけではなく、むしろ台風の勢力や移動速度、前線との位置関係、周辺の地形などがからみあって、その場所の雨量が決まるといえる。特に強風が山地に衝突するところでは激しい降雨をもたらし、洪水や土砂災害を引き起こすこともある。気象庁では暴風・大雨・洪水・波浪・高潮といった各警報を発令することになっているので、台風が接近した際はこれらの情報に注意したい。

5 秋雨前線と移動性高気圧　～秋の天気～

夏から秋にかけての季節の変わり目にも、梅雨と同じように長雨となる時季がある。これを秋雨または秋霖《しゅうりん》と呼び、停滞する前線を**秋雨《あきさめ》前線**という。秋雨前線は、日照時間が短くなって冷え始めた大陸内で高気圧が徐々に勢力を増し、北太平洋高気圧との間に前線をつくったものであり、梅雨前線とは逆に北海道から南下していく。

秋雨前線が日本列島の南東に抜けると、日本列島は大陸から張り出した高気圧に覆われて秋晴れとなる。しかしジェット気流はときどき低気圧を運んできて、「男（女）心と秋の空」というくらい天気の変わりやすい時季でもある。低気圧が抜けた後には北西から寒気が入り込むため次第に冷え込みが激しくなり、木枯らしが吹くようになると冬が近づいてくる。

6 シベリア高気圧と北西季節風　～冬の天気～

冬になると日射しが弱まり、ユーラシア大陸の内部は特に強く冷却される。こうして非常に強力な**シベリア高気圧**ができる。シベリア高気圧からは周囲に冷たく乾燥した風が吹き出し、日本列島には北西季節風として吹き付ける。一方、千島・アリューシャン列島付近の海上には低気圧が発達し、日本付近は西高東低の気圧配置となって間隔の狭い等圧線が縦に並ぶ。

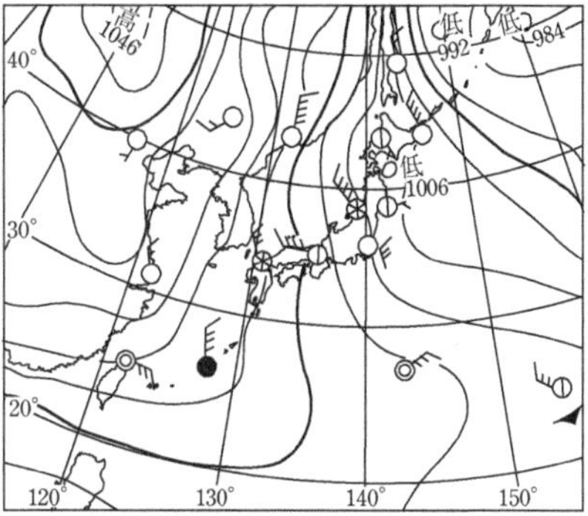

図6－33　冬の天気図

冷たく乾燥した季節風は、暖流の対馬海流が流れる日本海を渡る間に水蒸気をたっぷり供給されて雪雲をつくる。気象衛星の画像では、この雪雲が筋状の雲としてよく見られる。これが日本列島を背骨のように連なる山脈を乗り越える際に、日本海側で大量の雪を降らせ、太平洋側には乾燥した「からっ風」となって吹き降ろす。

山脈が途切れている若狭湾—琵琶湖—濃尾平野のあたりで

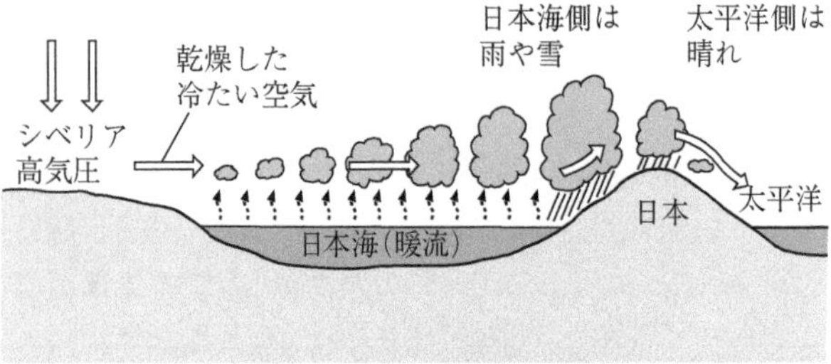

図6－34　冬の季節風と天気の模式図

は、季節風が雪雲を抱えたまま太平洋側にたどり着き、太平洋側にも降雪をもたらす。交通の要衝である関ケ原から濃尾平野にかけては降雪が多く、しばしば交通を麻痺させることがある。

春先になると、日本の南を流れていたジェット気流が徐々に北上してくる。するとジェット気流によって生じた低気圧が日本の太平洋南岸に沿うように通過するようになる。このとき、低気圧に向かって北風が吹き込み太平洋側に雪をもたらす。このような低気圧を南岸低気圧と呼ぶ。関東では真冬に雪がほとんど降らないのに、２～３月頃に降雪に見舞われやすいのはこのためである。

ジェット気流がさらに北上すると、低気圧が日本海を通るようになる。すると温暖前線と寒冷前線に挟まれた場所では暖かい南風が吹き込み、気温が急上昇する。時期によっては春一番となる。しかし、寒冷前線の通過後は再び北西の冷たい風が吹き付け、気温は急降下する。これを「寒の戻り」という。こうして季節は一進一退しながら徐々に春の気配が近づいてくる。

〈6-4 解答〉問1　イ、ウ、オ　問2　イ、ウ　問3　イ

第7章

海洋がもたらす豊かな環境

7-1 海のある惑星

問1 海が地球の表面積に占める割合はどれくらいか。

ア)約3割　イ)約5割　ウ)約7割　エ)約9割

問2 海の温度は深くなるにつれてどう変化するか。

ア)海底までほぼ一定　イ)徐々に冷たくなる

ウ)ある深さで急激に下がり、そこから海底まではほぼ一定

エ)最初は冷たくなるが、ある深さからは逆に高温になる

1 海の恩恵

地球を最も特徴づけるもの、それは海の存在であろう。「水の惑星」と形容されるように、地表の約7割を覆う海の存在が地球を生命に満ちあふれた美しい星にしているのである。

海は私たち人間にとっても身近で、しかも生活に不可欠な存在である。食卓に並ぶ海産物はもちろん、食塩やにがりも海水から得たものである。海に近く淡水に乏しい地域では、海水を脱塩した淡水を生活に利用している。夏の海岸は海水浴客でにぎわい、沿岸や周辺海域を生活の場とする人も多い。海上は漁業やレジャーの船だけでなく、大量の物資を輸送する海運の船にとってもなくてはならないフィールドである。

資源の貯蔵庫という面も見逃せない。海水に溶けている成分を原料として、私たちの生活に不可欠なさまざまな物質が工業的に製造されている。また海底には有望な金属資源やエネルギー資源が大量に眠っていて、その採掘方法などが検討され、一部は開発も始まっている。

もっと大きく見れば、海は私たち人間を含むすべての生命の

祖先が誕生した、いわば生命の故郷でもある。また、大量の水は大きな熱量をため込むことができるほか、人間社会が大気中に放出した二酸化炭素量の約半分を吸収して急激な変動を抑えている。こうした海水の働きのおかげで、地球上の気候の変動は小さく抑えられている。このように、生命に満ちあふれた地球上の光景は、海なしには決して存在できないのである。

コラム

[人体にある海の名残]

生命は海水中で誕生し、それが多様に進化して現在の生物につながっている。そのことを示す名残は、陸上で生活する私たち人間の体内にも存在している。

図7-1は、人体、海水、地殻を構成する元素を、原子数の多い順に並べたものである。人体に含まれる元素は、順位の違いはあるものの海水に含まれる元素とかなり共通している。これに対し、地殻と人体の成分を比較すると、地殻にはかなり存在するものの人体にあまり含まれない元素が目立つ（ケイ素、アルミニウム、鉄など）。海の生物なら、海水から材料を得て体をつくるので成分が類似するのは当然であるが、3億年以上前に陸に上がった脊椎動物の末裔である私たち人間が、まだ海水と似た成分を体内に残しているのは驚きといってよいだろう。私たちはいまだに体内に「海」を持っているのである。

順位	1	2	3	4	5	6	7	8	9	10
人体	H	O	C	N	Ca	P	S	Na	K	Cl
海水	H	O	Cl	Na	Mg	S	Ca	K	C	N
地殻	O	Si	Al	Na	Ca	Fe	Mg	K	Ti	P

図7－1　人体、海水、地殻を構成する元素の原子数の順

2 未知なる海洋

私たちとは切っても切れない関係の海洋だが、海洋に関する知識は陸上に比べて非常に乏しい。海岸や海面から見える海は水深数mより下はほぼ見えなくなり、訓練された人間が潜れる数十mの深さも海洋にとってほんの表層にすぎない。数千m下の深海に至っては、私たちはまだほとんど何も知らないといっても過言ではない。

海洋、特に深海に対する知識は、20世紀後半になって急速に増加したといってよい。海底地形が軍事的な要求もあって精力的に調査されたことは第3章で述べたが、ほかにも人工衛星によって海水温や海流の流れ方が詳細に解析されたりもした。また、世界中のさまざまな水深から海水を採取し、成分を詳細に分析することで、表層から深層におよぶ海水のダイナミックな動きが解明された。

深海に潜ることのできる潜水調査船は、驚くべき深海底の世界を明らかにした。光も届かず冷たい死の世界と思われていた深海底から数百℃もの熱水が噴き出し（熱水噴出孔）、海水で急激に冷やされて析出した重金属の化合物を煙突状に積み上げ

図7－2　深海底で栄えるシロウリガイ群集（海洋研究開発機構）

図７－３　地球深部探査船「ちきゅう」（海洋研究開発機構）

たりしていた。こうした場所にはまったく未知の生物群集が栄えており、その生態系を支える化学合成バクテリアは、酸素のない地球に初めて登場した生物の特徴を持つとされ、生命誕生の謎を解く鍵として注目されている。さらに現在、海底を深く掘削して堆積物や岩石や地質構造を調べることで、プレートの運動や環境変動の歴史を読み取る（最終的には人類史上初めてマントルに到達する計画もある）という巨大なプロジェクトが進行中であり、日本がその中心的役割を期待されている。海洋は今でも謎の多い未知の領域であり、ゆえに宇宙と並ぶ「最後のフロンティア」なのである。

③ 海洋の構造

大気圏が対流圏や成層圏といった領域に区分されたように、海洋も温度の鉛直構造で区分することが多い。図7-4に示すように、海水の温度は海面から水深100～数百mまでほぼ一定で、それより下では急激に水温が下がり、約1000mより下ではほぼ一定の温度（２～４℃）となる。これを海面から順に**表層**

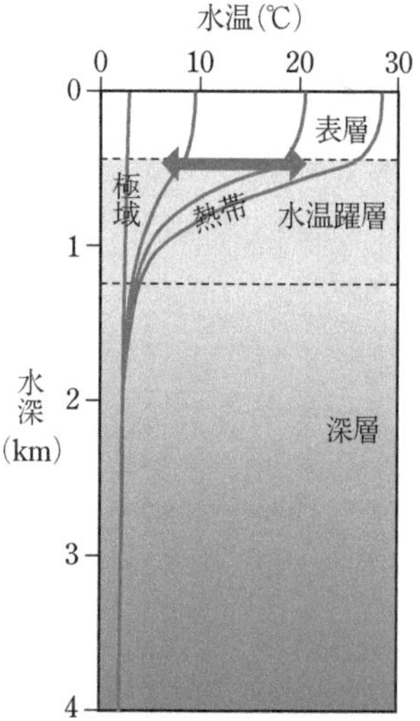

表層と水温躍層の水温と水深は緯度や季節によって変動する

図7－4　海洋の水温鉛直分布

(混合層)、**水温躍層**、**深層**と区分する。

表層では海水の成分もほぼ一定であり、海面から数百mまでは海水がよくかき混ぜられていることを示している。一方、海洋の大半を占める深層は2℃前後と冷たく、その海水は表層の海水よりも密度が大きい。すなわち海洋は、冷たく重い海水が底に横たわり、太陽光によって温められた表層の海水がその上に乗った構造ということができる。水温躍層は両者が接する部分で、表層水と深層水があまり混じり合っていないことを意味している。

冷たく重い水の上に温かく軽い水が乗った構造は極めて安定である（密度成層）。沸かしてから少し時間が経ち、底にぬるい水がたまった風呂を思い出してみよう。これをかき混ぜて水温を均一にするには、かなりのエネルギーが必要なはずだ。実際、成層したものをかき混ぜるのは容易ではない。しかし、海水は常に動いている。低緯度の温かい海水を高緯度に運ぶことで地球の熱輸送に貢献したり、表層と深層の水を交換することで深層に酸素を供給したりと、海水の運動が地球環境に与える影響は極めて大きい。

次節以降では海水のさまざまな運動を見ていくことにしよう。

〈7-1 解答〉問1 ウ　問2 ウ

7-2 海水の振動

問1 海岸に波が寄せるとき、少し沖の海面に浮かぶ物体はどのような運動をするだろうか。

ア）波と一緒に海岸に打ち寄せる　イ）波と反対に流れる

ウ）その場で上下運動する　エ）決まっていない

問2 潮の干満をもたらす主要な力は何か（2つ）。

ア）風　イ）気圧差　ウ）地球自転の遠心力

エ）月の引力　オ）地球が月に振り回される運動の遠心力

1 風がつくる波

静かな浜辺に穏やかな波が打ち寄せる光景は、見る者をとても平穏な落ち着いた気分にさせる。一方、台風が近づいたときにテレビ中継で流れる荒れ狂うような波の映像は、見る者に恐怖感や自然への畏怖の気持ちすら与える。波がなければ、海のイメージはまったく違ったものになったであろう。

水面の波は風がつくる。風が海面の水を直接吹き飛ばしてできる波は**風浪**《ふうろう》と呼ばれるが、風のない静かな日でも穏やかな波が浜に寄せる。この波は、遠い海上で吹く風によってつくられた波がはるばる伝わってきたものである。このように遠方からやってきた波は、海岸に近づくまでは波の山（波頭）が丸く風浪と区別できるので、**うねり**と呼ばれる。お盆を過ぎた頃にやってくる土用波は、南方海上にある台風が起こしたうねりが伝わってきたものであるし、サーファーたちの羨望の的であるハワイの大きなうねりは、南極や北極周辺の暴風（ブリザード）による波がはるばるやってきたものである。

さて、水面に波が生じているとき、水面に浮かぶ木の葉や泡に注目してみよう。波が通過しても木の葉や泡はほとんどその場から離れず、波によって上下動しただけということがわかる。もっと精密に見ると、上がったときに少し前に動き、下がったときに後ろに戻るという円運動をしている。

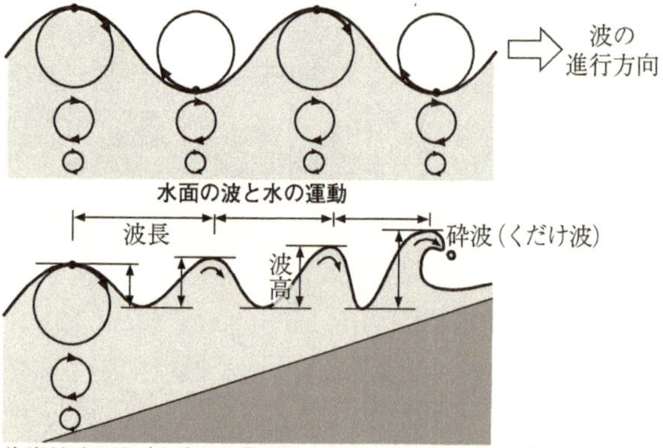

水面の波と水の運動

海岸付近の波（次第に波長が短くなり、波高は高くなる）

図7－5　波における水の運動

海面に波が生じると、海面の水が円運動をしてすぐ下の水を動かすため、そこの水もつられて円運動する。しかしその影響は急速に小さくなり、小さな波なら数m下、大きな波が立っていても十数m下ではほとんど影響を受けなくなる。

ただし海底が浅くなると、海底付近でも波の影響はなくならず、海水が海底を掘り起こすような運動をする。砂浜で波打ち際をよく見てみると、打ち寄せる波の下で海底の砂が巻き上げられている。逆に海底は水に対して摩擦を与えるので、水の円運動のうち下側（戻る流れ）が上側（前進する流れ）に比べて遅くなる。このため海水は波が進行する方向に少しずつ移動する。海岸に打ち上げられた海藻や貝殻は、こうして海水が沖合から少しずつ運ばれてきたことを示す。海岸に近づくと波は海底との摩擦によって徐々に遅くなり、後ろの波との間隔が詰まってきて波の高さが増し、最後に砕けながら海岸に打ち寄せる。

コラム

[離岸流（リップカレント）に注意せよ]

海岸に近づくと海水は波の向きに少しずつ移動し、海岸に打ち寄せる。しかし寄せ続ける波の中で海水はどうやって戻っていくのだろうか。実は、離岸流（リップカレント）という海水の帰り道が存在するのである。

海岸に打ち寄せた海水は、海岸線に沿って左右に移動し、わずかな凹みに集められて沖合に戻っていく。離岸流はたくさんの海水を集めて狭い幅の流れで沖合に戻すため、流れは想像以上に強いものになり、しばしば海難事故につながる。

離岸流に巻き込まれると、泳ぎに自信のある人でも犠牲になることがある。特に、離岸流のしくみを知らない人はやみくもに海岸に向かおうとしがちだが、これは体力を消耗するばかりで前進できず、むしろパニックになってしまい危険である。離岸流は幅の狭い流れなので、流されたと思ったら無理をせず海岸に平行に泳いで流れから脱するのがよい。監視員のいる海水浴場では、監視員はたいていその海岸で発生する離岸流についてよく知っているはずだから、彼らが禁止することは決してしないことだ。

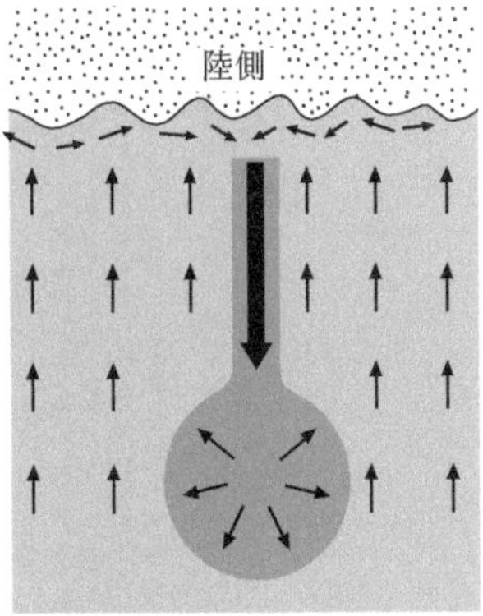

図7—6　離岸流（リップカレント）のしくみ

2 津波

海上の波をもたらすのは風だけではない。地震などが海水を振動させ、それが伝わってくる波もあり、これを**津波**という。津波は一般に地震が引き起こすが、まれに海底火山の爆発や地滑りが海に落ちた際にも発生する。

地震による津波は、地震によって海底の一部が急激に隆起あるいは陥没することにより、海底の上の海水が急激に上下することで発生する。津波は水面に波紋が広がるように四方八方に伝わっていき、速いところでは秒速200m以上にもなる。

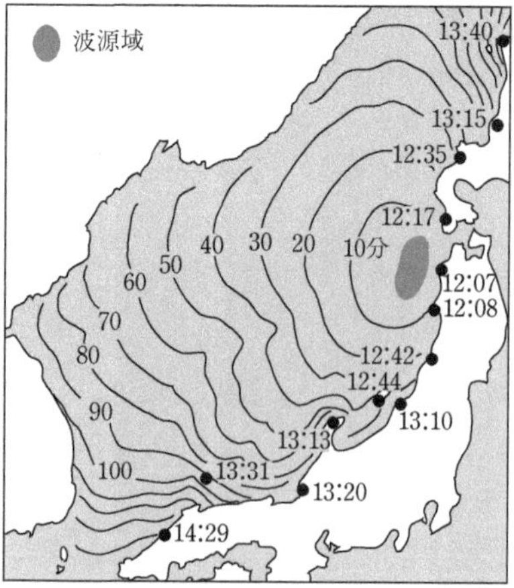

図7－7　日本海中部地震（1983年5月26日12:00発生）による津波の伝播時刻

津波も海岸に接近すると速度を落とし、波の間隔が詰まって波高が高くなる。特に奥にいくほど狭まる形の湾では、湾に入り込んだ津波が奥に進むにつれて1ヵ所に集められ、波高が急激に高くなって海岸に打ちつける。1896年の三陸沖地震で発生した津波では、三陸海岸の綾里《りょうり》で波高が38m（建物13階の高さ）に達した。津波の被害はこうした奥まった湾で特に大きくなるのだが、こういう地形は昔から港として利用され、また狭いながらも低地があるので、人々の生活の場でもある。ゆえに被害も甚大になりやすい。ちなみに「津波」の「津」は港を表し、昔から津波の被害が港湾に集中していたことを表している。津波は英語でも「tsunami」といい、地震国日本が世界に発信した言葉である。

津波は地震が生じた場所周辺にのみ被害を与えるのではなく、数千km離れた遠方にまで影響を及ぼすこともある。1960年に南米チリ沖で起こった地震はM8.5ともM9.5ともいわれる20世紀最大の地震で、その地震が引き起こした津波は太平洋を22時間かけて横断した。津波は北海道から沖縄までの太平洋岸に押し寄せ、142人の死者・不明者を出し3000戸以上の家屋を全半壊させるという大被害をもたらした。また2004年12月に起きたスマトラ沖地震では、発生した津波がインド洋を横断してスリランカやインド、東アフリカにまで到達し、沿岸各国の死者・不明者が計20万人を超える大惨事をもたらした。

このような巨大津波の被害を少しでも食い止める手段はあるだろうか。心構えとして、地震の直後に海岸に近づかないことは当然である。それに加え、地震が起きた後に迅速で的確な津波予報を人々に伝えることが何より重要である。チリ地震やスマトラ沖地震の教訓からも、地震と津波情報を世界中で共有し、全ての人々に正確に伝達する必要があるだろう。そして何より私たち自身が、津波について正しく理解し、いざというときに正しく冷静な判断ができなくてはならない。「津波」という言葉を世界に発信した地震国日本に住む私たちこそ、今度はその正しい知識を世界の人々に伝えていく立場にあるといえよう。

3 潮の満ち干

潮干狩りや釣りが好きな人の中には、夢中になっているといつの間にかあたり一面が水浸しになっていて驚いたという経験を持つ人もいるだろう。潮の満ち干《ひ》（満ち引き）は海岸付近で生活する人にとっては大事な情報で、早くからその規則的な変動が知られてきた。源義経が平氏を追い詰めた壇ノ浦の合戦では、まさに潮流が変化する時刻を知っての作戦が奏功し大勝利につながった、と語り継がれている。

潮の満ち干は、１日に２度の満潮と干潮を持つのが普通である。つまり満（干）潮が来ると、次の満（干）潮は半日後に現れる。ただし本当の周期性は１つおきの満（干）潮に表れており、厳密には24時間よりも少し長い、約25時間の周期の中に２度の満潮と干潮を含む変動であることがわかる（図7-8）。

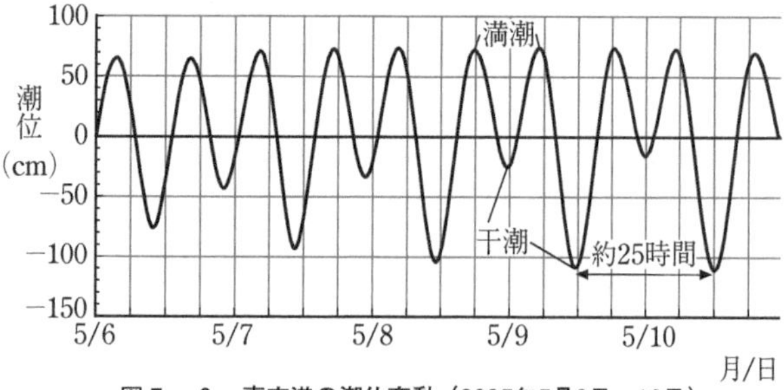

図７－８　東京港の潮位変動（2005年5月6日～10日）

図7-8を詳しく見ると、満潮や干潮の潮位が日を追うごとに少しずつ変動していることがわかる。この変動を追跡すると約半月の周期で上下しているようにみえるが（図7-9）、１日２度の満（干）潮のうち片方に注目してみると、その周期は約１ヵ月（厳密には約29.5日）であることがわかる。

潮の満ち干の原因とは何だろうか。約25時間で規則正しい周

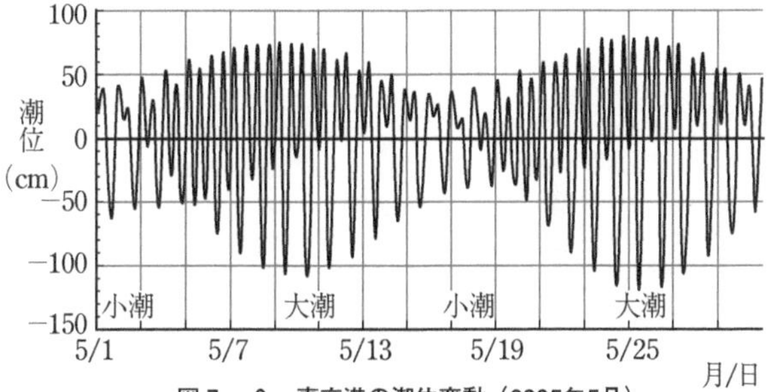

図７－９　東京港の潮位変動（2005年5月）

期を刻む現象としては、月が南中する周期がある。月は地球の周りを27.3日かけて公転しているため、南中した月が再び南中するには地球が１周とあと少し自転する必要があり、それが25時間ということになる。そして月が南中するときに月に最も近い位置の海水を引っ張るため、つまり月の引力に海水が持ち上げられて満潮が起こるのである。このように、他の天体が及ぼす力による影響のことを**潮汐**《ちょうせき》という。

しかしこれでは、１日２度の満潮を説明できない。反対側の満潮はどのようにしてできるのだろうか。

月が及ぼす力は引力だけではない。月が地球の周りを回っているというのは間違いではないのだが、厳密には地球と月が互いの共通重心となる点の周りを回っているというのが正しい。地球のほうがはるかに質量が大きいため、共通重心はずっと地球に寄った位置、地球中心から地球半径の４分の３だけ月に近づいたところにある。そして地球もこの共通重心の周りを、月と同じように27.3日かけて回っているのである。

この運動を詳しく見てみよう。地球は１日１回転の自転をしながら、共通重心の周りを少しずつ移動する。自転で生じる遠心力が海水だけでなく地球そのものを赤道方向に膨らませてい

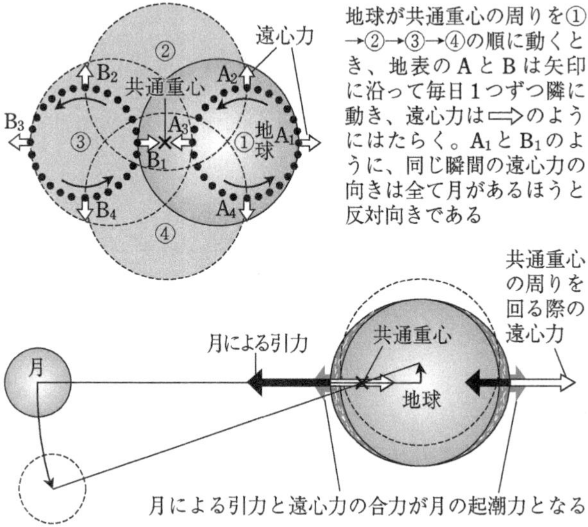

図７－10　月が及ぼす引力と遠心力

ることは、第１章の地球楕円体のところですでに述べたが、共通重心の周りを回る円運動によっても遠心力が生じる。図7-10の上図で、地球上の地点Aと地点Bはそれぞれ矢印で描いたような円運動をし、ある瞬間（例えば地球①におけるA_1とB_1）ではこの円運動による遠心力の向きは等しい。そしてその向きは必ず月のあるほうとは逆の向きになっている。

一方、月が海水に及ぼす引力は、月に面した側の海水にはより強く、反対側の海水にはより弱い。このため、両者の合力は月に面した側と反対側とで海水を持ち上げる力となり、ここに満潮をもたらす。この合力のことを月の**起潮力**という。

では、図7-9に現れている約１ヵ月周期の変動はどう説明すればよいのだろうか。これには太陽の起潮力が働いている。太

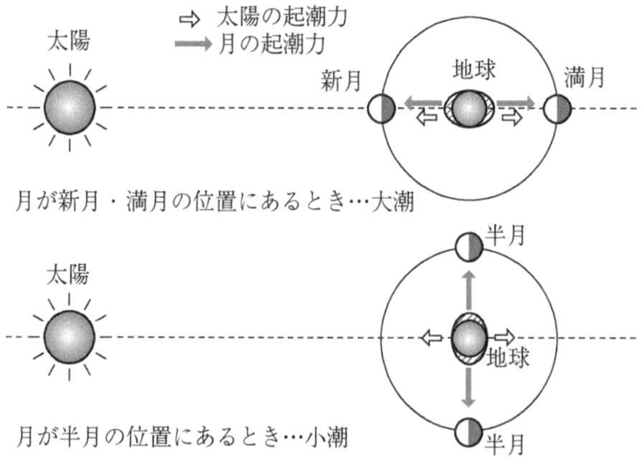

図7－11　大潮・小潮の原因

陽は月に比べて非常に重いため引力も大きいが、極めて遠方にあるため、その起潮力は月の半分程度である。太陽の起潮力と月の起潮力が重なる新月や満月のときは、干満の変動はより大きくなる。これを**大潮**《おおしお》という。逆に半月のときは、2つの力が潮位の変動を互いに打ち消しあうように働き、干満の差は小幅なものになる。これを**小潮**《こしお》という。

大潮・小潮の周期（2度の大潮と2度の小潮を含む周期）が27.3日でなく29.5日なのはどうしてだろう。新月の月が地球の周りをちょうど1周する27.3日後には、地球も太陽の周りを約30°公転していて、太陽―月―地球が一直線にはならない。これが一直線になるには、月はあと少し回る必要がある。このため、新月から次の新月までは29.5日となる。この周期を1ヵ月として作成した暦を太陰暦といい、中国や西アジアなど各地で用いられ、日本でも明治の初めまで使われていた（ただしこれだけでは1年が354日しかないので、東アジアでは数年ごとに「うるう月」を追加して調整する太陽太陰暦が使われていた）。

月の満ち欠けの周期を１ヵ月とする太陰暦では、新月である１日頃と満月である15日頃に、海ではともに大潮がやってくる。こう考えると太陰暦もなかなか便利な暦ということができる。

4 潮流

潮の満ち干は海に流れをもたらす。後述する海流とは異なる、干満の変化がもたらす海水の流れを**潮流**という。潮流は潮の干満の周期に同調して約６時間ごとに向きを変える流れで、奥まった湾内や湾の入り口、海峡や水道と呼ばれる海水の狭い通り道で顕著に見られる。

東京湾のように湾が狭い水路を通じて外海につながっている場所では、潮が満ちるときには外から水路を通じて湾内に海水が流れ込む。逆に潮が引くときには湾から海水が流れ出す。これが潮流である。瀬戸内海のように中が広く水路が狭い場合は、海水の流入流出が間に合わず、外海との海面高度に差が生じてしまう。なんとかこれを解消しようと、狭い水路での流れは特に速くなり、鳴門の渦潮のような現象が生じるのである。ドーバー海峡やジブラルタル海峡、国内でも関門海峡や明石海峡のような狭い海峡は、交通の集中する場所であると同時に潮流が激しく渦巻く水運の難所でもある。

アマゾン川では潮位の差が特に大きくなる時期に、満潮時に水が河口から上流側へ逆流する現象(ポロロッカ)が見られる。中国の銭塘江でも大逆流が年に一時期起こり、観光客を集めている。これらの川の河口はラッパ状に開き、奥に向かうにしたがい狭くなる形をしていて、満潮で押し寄せた海水が津波のように高く積み重なって上流側へ向かうのである。日本でも満潮時に海水が少しだけ逆流することはあるが、河川の傾斜が急なこともあって、これほど大規模な逆流は見られない。

5 高潮

津波の項でも述べたように、湾内は外海から押し寄せた波が集まる場所でもある。暴風に押されて湾内に流入した海水は、奥に進むにつれて海面高度を押し上げる。このとき満潮が重なると、海面高度は予想をはるかに上回る高さになり、ときには岸壁より高い波が押し寄せる。これが高潮である。台風が接近したときには気圧も下がるため、これも海面を持ち上げる効果がある。

高潮の被害は巨大な波によるものだけではない。むしろ、海面が上がることにより、川の水や地表に降った水が海に流れ込めず、洪水を引き起こすことのほうが被害は甚大である。1959年の伊勢湾台風は死者・不明者が合わせて5000人を超す大被害をもたらしたが、このときも高潮による洪水被害が重なったことが被害の拡大につながった。台風が接近した際には、台風の位置や中心気圧だけでなく、特に湾内では風向（湾に向かって吹き込むかどうか）および満潮の時刻にも注意を払い、高潮に対して十分に警戒しなければならない。

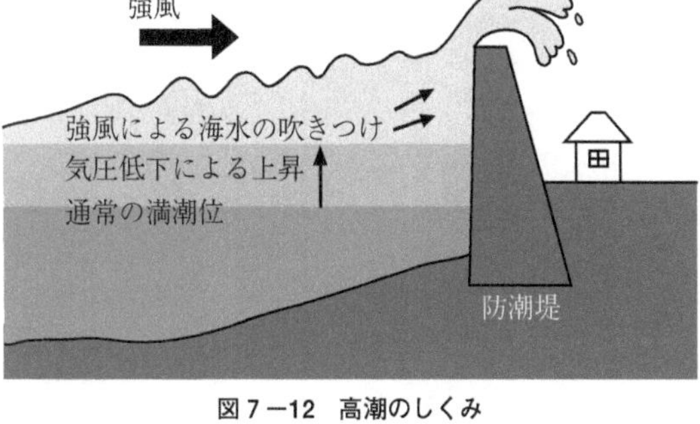

図７－12　高潮のしくみ

〈7-2 解答〉問1 ウ　問2 エ、オ

7-3 海水の流れ

問1 世界の主要な海流は何の力によって流れているか。

ア）地球の自転の遠心力　イ）風　ウ）地熱　エ）月の引力

問2 海水は表層と深層で大きくゆっくりと循環している。表層の水が深層にもぐり、一周して元のところに戻ってくるのに要する時間はどれくらいか。

ア）数ヵ月　イ）数年　ウ）数十年　エ）数百年　オ）数千年

1 海流

表層の海水はまとまった流れをつくり動いている。この流れを**海流**という。日本周辺では、黒潮（暖流）が太平洋岸を東進し、一部は枝分かれして対馬《つしま》海流となり日本海を北上する。一方、太平洋岸の北からは親潮（寒流）が南下する。図7-13に示すように、世界中の海域でそれぞれ海流が存在している。

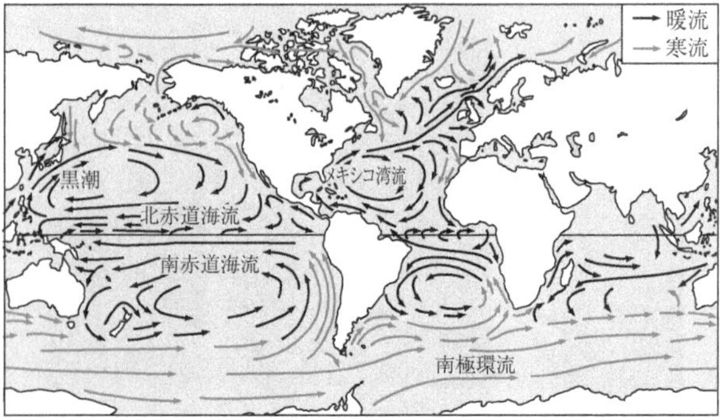

図７－13　世界の海流

海水を動かす原動力は何だろうか。図7-13を見ると、太平洋や大西洋では、赤道を挟んで南北それぞれ一対の大きく循環する流れが存在することがわかる。この環状の流れを**環流**という。環流の流れの向きは、北半球では時計回り、南半球では反時計回りで共通している。

環流の原動力は、海上に吹く風である。赤道のすぐ近くでは貿易風が東から西に、高緯度側では偏西風が西から東に向かって吹いている。大陸に仕切られた海洋でこの風が表層海水を押し流すと、このような環流ができるというわけである。南緯60°付近にはたまたま大陸が存在しないので、偏西風に押し流された海流が地球を1周する南極環流になる。

環流をつくる海流はどこも同じ速さではなく、循環の西側に特に強い流れができる。これを**西岸強化流**という。西岸強化流に該当する黒潮やメキシコ湾流は、速いところでは時速4～10kmにもなり、世界で最も強い海流となっている。しかし、なぜ環流の西側は流れが強化されるのだろうか。

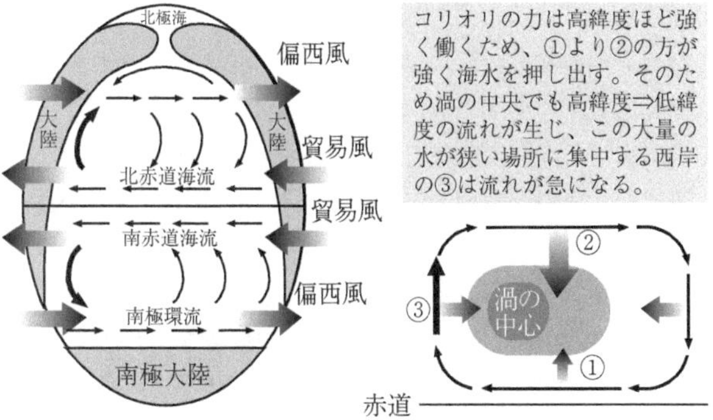

図7－14　風と海流のしくみと西岸強化流のしくみ

環流は巨大な渦とみなせる。北半球の環流では流れの各部で進行方向の右向き（渦の内向き）にコリオリの力がかかる。ただし、コリオリの力は低緯度ではあまり働かず高緯度ほど強く働くため、低緯度側の東→西の流れと高緯度側の西→東の流れが水を押し合うと、渦の西端を除く広い範囲で海水が低緯度側に押し流される。その結果、渦の西側では狭い場所を通って同じだけの海水を高緯度側へ回さなければならなくなるため、流れが速くなるのである。

海流は大気循環とともに、低緯度と高緯度の温度差を緩和するのに貢献している。低緯度で温められた海水は環流となって高緯度地域を暖める。大西洋を横断してきた暖流が沿岸を洗う西ヨーロッパは、同緯度の大陸東岸である北海道からサハリンに比べて非常に暖かく、過ごしやすい気候となっている。

2 深層循環

海洋は密度成層しているため、表層水と深層水を交換することは容易ではない。陸上の湖沼でも容易に成層して水の交換が妨げられ、下層の水はたちまち酸欠になってしまう。そのため深海も酸素の乏しい死の世界であると長らく信じられてきた。しかし、実際の海洋では深層にも酸素が行き届き、そこでは多くの生物が暮らしていることがわかってきた。

西岸強化流のしくみを解明したストムメルは、表層から深層に至る海洋全域の循環の解明にも没頭した。彼は世界中の海のさまざまな深度から海水を採取し、含まれる水素の放射性同位体^{3}Hの存在量を調べた。第２次大戦の直後から洋上で頻繁に行われてきた核実験により、大気や表層海水中に含まれる^{3}Hの量は増加していた。この^{3}Hを多く含む表層海水が深層のどこまで進んだかを調べたのである。

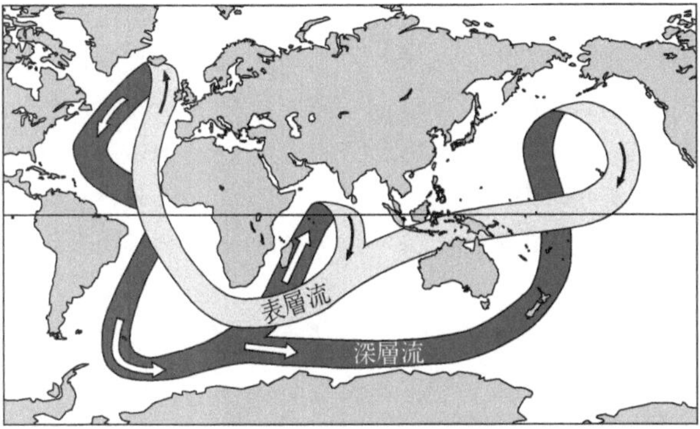

図7－15　深層循環（ブロッカーのベルトコンベア）

その結果、海水が表層から沈み込む場所は、北大西洋のグリーンランド沖合および南極大陸周辺であることがわかった。北大西洋で沈み込んだ海水は、海底に沿って大西洋をゆっくりと南下することも明らかになった。さらに他の元素の移動などから、北大西洋で沈み込んだ深層水が大西洋から南極海を経てインド洋や太平洋に達していることも確認された。ブロッカーはこれを図7-15のような印象的な図に表して発表したため、この循環すなわち**深層循環**は瞬く間に人々に受け入れられた。ただし循環の速度は遅く、一回りするのに数千年はかかると計算されている。これは時速にして数m（沈降流や湧昇流の部分では1日に10cm程度）でしかなく、時速数kmにおよぶ海流とは比べる余地もない。**ブロッカーのベルトコンベア**と呼ばれる上記の図が印象的なため、このような「目に見える流れ」が存在すると誤解してしまいがちなので、注意が必要である。

深層循環の原動力は、北大西洋と南極周辺での海水の沈み込みにある。ここではグリーンランドと南極からの氷棚によって表層海水が常に約０℃に冷やされている。表層から深層まで水温が０～２℃でほぼ一定になるこの場所では、密度成層している他の海域に比べ水の上下動が可能である。また海水が氷結する際、塩分は氷に取り込まれず周囲に吐き出されるため、塩分が濃く重い海水ができる。こうして生じた冷たく重い海水は、沈降流となって深海底までゆっくりと沈み、大西洋から世界中の深海底に広がっていく。

深い容器の底をゆっくり満たすようにすみずみまで行き渡った冷たく重い海水は、その縁からゆっくり上昇して表層に戻る。海水は深海を長く旅している間に、表層から絶え間なく沈降してくる栄養分を蓄えるため、湧昇が生じる場所ではプランクトンの生育が良く好漁場となる。また深層循環のおかげで、大気と海洋が熱をやりとりする際に全海水を参加させることができるため、地球規模の気候の安定化にも寄与している。

コラム

［エル・ニーニョ］

南米ペルーの沖合は養分の豊富な湧昇流のおかげで、アンチョビに加工されるカタクチイワシの好漁場である。しかし数年に一度、イワシがさっぱり獲れない年があることが知られていた。この現象をエル・ニーニョと呼ぶ。エル・ニーニョとはスペイン語で「男の子」＝「キリスト」を意味し、この現象がクリスマスの頃に起こることにちなんだものである。

エル・ニーニョは、ペルー沖から赤道に沿ってはるか沖合にかけての海水温が平年よりも高くなる現象である。そもそも太平洋の東岸であるペルー沖は、貿易風が表層の暖水を西に押し流すため下からの湧昇流が促進され、赤道の近くにもかかわらずこの冷水のおかげでやや涼しい気候となる。沖合に浮かぶガラパゴス諸島にはペンギンが生息しているほどである。ところが、エル・ニーニョの年は貿易風が平年より弱く、表層の暖水を十分に西に押

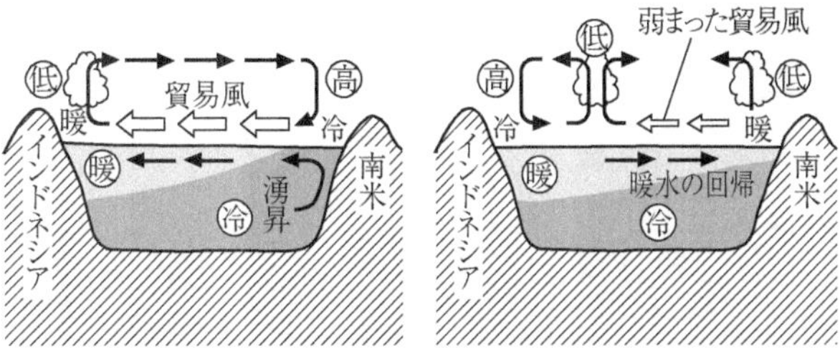

通常の年　　　　エル・ニーニョの年

図7－16　通常の年とエル・ニーニョの年の太平洋赤道断面

し出すことができない。その結果、ペルー沖の表層を軽い暖水がふさいでしまい、養分に富んだ深層水の湧昇を妨げるため、プランクトンの育ちが悪くイワシが増えないなど生態系に大きな影響を与えてしまう。

エル・ニーニョは貿易風と海水循環という地球規模の流れが引き起こす現象であるため、ペルー沖のみならず地球全体に影響を与える。太平洋全体にわたる海水温の分布が変わってしまうと、低気圧や高気圧の配置も変化してしまい、気候に大きな影響を与える。もちろん日本もエル・ニーニョの影響を受け、一般的に暖冬・冷夏となる傾向がある。

なお、逆に貿易風が強すぎて起こる異常気象をラ・ニーニャ（「女の子」の意）と呼ぶ。エル・ニーニョやラ・ニーニャをもたらす貿易風の強さの変化は数年おきの周期で起こっているらしいが、その原因などまだ不明な点も多い。

〈7-3 解答〉問1 イ　問2 オ

7-4 海が抱える豊かな資源

問1 海水1kgから得られる食塩は約何gか。

ア）0.25g　イ）2.5g　ウ）25g　エ）250g

問2 海底に存在する地下資源のうち商業的に採掘が始まっているのはどれか。

ア）天然ガス　イ）マンガン団塊　ウ）メタンハイドレート

1 海水の成分

海水にはさまざまな成分が溶けている。大半は食塩をつくる塩化物イオンとナトリウムイオンで、海水1kgから約25gの食塩が得られる。他にもマグネシウムやカルシウムなどの陽イオン、硫酸などの陰イオンといった成分が溶け込み、海水を煮詰めるとさまざまな**塩類**として析出する。微量な元素まで含めると、海水中にはあらゆる元素が含まれているといっていい。このほか、海水に溶けた酸素や二酸化炭素のような気体成分も含め、まさに海洋はさまざまな化学成分の貯蔵庫である。

塩化物イオンCl^-	19.350 g
ナトリウムイオンNa^+	10.760 g
硫酸イオンSO_4^{2-}	2.712 g
マグネシウムイオンMg^{2+}	1.294 g
カルシウムイオンCa^{2+}	0.412 g
カリウムイオンK^+	0.399 g
炭酸水素イオンHCO_3^-	0.145 g
臭化物イオンBr^-	0.067 g
ストロンチウムイオンSr^{2+}	0.0079 g
ホウ素イオンB^{3+}	0.0046 g
フッ化物イオンF^-	0.0013 g

図7－17　海水1kg中に溶存するイオンの質量

私たちの生活に欠かせない物資も海水に起源を持つものがかなりある。食塩は食用としてはもちろんだが、食塩を原料とした工業（ソーダ工業）として大量に消費され、さまざまな工業用素材として利用されている。また塩化マグネシウム（$MgCl_2$）はにがりとして食品の製造に利用されるほか、還元して金属マグネシウムにされ、軽くて丈夫な合金の材料としてさまざまな用途に用いられる。

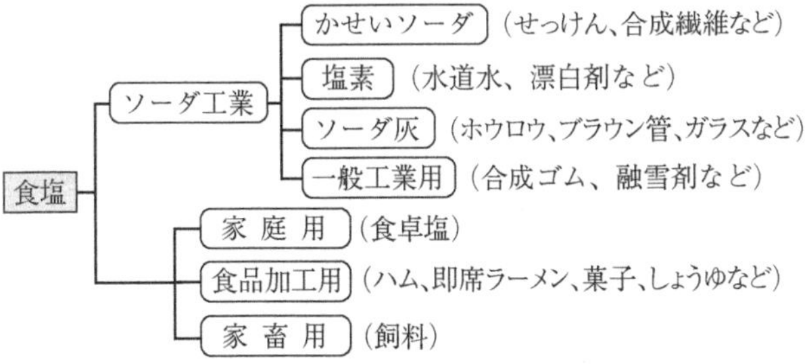

図７－18　食塩からつくられる製品

コラム

[海水から金は取り出せないか]

海水中に含まれている微量元素を取り出す研究は、古くから進められている。有名なのは、ドイツのハーバーによる金を取り出す試みである。第１次世界大戦の敗北で膨大な賠償金を支払わなければならない母国のため、彼は分析室をもった観測船メテオール号に乗り込み、海水中の金の量を分析した。海水から金を取り出して賠償金を支払おうと考えたのである。しかし、海水に含まれる金の濃度が予想よりはるかに低く、金を取り出す費用を考えると採算が合わないことがわかり、ハーバーの夢は破れたのである。ただし将来、安価な技術で海水から金の抽出に成功するか、世界中で金鉱山が枯渇し金の価格が暴騰すれば、海水から金を得る試みが復活するかもしれない。

地上に降った雨は、地表や地中を流れる間にさまざまな物質を溶かし込み、最後に海に注ぎ込む。海底でも熱水噴出孔などを通じて地下から海水に物質が供給される。こうしてさまざまな物質が海水に蓄えられることになる。

しかし一方、海水の主要な溶存成分の量と比は、6億年前から現在までほぼ一定であったことが、古い堆積物の研究により明らかにされている。さまざまな物質が徐々に海に流れ込んで現在の海洋ができたとすれば、海水の塩分は徐々に濃くなっていくはずである。そうなっていないということは、流入した成分と同量の物質が海水から失われたということになる。現実には、岩塩（NaCl）や方解石（$CaCO_3$）といった沈殿物となったり、海底の岩石と反応して岩石中に取り込まれたりして、海に流入するのと同量の成分が海水から除去されている。ゆえに海水の塩分は一定の値を保っているのである。

2 海底の資源

海底には多くの資源が眠っている。海域は陸上ほど国家間の境界が明瞭でないため、資源の開発をめぐって争いになることも多い。主な資源としては、石油や天然ガスといったエネルギー資源や、マンガン団塊・コバルトクラストといった金属資源が挙げられる。

石油や天然ガスは、本来浅い海底や海岸付近の堆積物中に蓄積していることが多いため、採掘するには海底からやぐらを組んで掘削することが多い。これは第5章でも述べたように石油や天然ガスの成因に関係している。地球が温暖化して両極でさえ氷が消失した中生代には、氷をつくった残りの高塩分海水が沈み込むという深層循環のしくみがなくなるため、深層水は急激に酸欠におちいり、表層から沈降してきたプランクトンなどの遺骸はヘドロとなって海底の凹みにたまり埋没してしまう。これが熱や圧力を長時間受けると、ほぼ炭化水素からなる有機化合物となり、その液体成分が石油、気体成分が天然ガスとなる。石油や天然ガスはすき間の多い地層中を移動して地表の近くまで上昇し、透過できない地層の下で溜まり場をつくっていることが多い。この溜まり場をトラップといい、トラップを探すことが油田・ガス田開発のための地質調査ということになる。

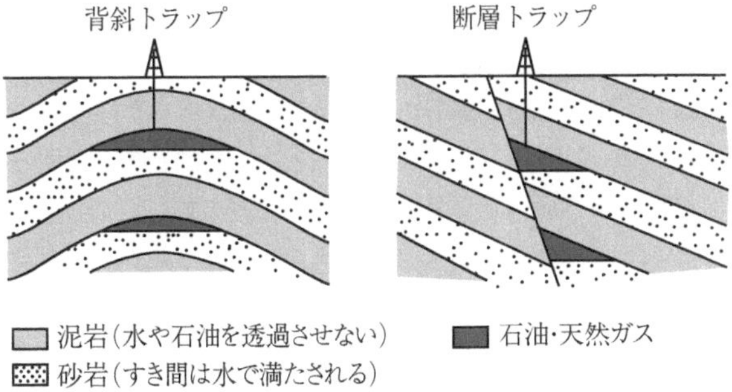

図7－19　さまざまなトラップの形態

海底はあらゆる物質が集積する場所なので、海底堆積物はさまざまな元素の鉱床となりうる。鉄鉱石（縞状鉄鉱層）や石灰岩についてはすでに述べたが、これらは地殻変動によって海底だったところが地上に露出したところを採掘している。

昭和初期～中期にかけて、わが国には東北地方の日本海側を中心に「黒鉱《くろこう》」と呼ばれる鉱石を採掘する鉱床が数多く存在した。黒鉱からは、銅・亜鉛・鉛といった重金属が得られ、また少量の金・銀・コバルト・ニッケル、希少金属としてセレン・テルル・ビスマス・アンチモン・モリブデンなども回収できたため、優れた鉱石として海外でも「kuroko」で通用する存在だった。現在は採算が合わず閉鉱したものが多い。黒鉱は、海底の熱水噴出孔から噴き出す金属を含む熱水が海水に冷やされ、スス状の黒い鉱物として噴出孔の周囲に堆積したり、熱水が地層のすき間を流れている間にそこで硫化物として析出したものである。このような鉱床を**熱水鉱床**という。熱水鉱床は現在も海嶺や火山列島の周辺海域で形成が確認されているが、採掘されている黒鉱のほとんどは陸上の鉱山、つまりかつての海底が陸化したところである。

これに対して、海底から直接回収しようと計画されている資源として、**マンガン団塊《だんかい》**や**コバルトクラスト**がある。マンガン団塊は、太平洋の深海底を中心に世界中の海底で存在が確認された1～10cm程度の黒色の塊で、鉄やマンガンの酸化物や炭酸塩鉱物が同心円（球）状に成長したものである。マンガンのほかコバルトやニッケルも含むため、有用な地下資源になると期待されているが、深海に散らばるように分布することから回収技術とコストが壁となり、商業化には至っていない。コバルトクラストは岩盤にコバルトが濃集し被覆したもので、海底火山の周辺に見られる。マグマ活動によってマグマからもたらされたコバルトなどの金属成分が、やはり酸化物や炭酸塩鉱物となって表面に析出したものと考えられている。

コラム

[夢のエネルギー資源　～メタンハイドレート～]

最近、新たなエネルギー資源として「メタンハイドレート」が注目を集めている。「ハイドレート」とは化学でいう水和物のことで、水分子数個がかご状の構造をつくり、その中にメタンなど小さな分子が入るという構造をしている。採掘されたメタンハイドレートは雪の塊のように見えるが、常温常圧に置くと融けてしまい、水とメタンガスに分離する。メタンハイドレートを「燃える氷」と形容するのも、これに火を近づけると放出されたメタンに引火して、まさに氷が燃えるように見えるからである。

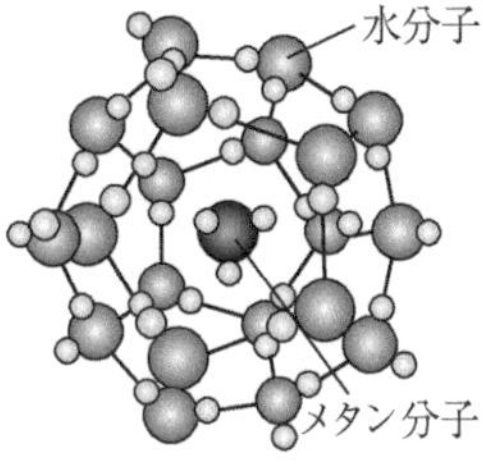

図7－20　メタンハイドレート

メタンハイドレートは低温（1気圧なら－80℃以下）・高圧（0℃なら23気圧以上）という条件を満たす場所に存在する。陸上の地下では温度も上昇してしまうので、地下数百mまで永久凍土であるような場所しか存在できない。一方、海底では水圧だけで数十～数百気圧かかる（水深10mごとに約1気圧加算される）ので、水深がある程度深い海底ではどこでも条件が満たされることになる。ただし、メタンハイドレートは海底の下の地層中に存在するのだが、あまり地下深くだと地温が高くなって存在できない。よって海底からある程度の深さ（水深1000mでは海底下280mまで）に存在することになる。さらにメタンの発生源となる生物遺骸をたっぷり含み、メタンが地下水に運ばれて移動し濃縮できるような粒子間のすき間の大きい砂岩層が厚く存在することも必要であ

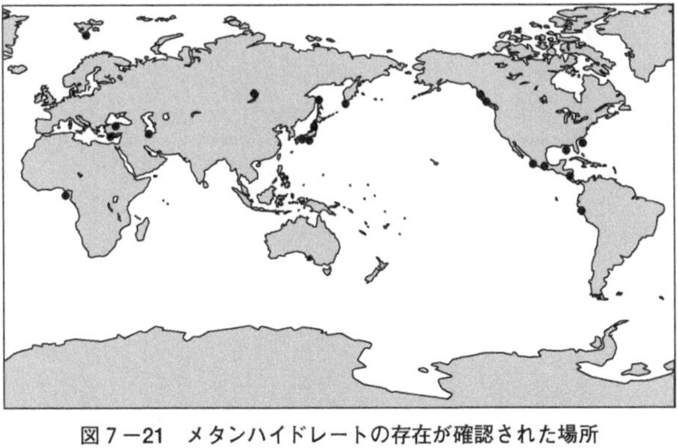
図7－21　メタンハイドレートの存在が確認された場所

る。この条件を満たすのは、陸から運ばれた砂が厚く積もる大陸周辺のやや深い海底となる。日本周辺海域でも、東海から九州にかけての沖合の海底でメタンハイドレートの存在を示す証拠が見つかっており、実際に掘削調査による回収もされている。

メタンハイドレートはこのように分布域が非常に広いため、推定されるメタンの存在量は世界の天然ガス埋蔵量に匹敵する（あるいはそれ以上）とされる。もしこれが採掘できれば、世界のエネルギー問題は100年以上先送りされることになり、まさに夢のエネルギー資源といえる。

ただしメタンハイドレートは固体であり、井戸からくみ上げる方法を取るには地下のハイドレートを融かして分離したメタンを回収することになる。しかし万一メタンが大量に大気中に放出されると、メタンの温室効果は二酸化炭素の約20倍もあるので、地球環境に大きな影響を与えることは間違いない。よって、メタンハイドレートを制御しながら融かし、メタンを回収する技術が要求される。さらに、同時に生じる大量の真水をどうするか、不安定な斜面の海底を「凍りづけ」にしてくれているメタンハイドレートを融かすことで地滑りを誘発しないか、など、資源開発を実行するにはクリアしなければいけない課題がいくつもある。「夢の資源」が実用化されるまでにはまだまだ時間がかかりそうであるが、ここは日本が中心となって推し進めている海底掘削プロジェクトの成果に期待したい。

〈7-4 解答〉問1 ウ　問2 ア

7-5 環境を安定なものにする海洋

(問1) 河川を通じて海に注ぐ水の量と等しいのはどれか。
　ア) 氷河が融ける量　　イ) 海から蒸発する水の量
　ウ) 海から蒸発して陸側に移動する水の量　エ) 陸の降水量

(問2) 海洋生態系における最も重要な生産者とは何か。
　ア) 海藻　　イ) サンゴ　　ウ) 植物プランクトン

(問3) ここ5億年において大気中の二酸化炭素濃度はどのような傾向を見せているか。
　ア) 全体的に減少している　イ) 全体的に増加している
　ウ) 増減しながら、全体的には安定している

1 水の循環と平衡

とうとうと流れる大河を前にして、スケールの大きさに驚嘆したことはあるだろうか。あるいは普段から目にする河川でも、大雨の後に凄《すさ》まじい濁流となって流れているのを目にしたことはあるだろう。川は流量の変動こそあれ、膨大な量の水を休むことなく海に注ぎ込んでいる。しかし、それによって海水が薄まったり水位が上昇したりしたという話は聞かない。むしろ海はいつも同じ姿を保っている。それは、海に流れ込むのと同量の水が、海から陸上に移動しているからである。

地球上の河川から1年間に海に流れ込む水の量は約30兆トンにもなる。これは海水総量の0.002％にすぎないが、これが5万年続くと海水の量が現在の2倍になる計算になる。もちろん海水の量が一方的に増えているはずはないので、海面から蒸発して陸側に移動する水の量がこれに匹敵していることになる。

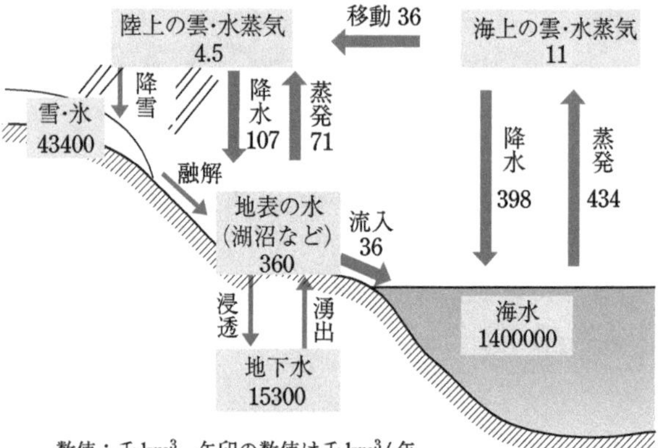

数値：千 km^3　矢印の数値は千 km^3/年

図7－22　地球表層における水の循環

つまり上空では陸上とは逆向きに「川」が流れているのである。

このように、ある場所に流れ込むものの量と流れ出るものの量がつりあっていると、見かけ上その場所の様子は変化しない（あるいは変化しても必ず元に戻る）ように見える。このような状態を**平衡**という。地球上では至るところで平衡が成立し、それによって自然全体も安定した状態を保っている。

海洋の存在は、地球の環境を安定に保つのに大いに貢献している。海水は熱容量が大きく、太陽から得た熱を蓄えてゆっくりと放出するため、地表の温度が急変するのを防いでいる。また海流の項で述べたように、海流は低緯度と高緯度の温度差を緩和している。

海水の塩分も平衡が成り立っている。河川水に最も多く含まれる成分はカルシウムや炭酸水素イオンであり、主に陸上に露出した石灰岩が風化して陸水に含まれるようになったものである。一方、海水から沈殿する成分の中で最も多いものは炭酸カルシウムでできた鉱物で、これが集まると石灰岩として海底に堆積する。つまり、海底に沈殿してできた石灰岩が陸上に持ち上げられて露出し、少しずつ水に溶かされて海に運ばれ、再び沈殿するという物質の循環が見られる。

このように自然界における物質のやりとりを理解する際、図7-22のように空間をいくつかの領域に分割し、矢印で物質のやりとりを示すような概念図がしばしば描かれる。このように相互のやりとりでつながった領域全体を**系**または**システム**という。ここで、ある領域への流入量と流出量の収支が0であれば、その領域では平衡が成り立っているといえる。

水の循環のように、物質がいくつもの領域を流れながら全体として平衡を保っている場合、流れはつながって循環となっている。そしてシステム内で物質のやりとりが完結し、外との物質のやりとりがない場合、そのシステムは**閉鎖系**であるという。地球上に見られるほとんどの物質は、隕石などの例外を除けば大気圏から地下数kmまでの狭い範囲内で循環しており、地球表層は物質についてほぼ閉鎖系と考えることができる。

2 海洋における生態系

生物は物質循環に大きな役割を果たしている。生物は生物間の「食う・食われる」のつながり（**食物連鎖**）に加え、大気や水など周囲の環境とも物質のやりとりを行い、全体として一つのシステムを形成している。これを**生態系**という。

生態系では生物にとって必須な物質である有機物の流れ、特に炭素の流れが重要である。生態系では生物を3つのグループすなわち**生産者**・**消費者**・**分解者**に分類しているが、この違いは生態系における有機物をめぐる役割の違いによる。すなわち大気中や水中の無機物から有機物を合成する生産者と、その有機物を捕食という行動で取り入れる消費者、生物遺骸や排出物といった有機物を無機物にまで分解して大気や水に戻す分解者、という区分である。生態系における有機物の流れは生産者から消費者を経て分解者まで一方通行となるが、大気中や水中の二酸化炭素なども含めた炭素の流れを描くと、図7-23のようなシステム図が描ける。

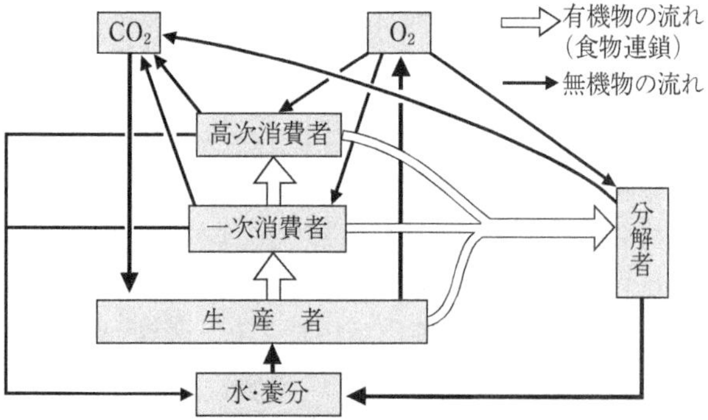

図7－23　生態系における物質の循環

生態系を支えているのは有機物の流れであるから、有機物合成を担う生産者の数量が消費者や分解者の数量を決めているといえる。陸上の生態系においては、生産者を底辺とし高次の消費者を頂点とするピラミッド構造が成立しており（分解者の存在は重要だが生物量としては小さい）、生産者が生態系全体を養う構図となっている。

海洋でも、大量の生産者の存在が生態系を維持しているはずである。ところが、海洋環境を想像すると生産者の存在が陸上ほど目立たないことに気づくだろう。実は海洋生態系において生産者の立場にある植物プランクトンは、ひとつひとつが非常に小さいために生物量で考えると極めて少ない。ではなぜこのプランクトンが豊かな海洋生態系を支えられるのだろう。

プランクトンは1年の間に何百回となく分裂を繰り返して増える。つまり、少ししかいないはずのプランクトンでも、何度も繰り返し分裂し、その都度消費者の胃袋に入ることを考えれば、その量はとても大きなものになる。植物プランクトンは光合成をして主な養分を得るので、プランクトンを食べるイワシなどの小魚はプランクトンというフィルターを通して「二酸化炭素を食べている」ともいえる。

生物遺骸が極めて少ないのも海洋生態系の特徴である。森林や草原といった陸上生態系が落ち葉などの生物遺骸で覆われていることを考えると、海の清浄さはそれらの分解が極めて速いことを物語っている。陸上に比べて異常気象などの外的要因が生態系に与える影響が小さく、養分のストックを蓄えておく必要性が薄いのだろう。

プランクトンによって有機物にされた炭素は、小魚からマグロのような大きな魚へと流れ、死体や糞などは速やかに分解さ

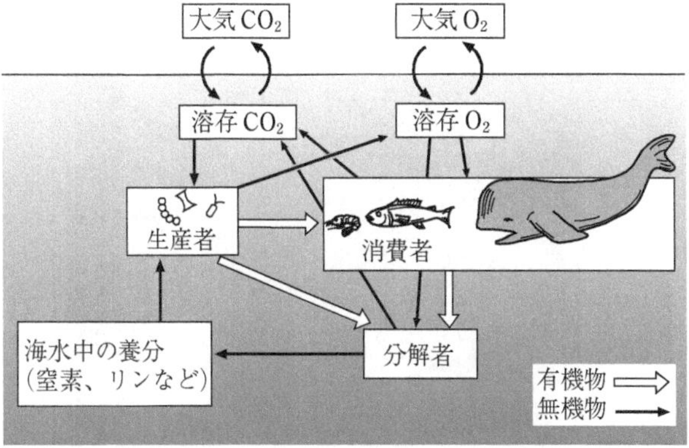

図7－24　海洋生態系における元素の循環

れ二酸化炭素に戻る。窒素やリンといった炭素以外の元素は直ちに次のプランクトンの餌となり、それをまた魚が食べるという循環を繰り返している。まさに無駄なものは何一つないのが海洋生態系の特徴といえる。しかし、生活排水の流入によって海水中の窒素やリンが増えてしまう（これを富栄養化という）と、プランクトンの異常発生を引き起こして海水を酸欠にしてしまうことがある。これが**赤潮**である。

コラム

[海底熱水噴出孔周辺の特異な生態系]

1979年、潜水調査船アルビン号はガラパゴス諸島沖合の深海底を調査中に、350℃もの熱水が海底から噴き出している場所を発見した。熱水は海水で急激に冷やされ、黒い金属硫化物が析出し、もくもくと黒煙のように立ち昇っていたので、ブラックスモーカーと名づけられた。そしてその周辺は、シロウリガイやハオリムシ（チューブワーム）といったおびただしい生物群集に囲まれていた。光がまったく届かない深海底にこのような豊かな生物群集が存在するとは予想もしなかったことで、多くの生物学者ら

図7—25　熱水噴出孔周辺のハオリムシ群集（MATE）

を悩ませた。

光合成のできない環境で生産者にあたる生物は何だろうか。実は、シロウリガイやハオリムシの体内には特殊なバクテリアが存在し、熱水中に含まれる硫化水素やメタンガスを摂取して化学合成を行い、有機物をつくっていたのである。有機物を合成するのでこれが生産者ということになり、これから不思議な生態系が組み立てられている。このような化学合成細菌は、地球上に初めて登場した生物の特徴を持つとされ、地球史や生物史の面からも注目されている。

③ 時間スケールの長い物質循環

生態系における物質循環は完全に閉鎖系とはいえない。生物の遺骸や排出物が無機物まで分解されずに埋没してしまうと、その物質は地上の物質循環から切り離されたことになる。特に海洋の深層循環が弱まると深層水に酸素が供給されなくなり、有機物が分解されずに海底にヘドロとなって蓄積し、これが石油や天然ガスの起源となったことはすでに述べた。炭素に関していえば、貝殻やサンゴ骨格である炭酸カルシウムとして固定され物質循環から外れた量も無視できない。こうして地球表層の炭素が循環から少しずつ漏れるように地中に埋没していったことで、地球誕生当初に50気圧もあった二酸化炭素は地球史を通じて徐々に減少していった。

しかし少なくともここ５億年については、大気中の二酸化炭素の量は多少の増減を繰り返しつつも、むしろ安定しているといえる。つまりこれは、埋没して地球表層の炭素循環から外れるのとほぼ同量の炭素が、地中から地球表層や大気に戻っていることを意味する。このプロセスとして２つのことが考えられる。１つは前述したように、埋没し地層中に取り込まれた炭素

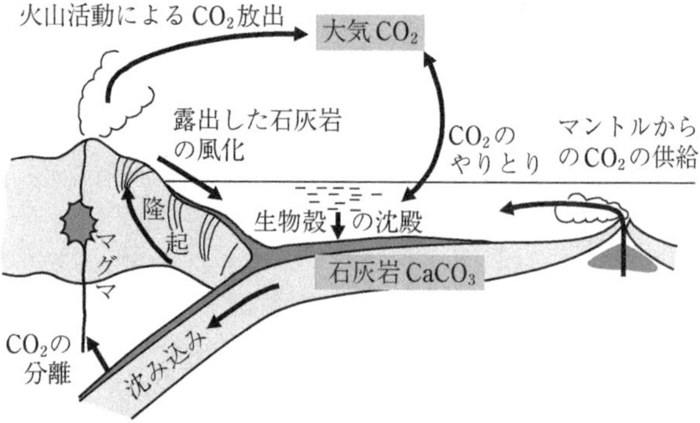

図７－26　長期スケールにおける炭素循環

が地盤の隆起によって地表に露出し、風化を受けて表層の物質循環に復帰するというサイクルで、岩石が地表と地下の間をゆっくりと移動する流れ、つまり第２章で示したような岩石循環の一部としてとらえることができる。この流れの原動力は地球内部の熱が地表にあふれ出す流れであることもすでに述べた。もう１つは火山ガスとして地上にもたらされる二酸化炭素で、地球表層が内部との間でも物質交換をしている好例である。火山活動が地球規模で活発になると大気中の二酸化炭素濃度が上昇し、地球の気候が温暖化するという事例は、白亜紀など過去に何度か見られる（第５章参照）。

このように長期的な視野に立てば、岩石のように流動しそうにない物質もゆっくりと動き、循環に参加していることがわかる。第３章の最後で述べたプルームの上昇・下降も、地表からマントル底部までの全体にわたる壮大な岩石循環ととらえることができる。プレートの集散とマグマ活動は大気組成や海流の分布といった地球環境に大きな影響を与え、新生代後半から現在に至る気候の寒冷化や、古生代末の大量絶滅のような現象にも関与した。

地球は全体が一つの大きなシステムであり、至るところで物質が循環しながら平衡を保っている。そして地球で見られる物質循環は、太陽の熱と地球内部の熱によって駆動され、そうした物質循環の一部として、私たちの生活の営みも存在する。つまり私たち自身も、複雑で精緻な地球システムの構成要素の一つなのである。

しかし私たち人間は、地球がすでに持っている物質の流れに沿って生活するだけでなく、新たな物質の流れを構築して地球上の物質循環の姿を徐々に変えつつある。それも供給側から消費する側への単なる移動にとどまらず、地球環境に影響を与える場面も目立ってきた。

化石燃料の燃焼はその一例である。化石燃料の燃焼によって、循環から外れていた大量の炭素が地球表層の物質循環に流れ込んだ。これによって地球システムのさまざまな場面に変動が生じ（二酸化炭素濃度の上昇と地球温暖化など）、この変動は人間社会の活動も含めた全体が平衡を取り戻すまで続く。しかし平衡にたどり着いたとしても、それが私たち人間にとって歓迎すべき世界である保証はない。私たち人間が地球システムに対して無視できない影響力を持つようになった現在、その中でどのような存在であるべきかを正しく理解する時期に来ているといえよう。そのためには、この地球の姿――岩石でできた地表を水と大気が覆い、火山やプレート運動といった活動が活発で、太陽のエネルギーによって水やさまざまな物質が循環し、生命が満ちあふれている星――について、正しい理解と深い関心を持つことが必要ではないだろうか。

〈7-5 解答〉 問1 ウ　問2 ウ　問3 ウ

第8章

太陽系を構成する天体

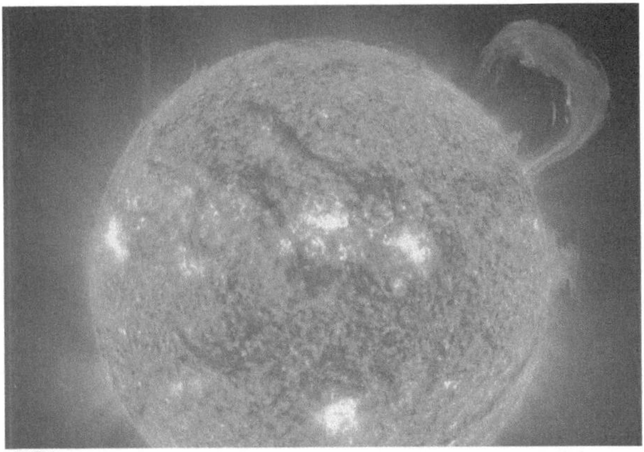

NASA

8-1 太陽系の発見

問1 ガリレオが地動説を確信したのは、彼が観察した次のどの現象と最も関係が深いか。

ア)月の表面に凹凸（クレーター）があること

イ)黒点は太陽表面の現象であること

ウ)金星が月のように満ち欠けし、視直径も変化していること

問2 惑星は太陽の周りをどのような軌道を描いて動くか。

ア)円　イ)楕円　ウ)放物線　エ)惑星によりさまざま

1 星空の動きと天動説

星空をしばらく眺めていると、夜空の星はみな北極星のある天の北極を中心に、東から西へ反時計回りに１日１回転の円運動をすることがわかる。まるで星々が貼りついた天の球面が回転しているように見えるので、これを**天球**という。大昔の人々は、地球が宇宙の中心にあり、天球が１日１回転するという宇宙体系を信じていた。

太陽と**月**は特別な天体として、天球に貼りついた星々とは異なる動きをすることが認められていた。太陽が天球の中を移動する道を**黄道**《こうどう》という。太陽は天球の中を少しずつ移動し（もちろんその天球は１日１周するので太陽も毎日動いて見えるのだが）、12（正確には13）の星座を横切って１年かけて一回りする。このため平均すると１ヵ月ごとに太陽が隣の星座に移動することになる。ここから月日と星座を組み合わせた占星術の概念が生まれ、現在の星占いに至っている。

一方、月は29.5日かけて満ち欠けの変化をするため、月の形

から日付がわかる暦すなわち太陰暦がつくられ、アジア諸国などで広く利用された（第７章参照）。月は太陽の光に照らされた面が輝いて見えるため、太陽との位置関係によって見える形を変えることは、かなり早くから理解されていた。

星々の中にも５つだけ、やはり天球の他の星々とは異なる動きをする明るい星が存在する。この５つの星は動きの速いものから**水星・金星・火星・木星・土星**と名づけられ、やはり特別な天体として扱われた。これらは天球上ではほぼ黄道に沿うようにゆっくりと動いているが、ときどき天球上で立ち止まったり逆向きに動き出したりと複雑な運動を見せる（図8-1）。このような動きから「**惑星**」という言葉ができた。惑星の不思議な運動を説明することは、天文学者にとって長い間の課題であった。

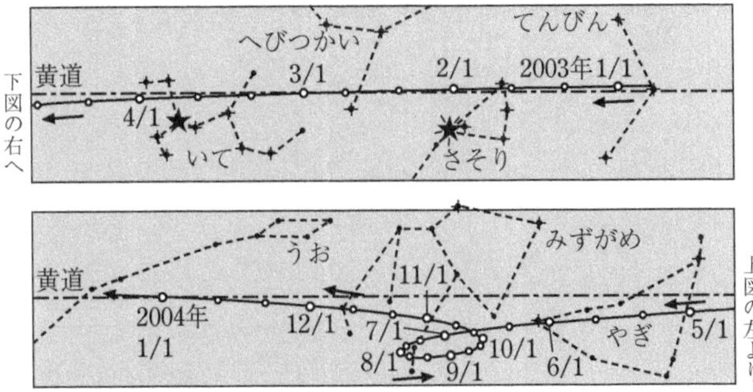

図８－１　星座間の火星の動き（毎月1·11·21日の位置）　　天文年鑑

プトレマイオス（２世紀）は惑星の運動について、地球を回る円軌道の上に周転円という小さな円軌道を重ね、惑星は周転円の上を動きながら、周転円が地球の周りを回るという説を提唱した。このように、複雑な惑星の運動を地球を中心とするという宇宙観（**天動説**）で説明することができたため、プトレマ

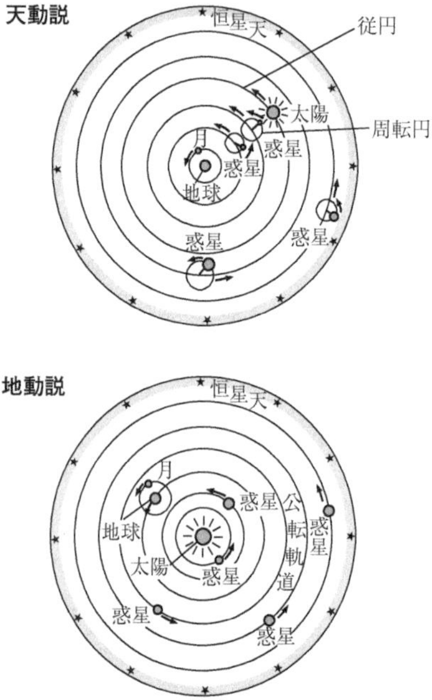

図8－2　天動説と地動説

イオスが完成した天動説の理論は**コペルニクス**による**地動説**の登場後もしばらくは支持され続けることになる。

1543年にポーランドのコペルニクスによって提唱された地動説は、太陽を宇宙の中心に置き、地球を含めた惑星がその周りを回るという、現在私たちが理解している太陽系の構造につながるものだった。惑星の複雑な動きは、動いている地球から動いている惑星を見ることによって起こる見かけの現象であると説明された。しかし彼の地動説から導かれる惑星の運動の予測は、従来の天動説での予測よりも精度が低く、すぐに信頼を勝ち取るまでには至らなかった。コペルニクスは惑星の公転軌道を円であるとしたが、実際の軌道は円ではなく楕円であるため、どうしても理論が現実とずれてしまったのである。それでも、この斬新《ざんしん》な考え方は中世ヨーロッパ社会に大きな衝撃を与え、多くの科学者が影響を受けた。

コペルニクスの地動説を熱烈に支持したイタリアのガリレオは、1609年初めて天体望遠鏡を夜空に向けた人物でもある。ガリレオは、自作の口径4cmおよび7cmの屈折望遠鏡を用いて、主に次のような現象を明らかにした。

（1）月の表面に凹凸（クレーター）がある——それまで天体は神が創造した完全なもので、完全な形すなわち凹凸のない球体だと信じられてきた。月のクレーターだらけの表面は天地創造説に打撃を与えるものだった。

（2）太陽表面に黒点が発生し、数や形が変化する——ガリレオは望遠鏡で太陽を観測し、その表面に黒点を発見した。彼は黒点の位置を毎日記録し、黒点が移動し数が増減することを明らかにした。このことより彼は、古代から知られていた黒点が太陽表面の現象であることを確信した。ここでも、天界は永久不変であるという当時の真理が揺るがされることとなった。

（3）木星の周りを４つの衛星が公転している——木星に寄り添う４つの衛星が木星の周りを公転していることは、「すべてが地球を中心とする」宇宙体系の否定そのものだった。

（4）金星が月のように満ち欠けし、視直径（見かけの直径）も連動して変化している——金星の満ち欠けと視直径の連動した変化は、金星が太陽の周りを公転していなければ説明できないものであった。

ガリレオは特に（3）と（4）より地動説を確信したが、当時の宗教による激しい弾圧を受け、表向きは自説を曲げざるを得なくなった。法廷で自説を否定した後、「それでも地球は動いている」とつぶやいたというエピソードは真偽が定かではないが、当時の地動説に対する雰囲気をよく伝えている。

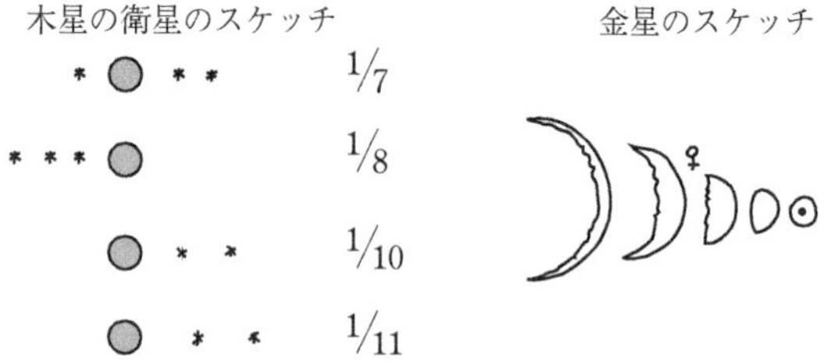

図8－3　木星の衛星と金星の満ち欠け（ガリレオのスケッチ）

ガリレオとほぼ同時代、デンマークのティコ・ブラーエも惑星の運動を克明に記録し、宇宙体系を明らかにしようとした。残念ながら当時の観測精度では、地球が公転している証拠をつかむことができず、彼は地動説を否定して世を去った。しかし彼の共同研究者であるドイツの**ケプラー**は、ティコ・ブラーエの残した長年の観測データを用いて、惑星の運動に関する3つの法則を経験則（理論に基づく法則ではなくデータから読み取れる法則）として明らかにした。

第1法則：惑星は、太陽を1つの焦点とする、惑星によりそれぞれ決まった形と大きさの楕円軌道上を公転する。
第2法則：惑星は、太陽と惑星を結んだ線分が等しい時間に等しい面積を掃くように移動する。
第3法則：惑星の太陽からの平均距離の3乗と公転周期の2乗との比は、惑星によらず一定である。

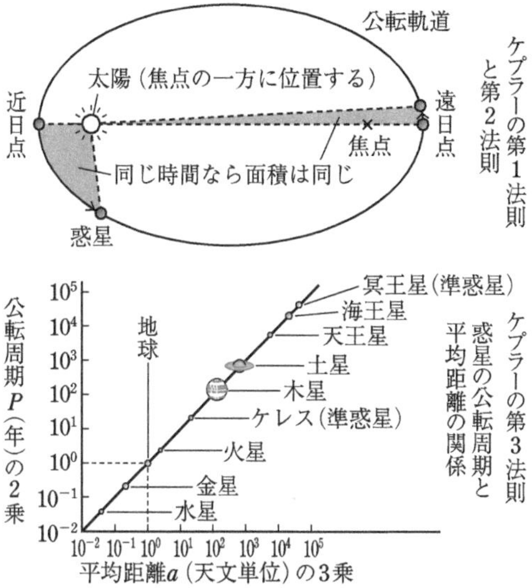

図8－4　ケプラーの法則

ここで「惑星」のところには、太陽を公転する天体、例えば**準惑星**や小惑星、彗星をあてはめてもよい。また、惑星を回る衛星についても、太陽と惑星の関係に置き換えることができる。

2 ニュートンと天体力学

ケプラーの法則に科学的な説明を与えたのはイギリスのニュートンである。ニュートンは地上の力学と天体間の力学には同じ原理があてはまるとして**万有引力の法則**を導き、この法則がケプラーの法則を証明することを明らかにした。ニュートンによって、それまで別のしくみとされていた地上と天上の力学が統合され、経験則にすぎなかったケプラーの法則が力学的な裏づけを得た。そして惑星の位置についてより正確な予測をすることができるようになった。こうして理論的な裏づけのなかった地動説の弱点が解消され、あとは直接的な地球公転の証拠、年周光行差や年周視差(第9章参照)の発見を待つのみとなった。

コラム

[ハレー彗星]

ニュートンにその著書『プリンキピア』の出版を勧めたことでも有名な、友人のハレーは、1531年、1607年、1682年に出現した大彗星の軌道を詳しく調べ、この彗星が75.3年の周期で太陽の周りを細長い楕円軌道で公転していることを明らかにした。ハレーの死後1758年に、ハレーの予報どおりに回帰したこの彗星は、彼の名を取ってその後ハレー彗星と呼ばれている。

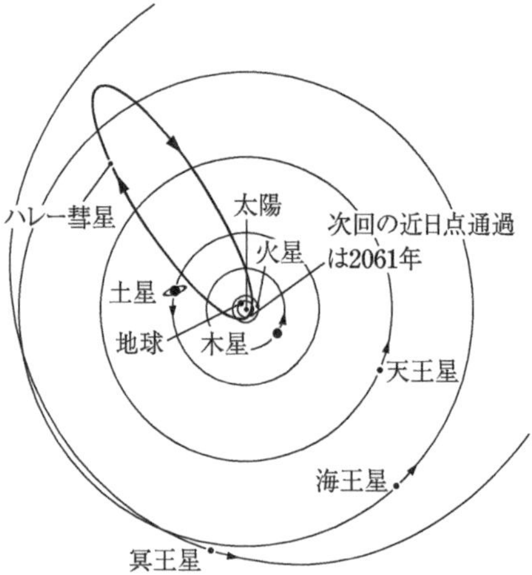

図8－5　ハレー彗星の軌道

3 天王星・海王星・冥王星の発見

なぜ1週間は「日・月・火・水・木・金・土」なのだろうか。7つの曜日名は、天球に貼りついた星々とは違う動きをする天体、すなわち太陽・月・水星・金星・火星・木星・土星に由来して名づけられた。旧約聖書の「創世記」にも曜日の記述があるくらいだから、相当昔からいわれてきたのだろう。同時に太陽系の惑星は、上に挙げた5つ（地動説では地球も含む）と長らく考えられてきたのである。天王星、海王星、冥王星が発見されたのはそれぞれ、1781年、1846年、1930年のことだ。

天王星は、イギリスのハーシェルが観測中に偶然発見した。その後、天王星の位置が計算から予測される位置とわずかにずれることから、その外側に未知の惑星の存在が予言され、イギリスのアダムズとフランスのルベリエはそれぞれ独自に未知の惑星の位置を予測した。その予測位置に実際に**海王星**を見つけたのはドイツのガレである。この成果は「天体力学の勝利」として語り継がれている。**冥王星**は米国ローエル天文台のトンボーが、徹底して写真乾板を見比べることによって発見した。しかし調査が進むにつれ、地球の月より小さいことや、同程度の天体が周囲にいくつも発見されたことで、惑星としての地位が揺らぎ、現在は準惑星として扱う（p.286コラム参照）。

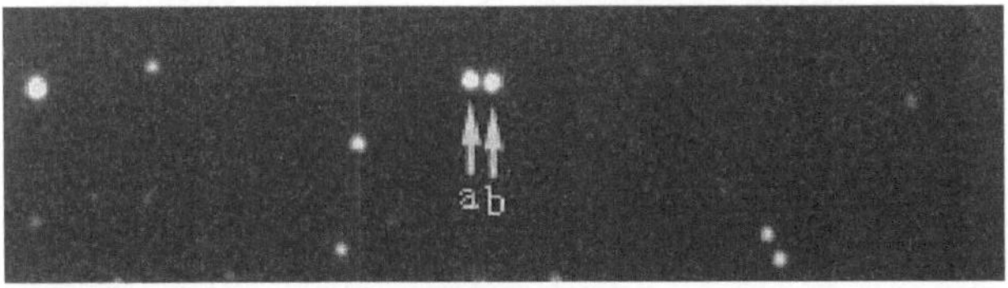

図8－6　天球上をａからｂに移動する冥王星（2時間35分隔てて撮影した2枚を合成。国立天文台）

4 惑星探査機による観測

1957年にソ連（当時）の人工衛星スプートニク1号が打ち上げられて以降、人工衛星や惑星探査機が宇宙と地球について新しい知見をもたらすようになった。これらの飛翔《ひしよう》体も万有引力の法則に基づいて、その軌道が定められる。

1972、73年に打ち上げられた米国の惑星探査機パイオニア10号・11号、同じく1977年に打ち上げられたボイジャー１号・２号は、木星・土星・天王星・海王星に相次いで接近し、地上からは観測し得ないさまざまな発見をもたらした。これらの成果は枚挙にいとまがないが、例えば木星の環や、木星の衛星イオでの活火山の存在、土星の環の詳細、海王星の大気の渦などを明らかにした。また、1969年にアポロ11号が着陸した月をはじめ、火星や金星には数多くの探査機が訪れ、火星には無人探査機による着陸探査も進んで大きな成果を上げている。1986年のハレー彗星接近時には、米ソ欧日がそれぞれ探査機を接近させ、彗星のような小天体についても新たな知見が急増した。さらに2005年には、日本の探査機はやぶさが小惑星イトカワに軟着陸するなど、惑星探査機によって太陽系の理解は急速に深まった。

次節では、こうして明らかになった惑星の素顔をのぞいてみることにしよう。

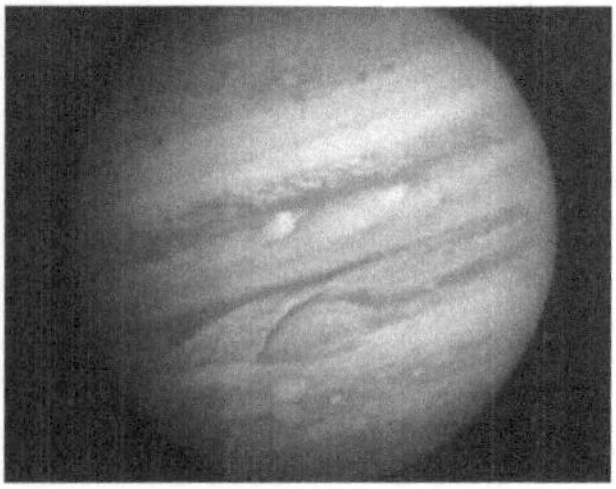

図８－７　探査機ボイジャーが撮影した土星（左）と木星（右）（NASA）

〈8-1 解答〉問１ ウ　問２ イ

8-2 惑星のすがた

問1 惑星の説明として正しいものを挙げよ（2つ）。

ア）地球型惑星は小さく密度も木星型惑星より小さい

イ）地球型惑星は小さいが密度は木星型惑星より大きい

ウ）木星型惑星の中心部には地球程度の大きさの鉄や岩石や氷でできた塊が存在する

エ）木星型惑星の中心部には巨大な氷の塊が存在する

1 太陽系の構造

太陽系を構成する８つの惑星は、大きさや密度、表面や内部の構造などからいくつかのグループに分類される。内側を回る水星・金星・地球・火星を**地球型惑星**、木星・土星を**木星型惑星**、天王星・海王星を**天王星型惑星**と呼ぶ。最近まで木星型惑星と天王星型惑星は同一として論じることが多かったが、惑星の内部構造に関して両者の違いが明確になってきたため、本書では区別して扱う。

地球型惑星の４惑星はいずれも岩石でできた固い地表を持つ。地球がこの中では最大で、金星がほぼ同じ大きさ、火星は地球の半分程度、水星は３分の１程度と小さい。しかし地球型惑星の平均密度は3.9〜5.5g/cm^{3}とかなり大きく、中心部に金属鉄の核を持つ。

これに対し、木星型惑星は非常に大きく（木星は地球の11倍、土星は９倍）、中心に地球の大きさ程度の鉄や岩石や氷でできた部分があるが、体積のほとんどは水素やヘリウムでできているため平均密度はとても小さい（土星では0.7g/cm^{3}で、水

	水星	金星	地球	火星
軌道長半径（AU）	0.39	0.72	1.00	1.52
公転周期（年）	0.24	0.62	1.00	1.88
自転周期（日）	58.7	243［r］	1.00	1.03
赤道面傾斜（°）	0	177.4	23.4	25.2
赤道半径（km）	2440	6050	6380	3400
質量（$\times 10^{24}$kg）	0.33	4.87	5.97	0.64
密度（g/cm^3）	5.43	5.24	5.52	3.93
大気主成分	なし	CO_2, N_2	N_2, O_2	CO_2, N_2, Ar

図８－８　太陽系の惑星の諸データ

の密度より小さい）。天王星型惑星は大きさが地球の４倍程度で、外見はガス惑星で木星型惑星とあまり変わらないが、その下はかなりの体積が「氷」である。これらの惑星では太陽から受け取る熱量が地球の100分の１以下（温度に換算すると－200℃以下に相当）であるため、二酸化炭素や窒素のような成分も固体となっているので、これらも含めて「氷」と表現する。

冥王星は現時点では主に大きさや密度が知られているのみだが、その密度は固体の星としては小さく、主に氷でできた天体と推測されている。冥王星探査を目的とする探査機が2006年に

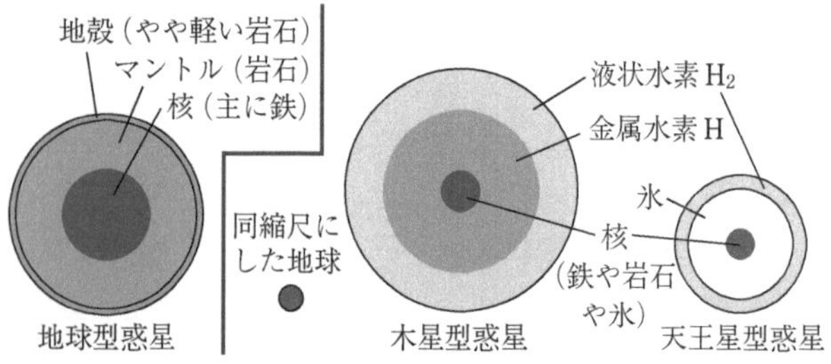

図８－９　地球型・木星型・天王星型惑星の内部の比較

木星	土星	天王星	海王星	冥王星（準惑星）
5.20	9.55	19.2	30.1	39.5
11.9	29.5	84.0	165	248
0.41	0.44	0.72[r]	0.67	6.4[r]
3.1	26.7	97.9	27.8	120
71490	60270	25560	24760	1150
1900	568	86.9	102	0.013
1.33	0.69	1.27	1.64	2.0
H_2, He	H_2, He	H_2, He	H_2, He	なし

自転周期の[r]は、公転の向きと逆回りであることを示す

打ち上げられたので、これが接近すれば冥王星についてさらに詳細な情報が得られるだろう。

太陽の周りを回るこれらの公転軌道は決して等間隔ではない。図8-8で軌道長半径を見ると、内側の4惑星までは1.5AU（AUは**天文単位**といい太陽—地球間の距離を1とした単位。1AU＝約1.5億km）の狭い範囲に密集しているのに対し、次の木星は5.2AU、土星は9.6AUと大きく離れ、さらに間隔はどんどん広がって、冥王星軌道は約40AUとなる。太陽を直径2cmの1円硬貨大に縮小すると、地球はその1円硬貨から2m離れた軌道を公転している0.2mmほどの物体となり、木星は10m離れたところを回る2mm大の物体、冥王星は80mも離れたところを動く0.04mmのほこりほどの物体ということになる。太陽系はこれほど広い空間にわずかな天体しか持たない、非常に空疎な空間である。

ただし、太陽と8惑星、それに冥王星だけが太陽系の構成員ではない。月のように惑星の周りを回る天体を**衛星**という。これも太陽系を構成する仲間である。水星・金星以外の惑星は衛星を持ち、特に木星型惑星・天王星型惑星は多くの衛星を抱え

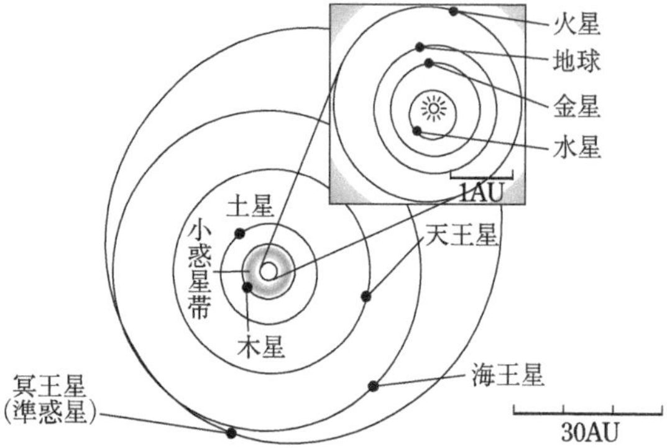

図8－10　太陽系の惑星軌道（2006. 1/1 の位置）

ている。木星ではすでに60個を超える衛星が確認されている。

火星軌道と木星軌道の間は広く開いているが、ここには直径が1km未満～数百kmと非常に小さい岩石質の天体が多数存在している。これを**小惑星**という。小惑星は太陽の周りを円に近い楕円軌道で公転しているが、中には軌道が火星軌道の内側に大きく入り込み、地球軌道に接近する**NEO**（ニア・アース・オブジェクト）もある。また、海王星軌道の外側にも多数の小惑星が発見されている。

さらに**彗星**も太陽系の一員である。彗星はほうき星とも呼ば

図8－11　小惑星イトカワ（JAXA）

図8－12　ヘール・ボップ彗星（国立天文台）

れ、太陽に近づくと美しい尾を夜空にたなびかせる。彗星は直径数十km程度の塊であり、主に氷でできていて、太陽の熱により氷が蒸発して太陽の反対側に流れ出したものが尾になって見える。この他、地球に落ちてくる隕石や、地球大気中で発光する流星のもとである直径数μm～数mのちりや岩石も含め、こうした天体や物体の集まりが太陽系である。

2 太陽系の誕生

太陽系はいつ、どのようにして誕生したのだろうか。第5章でも述べたように、地球を含め主な太陽系の天体は今からおよそ46億年前にほぼ同時にできたと考えられている。最近では電波天文学や赤外線天文学が発達し、さらにハッブル宇宙望遠鏡やすばる望遠鏡などの精密な観測により、銀河系内の星間雲における星の形成の様子が次第に明らかになってきた。これらの事実を踏まえ、天文学者たちが構築した太陽系形成のシナリオを紹介しよう。

第9章で詳しく述べるが、太陽系が位置する銀河系の円盤部には、星間物質（ガスやちり）が集まって高密度になった場所があちこちに存在し、**星間雲**と呼ばれる。どれくらい高密度かというと、星間雲でない場所では1cm^3あたり分子が1個程度

図８－13　星間物質から星の卵が形成されている現場：M16わし星雲（NASA）

しかないのに対し、星間雲では1000個くらいある。地上の大気 3×10^{19}個と比較すると限りなく真空に近いものの、宇宙空間では背後の光を遮《さえぎ》るくらい不透明な、すなわち物質の密集した部分ということができる。

この星間雲の一部が何らかの原因（第９章で述べる超新星爆発の衝撃など）によって圧縮されると、星間雲内により高密度な部分ができ、星間雲は自らの重力によって収縮を始める。このとき、星間雲はところどころにある密度のむらを均《なら》そうと、ゆっくり回転を始める。これは、お風呂の栓を抜いたとき、水が中心に集まりながら次第に回転を始める様子に似ている。

回転によって遠心力が働くようになると、物質は引力と遠心力の合力方向である赤道面に向かって移動し、星間雲は次第に平たい円盤状の塊となる（最終的には、ある密度以上に中心に物質が集中すると、引力が卓越して物質の多くを回転の中心に集める）。太陽系の場合ほとんどの物質が中心に集まり、そのため太陽系全体の質量の99％以上が原始太陽に集中し、１％未

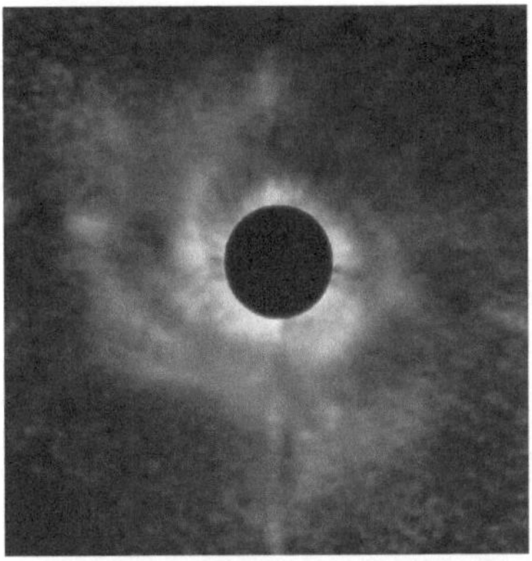

図8−14　ぎょしゃ座AB星の原始惑星系円盤（国立天文台。AB星自体は明るすぎるので遮光している）

満が周囲に円盤状に残った。これを**原始惑星系円盤**という。

原始惑星系円盤では、物質は重力と遠心力とがつりあった状態で回転する。岩石や氷のかけらは、円盤の中でも特に赤道面に濃集し、そこで互いに衝突・合体を繰り返して直径10km程度の岩石と氷の塊になる。この塊を**微惑星**と呼ぶ。ここまで、だいたい100万年程度の出来事である。

3 惑星の形成

原始惑星系円盤を構成するちりには、岩石や金属質の塊のほか、かなりの量の氷（ドライアイスなども含む）が存在した。氷は太陽の近くでは太陽の熱により蒸発してガスになっていたが、太陽から遠く離れる（ほぼ木星軌道から外側）と氷として存在できた。このため、太陽の近くでは岩石質の微惑星が生じ、遠方では岩石質の粒子に加え氷を多く含む微惑星ができた。これらがさらに衝突・合体を繰り返し、太陽の近くでは岩石質の**地球型惑星**ができた。遠方では氷も多く含んでさらに大きな塊となった。大きな塊は重力も大きいため、原始惑星系円盤に集まっている水素やヘリウムのガスを集めてさらに大型化し、雪だるま式に成長していった。こうして巨大な**木星型惑星**が形成された。さらに遠方では、氷の量が非常に多い塊が周囲のガスを集めて**天王星型惑星**ができた。

円盤の中心に膨大な物質が集まってできた原始の太陽は、収縮するにつれて加熱し、周囲に熱を放出し始めていた。この状態を**原始星**と呼ぶ。この段階では、収縮によって恒星全体が発熱するために、その後の主系列星（第９章参照）の段階より数百倍も明るく輝いていた。この放射によって円盤に残っていたガスは吹き飛ばされた。地球型惑星は周囲にあったガスを取り込むことなく、岩石質の星が裸のまま宇宙空間に浮かぶことになったのである。

なお、地球型惑星が現在まとっている大気のうち、水蒸気、二酸化炭素、窒素などは、微惑星が衝突・合体する際の激しい熱により岩石中に含まれていた揮発性成分が放出され、惑星の周りをとりまいてできたと考えられている。

こうして同一の原始惑星系円盤から、地球型惑星・木星型惑星・天王星型惑星という異なるタイプの惑星が誕生した。第５章で述べた、およそ46億年前の年代を示す隕石は、惑星の形成過程で運良く（運悪く？）どの惑星にもとらえられることなく宇宙空間を漂っていたのが、最近になって地球の重力にとらえられ落下してきたものだ。太陽を構成する元素組成と、こうした隕石の元素組成を比較すると、水素やヘリウムといった揮発成分以外は極めてよく一致する。これは、太陽から隕石に至る太陽系のすべての天体が、同一の材料からできたことを示す証拠といえる。

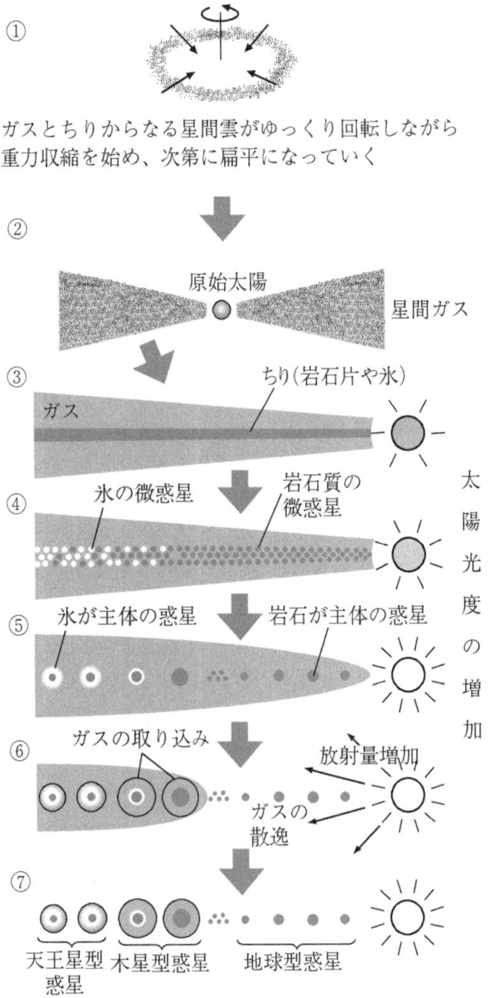
①
ガスとちりからなる星間雲がゆっくり回転しながら
重力収縮を始め、次第に扁平になっていく
②
原始太陽
星間ガス
③
ちり(岩石片や氷)
ガス
④
氷の微惑星
岩石質の
微惑星
太陽光度の増加
⑤
氷が主体の惑星
岩石が主体の惑星
⑥
ガスの取り込み
放射量増加
ガスの
散逸
⑦
天王星型
惑星
木星型惑星
地球型惑星

図8－15　太陽系形成のシナリオ

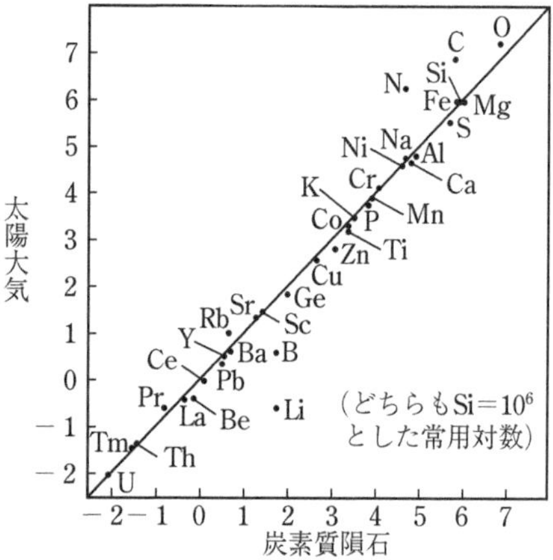

図8－16　太陽大気の組成と炭素質隕石の組成の比較

4 太陽系の果て

1992年、海王星の軌道の外側に新たな小天体が発見されると、その後、数多くの小天体がこの位置に存在することがわかってきた。このように海王星軌道（約30AU）の外側に小さな天体が数多く存在することは、1950年前後にエッジワースとカイパーが別々に予言していた。これらの天体は**エッジワース-カイパーベルト天体（EKBOs）**と呼ばれ、図8-17のように、海王星軌道の外側に円盤状に分布している。

さらにその外側はどうだろうか。遠方からやってきて太陽に近づくと尾を伸ばす彗星は、多くが細長い楕円軌道を描き、太陽から最も遠い点（遠日点）が海王星軌道の外側（EKBOsの領域やさらに遠方）に達するものも少なくない。はるかに遠くから太陽に近づいてくる彗星の中には、放物線軌道や双曲線軌道を描き二度と戻ってこないものもある。これらはあらゆる方向から太陽に近づいてくることから、彗星の故郷といえる場所が太陽を中心とする非常に大きな球状の範囲にあることを意味している。これを提唱者の名より**オールトの雲**と呼んでいる。オールトの雲は太陽から数万AUの半径まで広がっているとされる。EKBOsやオールトの雲のように、海王星より外側に分布する天体を総称して**太陽系外縁天体**と呼ぶ。

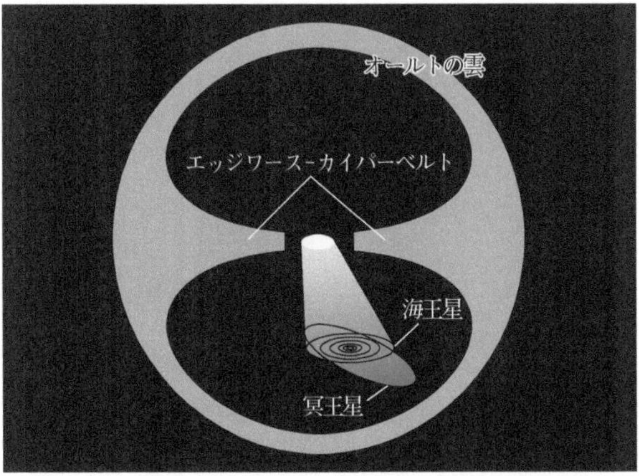

図8－17　エッジワース-カイパーベルトとオールトの雲（断面）

1986年にハレー彗星が太陽に接近した際、米ソ欧日が計6機の探査機をハレー彗星に接近させ、固体の核や噴き出たガスなどの詳細な調査を行った。その結果、彗星の核は氷に岩石などが混じった塊、いわば「汚れた雪だま」であることがわかった。

その後も複数の彗星に探査機が接近し、本体の一部を破壊して成分を調べたり、噴き出たちりを採取するなどの探査が進められている。彗星を調べることはEKBOsやオールトの雲の天体を調べることであり、太陽系の起源を探る重要な手がかりとなっている。

コラム

[惑星っていったい何だ？]

人類にとって「惑星」とは、有史以来永らく水星、金星、火星、木星、土星の5つだった。16世紀、コペルニクスの地動説によって私たちの住む地球も惑星と考えられるようになり、惑星は6つになった。この頃、惑星とは単に太陽の周りを回る天体という概念しかなかった。

18世紀の後半に、ドイツの天文学者ティティウスが次のような式を提案した。

$$a=0.4+0.3\times 2^n$$

この式のnに$-\infty,0,1,2,4,5$と入れていくと、aの値は知られている6つの惑星の軌道半径（天文単位）にほぼ一致する。1781年に天王星が発見され、惑星は7つとなった。その軌道半径は$n=6$とした値とほぼ一致した。この式の意味するところは不明だったが、信憑性は増す結果となった。

そこで、$n=3$の天体を発見すべく探査が続けられ、19世紀最初の日に$n=3$にほぼ一致する天体、ケレスが見つかった。ケレスは当初、新しい惑星との扱いを受けた。しかし大きさが小さいことと、同じような軌道を持つ他の天体が多数見つかったことから「小惑星」と分類されるようになった。その後19世紀中頃に海王星が発見され、これで惑星は8つとなった。しかし、$n=7$を満たすような軌道ではなかった。

20世紀になると、冥王星が発見され惑星は9つとなった。発見当時、冥王星は地球程度の大きさと考えられていた。しかし、探査が進むと地球の5分の1の大きさで月よりも小さい天体であることがわかった。それでも当時最大の小惑星ケレスの倍以上の大きさを持つ天体であり、惑星と見なされ続けた。

20世紀が終わる頃、EKBOsが続々と発見されるようになった。2001年に発見されたイクシオンは、直径1200km程度と見積もられた（後に下方修正）。翌年に発見されたクワオアも直

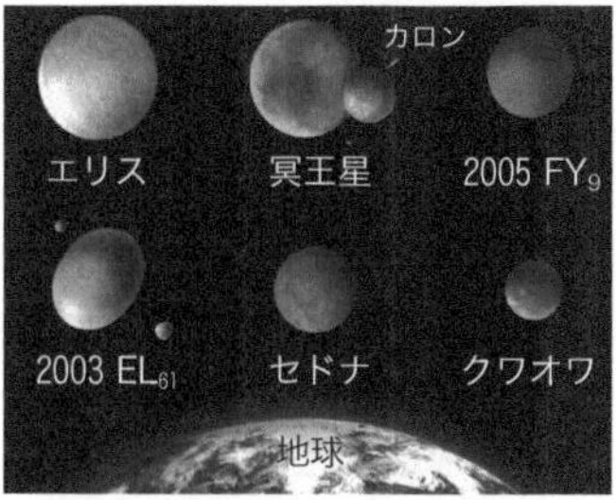

図8 −18　冥王星と主要なEKBOsの大きさ比較（NASA）

径1200km、2003年に発見されたセドナは直径が1100〜1600kmと考えられている。2005年には直径が2400km程度と考えられるエリスが発見された。ついに冥王星（直径2300km）を超える大きさの新天体が発見されたのだ。エリスを発見したグループは「第10惑星を発見」と主張した。しかし、今後もこのような天体は次々と見つかるだろう。これは観測技術の進歩とともに惑星が無尽蔵に増えていくことを意味している。

このような状況を受け、2006年に「惑星の定義」が国際天文学連合（IAU）の議題として取り上げられることになった。人類は歴史上初めて惑星というものを定義した。その定義とは、

1.太陽の周りを回っている
2.質量が十分大きく、自己の重力でほぼ球形になっている
3.その軌道周辺で圧倒的に大きく他に同程度の天体がない

である。この決議を受け、惑星は8つとなった。

冥王星は定義3を満たさないので惑星から外れ、新たな分類である準惑星となった。そして、それまでに発見された小天体と同様の手続きで、小惑星番号134340番が割り振られた。

冥王星は惑星ではなくなったが、その存在価値が下がったわけではない。太陽系外縁にも数多くの天体が認知されたことで、私たちの知る太陽系ははるかに拡大したといえる。冥王星を代表とするこれらの天体は、太陽系形成の過程で惑星まで成長しなかった天体群と考えられ、太陽系形成の謎を解明する鍵として注目を集めている。冥王星に向かっている探査機が到着したとき、私たちは太陽系の新たな姿を知ることになるだろう。

〈8-2 解答〉問1　イ、ウ

8-3 奇跡の星・地球

問1 地球以外に生物が存在する可能性を指摘されている太陽系内の天体は次のどれか。

ア)金星　イ)月　ウ)エウロパ　エ)土星

問2 火星にあったとされる海が失われたのはなぜか。

ア)太陽に近すぎた　イ)太陽から遠すぎた　ウ)もともと水が少なすぎた　エ)星の質量が小さく引き止められなかった

1 地球になれなかった金星と火星

第４章で述べたように、地球を地球たらしめているのは海つまり液体の水の存在である。地球の海のような液体の水を持つ天体は、太陽系内にほかにあるのだろうか。

金星は大きさこそ地球に近いものの、地表は二酸化炭素の厚い大気に覆われ、その猛烈な温室効果によっておよそ460℃、90気圧という高温高圧の状態で、これは鉛のような金属なら融けてしまうほどである。このような環境で液体の水はとうてい存在できない。誕生当初は水蒸気として存在したであろう水のほとんどは、大気上層で太陽紫外線を浴びて酸素と水素に分解されてしまい、酸素は地表を酸化するのに消費され、軽い水素は大気圏外に飛び去ってしまった。

地球も、誕生当初はマグマが地表を覆う灼熱の世界だった（第５章参照）が、太陽からの距離が金星よりも遠かったため、やがて水が凝結して液体の海をつくることができた。海には二酸化炭素が大量に溶け込み、岩石成分として固定されることで、大気中の二酸化炭素濃度は極めて低い値に抑えられ、平均気温が15℃ほどの「水の惑星」となった。金星と地球の運命を分けたのは、太陽からの距離というただ一つの条件であった。

次に**火星**を見てみよう。極付近には極冠と呼ばれる氷（水でできた氷とドライアイス）の塊がみられるほか、地下には凍土として氷になった水の存在が確認されている。また、火星には水の流れたことによって生じる地形も見つかっており、かつては大量の水、すなわち海洋が存在していた可能性が高い。しかし、現在の火星表面に液体の水は存在しない。火星の重力は地球の３分の１ほどで、水蒸気を含む大気のほとんどは逃げ出してしまい、火星は地表でも地球の100分の１の気圧以下という希薄な大気しかない。

図８−19　金星と地球と火星（NASA）

火星は太陽からの距離が地球よりやや遠いため、現在の火星は冷たく凍りついてしまった。しかし、火星軌道の位置に地球くらいの大きさの惑星があれば、二酸化炭素や水蒸気を主成分とする原始大気を引き止めていられたはずで、そうすれば地球と同じように海洋ができ、生命が誕生しただろう、と考える研究者は多い。結局、火星が地球のようになれなかったのは、星が小さく重力が十分でないため、大気を引き止められなかったから、といえる。

2 地球磁場と太陽風

太陽からは可視光線をはじめとする電磁波が放射されているだけでなく、**太陽風**と呼ばれる高速の荷電粒子（電気を帯びた小さな粒子のこと）も放出されている。これらは主に陽子や電子であるが、強いエネルギーを持ち、生物にとって有害であることが多い。

太陽風をはじめとする宇宙からの荷電粒子は、地球の磁場によって地上への侵入が防がれている。地球が大きな磁石であることは第1章ですでに述べたが、この磁場がおよぶ領域を**地球磁気圏**と呼ぶ。荷電粒子はこの磁気圏にはじき飛ばされるか、一部は磁石の両極である北極と南極（正確には北磁極と南磁極）に引き寄せられ、大気圏上層に侵入して大気分子と衝突して発光する。これが第6章で述べたオーロラである。地球磁気圏が宇宙から降り注ぐ有害な荷電粒子のバリアになることで、地球上の生命は繁栄できたのである。

木星型惑星や天王星型惑星は強い磁気圏を持つが、金星や火星は地球のような磁気圏を持たない(水星は弱い磁場を持つ)。

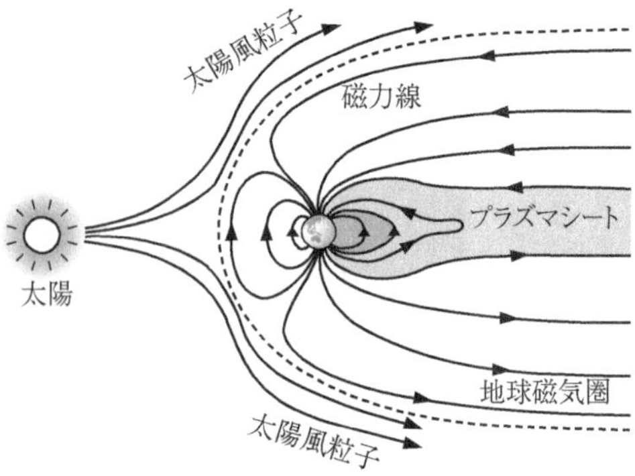

図8－20　地球磁気圏（破線の内側）

地球磁場は地球内部の液体状の鉄が流動することで生じるが、木星型惑星や天王星型惑星も内部に流動する物質（金属性の水素）を持っている。金星や火星は内部に流体の鉄を持たないのだろう。

コラム

[エウロパに海が存在する？]

地球以外には、液体の水が存在する天体はないのだろうか。現在、液体の水が大量に存在している可能性が最も高いと考えられているのが、木星の四大衛星の一つエウロパという天体である(図8−21)。エウロパは月よりも少し小さい程度の大きさで、表面は厚さ数kmの氷で覆われているが、その下には地熱で融かされた液体の水があると予想されている。この地熱は、木星の巨大な引力によってエウロパ自体がラグビーボールのように変形し、内部に蓄積したひずみが熱になったものと考えられている（もっと木星に近い衛星イオは地熱で火山ができている)。太陽から受け取る熱は非常に弱く、太陽放射を基礎とした地球のような高等な生命の繁栄は望めないものの、地熱のエネルギーによって原始的な生命体が存在している可能性は否定できない。

1989年に打ち上げられ、6年かけて木星に到達した探査機ガリレオは、木星の衛星や木星大気の成分などを調査した。2003年、使命を終えたガリレオは、エウロパへの影響を恐れて木星に墜落させられた。地球の微生物が付着した探査機がエウロパを汚染することが危惧されたのである。

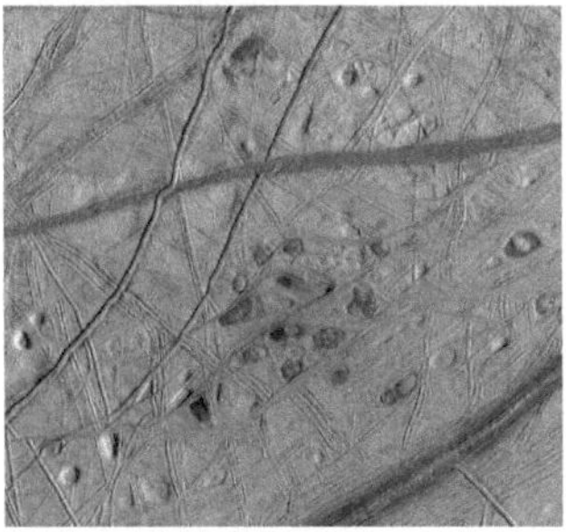

図8−21　木星の衛星エウロパの表面（NASA）

〈8-3 解答〉問1 ウ　問2 エ

8-4 母なる太陽

問1 太陽の中心部ではどのような反応が進んでいるか。

ア）水素が燃焼して水ができる

イ）水素が核融合してヘリウムができる

ウ）水素が凝縮して熱を放出する

問2 太陽表面の黒点はどんな場所か。

ア）周囲より高温である　イ）周囲より低温である

ウ）周囲と物質が異なる　エ）周囲より凹んでいる

1 太陽のエネルギー源

太陽が放出するエネルギーはどのくらいだろうか。大気の吸収がない大気圏外で1 m^2の面積が1秒間に受ける太陽放射エネルギーは約1.4kJで、これに地球の断面積をかけると地球全体で1.2×10^{19}Jという大きなエネルギーを受けることになる。ただし、地球が受けるエネルギー量は、太陽が宇宙空間に放出している全エネルギーのわずか20億分の1にすぎない。

このような膨大なエネルギーの源は、太陽の中心部で起きている水素の**核融合反応**である。太陽の中心部はおよそ1500万K（Kは絶対温度の単位「ケルビン」で、0 K＝－273.15℃だが、これくらい高温の場合は摂氏℃と大差なく考えてよい）という凄まじい世界であり、そこでは4つの水素原子核（陽子）が1つのヘリウム原子核（陽子2個、中性子2個）に変化するという水素核融合反応が進行している。これによって莫大なエネルギーが生み出され、そのエネルギーが内部を伝達して表面に達し、表面を5800Kで輝かせている。

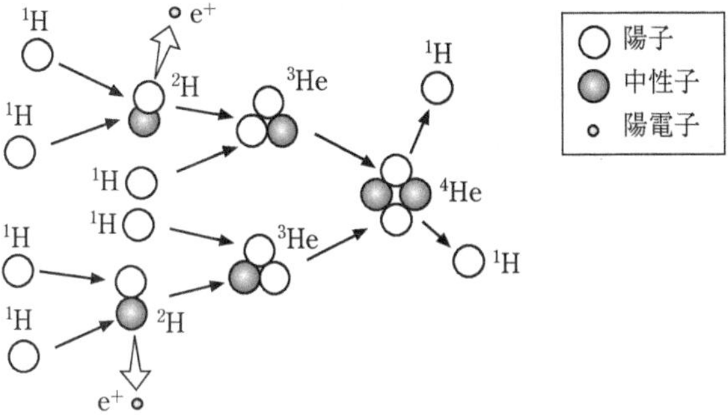

図8－22　水素核融合反応のしくみ

この反応において、4つの水素原子核の質量と生じたヘリウム原子核の質量とを比較すると、反応によって質量がわずかに減少している。この失われた質量がエネルギーに転換されたのである。エネルギー量はアインシュタイン方程式$E=\Delta mc^2$で示される〔E：エネルギー、Δm：質量欠損（反応の前後で失われた質量)、c：真空中の光速（約30万km/s)〕。

太陽は現在、第9章で詳しく解説する恒星の一生のうち、水素核融合反応で輝く主系列星という状態にある。主系列星の安定した状態は、太陽程度の質量だとおよそ100億年程度であると理論的には考えられている。したがって、すでに46億年輝き続けた太陽は、今後およそ50億年程度は安定して輝き、その後、急速に膨張して赤色巨星の段階を迎え、最後は白色矮星《わいせい》、さらには冷えて光を出さない星となって、その一生を終えると考えられている。

2 太陽表面のようす

太陽を決して望遠鏡で直接見てはいけない（レンズによって集められた光がほんの一瞬でも目に入ると失明の危険性があ

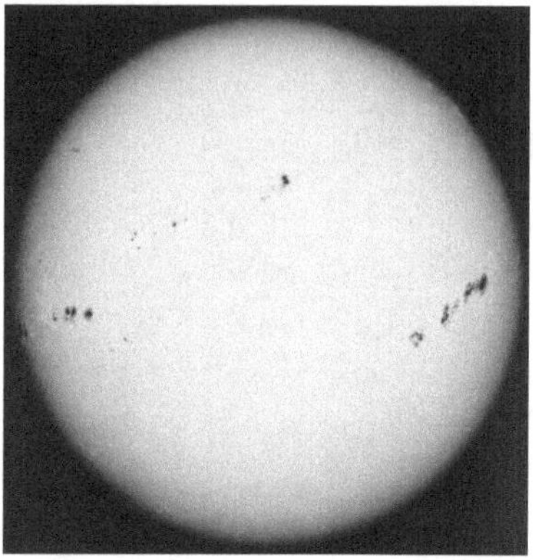

図8－23　太陽の表面（国立天文台）

る）。しかし、望遠鏡を通して得た太陽の像を投影すれば、安全に観察できる。図8-23に太陽の表面の姿を示す。

太陽の輪郭はガス天体でありながら極めて明瞭である。この表面を**光球面**と呼ぶ。光球面の温度は約5800Kである。表面に黒く見える**黒点**はおよそ4200K程度であり、周囲より温度が低いため暗く見える。黒点は太陽内部と外を貫く磁場の出入り口で、この磁場によって内部から外へ向かう熱の湧き出しが阻害され、温度が低くなっている。逆に黒点の周辺部は白く見えることがあり**白斑**と呼ばれる。これは黒点部分の磁場で遮られたエネルギーが集まったからで、周囲より数百度高い。白斑は、地球から見て正面にあると光球自体がまぶしすぎて見えないが、地球から見て輪郭付近にあると観測しやすい。

黒点数はほぼ11年の周期で増減を繰り返しており、黒点数の多い時期を極大期、少ない時期を極小期と呼ぶ。黒点数の多いときほど太陽活動は活発で、**フレア**と呼ばれる爆発現象が頻発する。フレアが起こり、その爆風（猛烈な荷電粒子の風）が地

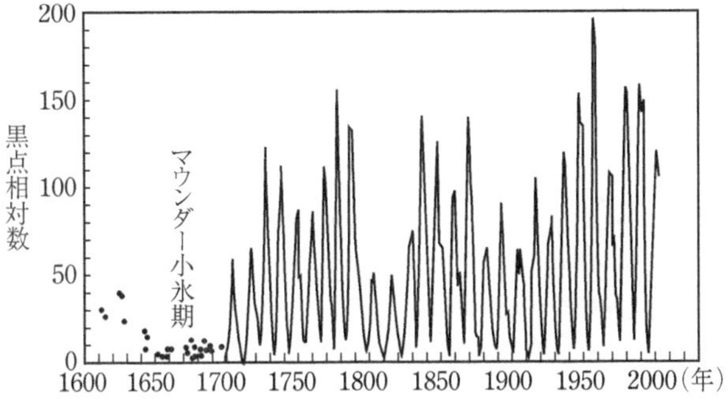

図8－24　黒点相対数の変化（黒点相対数とは太陽黒点の増減を示す指数）

球を襲うと、電離層を乱して通信異常をもたらしたり人工衛星などに障害を与えることもある。

地球が受け取る太陽放射エネルギー量も、黒点数と相関して変動している。例えば1645～1715年は、地球全体が寒冷になり世界中で飢饉が発生する時代であった（これを**マウンダー小氷期**という）が、この時代には太陽の黒点が極端に少なかったことがわかっている。このように、太陽黒点の増減は地球環境や人間社会にも多大な影響をもたらす。

3 日食と太陽大気

天体が別の天体の前を横切る現象を一般に「食」と呼ぶ。**日食**は、太陽―月―地球が一直線に並ぶことによって起こる現象で、太陽が完全に隠される場合を**皆既**《かいき》**日食**、月の視直径が太陽より小さいときに太陽の縁がリング状に残る場合を**金環日食**と呼ぶ。日食は平均すると年1回程度は起こる天文現象であるが、現象が見られる範囲が地上の狭い帯状の地域に限定されるため、太陽研究の貴重な機会としてとらえられている。

図8－25　皆既日食

皆既日食は太陽本体が隠されてしまうため、昼間でも周囲が夜のように暗くなるドラマティックな現象である。このとき、普段見ることができない太陽大気を観察することができる。

皆既日食時に光球面のすぐ外側で赤く輝く層を**彩層**という。彩層は温度が数万Kにもなる高温だが希薄な大気で、彩層からは**プロミネンス**（紅炎）と呼ばれる赤い火柱のような現象が見られることがある。プロミネンスは大きいものでは太陽直径の4分の1にもなる。プロミネンスも太陽の磁場がもたらすものであるが、フレアのような光球面を含む巨大な爆発現象と比較すると、比較的おとなしい現象（彩層のみにおける太陽大気現象）である。

さらに外側の真珠色の部分を**コロナ**という。コロナは太陽から噴き出したガスや荷電粒子で、その温度は100万Kもある。なぜ100万Kもの高温なのかはまだわかっていない。コロナのガスや荷電粒子は**太陽風**として惑星空間に流れ出し、地球の磁場にとらえられてオーロラを見せたりしている。

〈8-4 解答〉問1　イ　問2　イ

8-5 第２の地球を探せ

(問1) 惑星は太陽系外にも存在しているか。

ア）惑星は太陽系内にしか存在しない

イ）太陽系外にも惑星が見つかっている

ウ）恒星の周りには必ず惑星がある

1 系外惑星の発見

1995年、天文学会に大きなニュースがもたらされた。スイスのマイヨールを中心とする観測チームにより、ペガスス座51番星という星に惑星が存在することが初めて確認されたのである。彼らの報告について、初めは反応の多くが冷ややかなものだったが、追観測が成功するや否や大騒ぎとなり、アメリカの雑誌『TIME』の表紙を飾るほどの話題となった。その後、同様の惑星（太陽系以外の惑星を特に**系外惑星**と呼ぶ）の存在が、現在までにすでに150個以上も確認されている。

太陽系の外で見つかった最初の惑星は、太陽系のイメージとはかけ離れたものだった。この惑星は中心の恒星からわずか0.05AU（水星の軌道の８分の１）しか離れていないところを１周約4.2日という猛スピードで公転する、木星の半分（土星の倍）ほどもある巨大質量を持つ惑星だったのである。内側に地球型惑星、外側に木星型惑星という太陽系に似た惑星系を想定していた多くの研究者は、この星の観測データを誤差として見落としてしまい、結果的にマイヨールたちの後塵を拝する結果になったのである。

その後、相次いで見つかった系外惑星はほとんどが巨大質量を持つ惑星であり、すなわち太陽系でいう木星型惑星であって、地球型惑星のように固い表面を持つ惑星はあまり発見されていない。これは現在の観測法では大きく重い惑星でないと見つけにくいためで、しかたがないだろう。

系外惑星を探す最も一般的な方法は**ドップラー法**と呼ばれ、音のドップラー効果を思い出すとわかりやすいだろう。サイレンを鳴らしながら走る車の音は、観測者に近づくときには高く（波長が短く）聞こえ、観測者から遠ざかるときには低く（波長が長く）聞こえる。同じことが恒星の放つ光にもあてはまる。重いものを振り回すと自分も振り回されるように、大きな惑星を持つ恒星は惑星の重力に振り回されてわずかにふらつく。恒星が地球の方向に近づくときには光の波長はやや短いほうにずれ、逆に遠ざかると光の波長は長いほうにずれる。この波長の周期的なずれを、恒星のスペクトル（光を波長別に分離して並べたもの）を使って厳密に測定するのである。

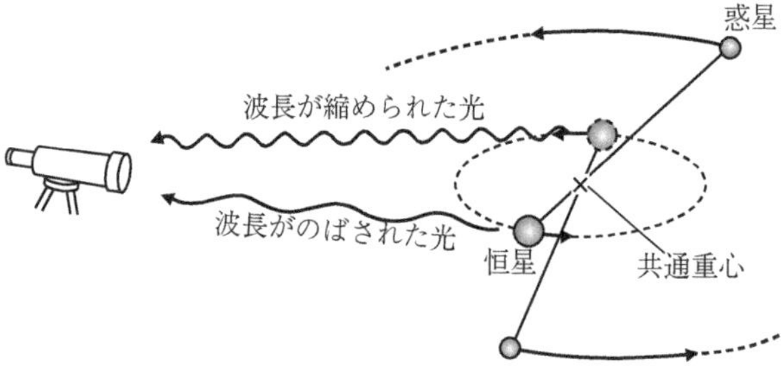

図8－26　ドップラー法

このほか、**トランジット法**といって、惑星が中心の恒星の前を横切るときに明るさがわずかに減るのを観測する方法もある。これは、惑星が地球から見て恒星の前を横切るような軌道を回っていなければならず、系外惑星が存在したとしてもこの方法で見つけられるものは少ない。しかし成功すれば、減光の割合から惑星の断面積すなわち大きさがわかり、ドップラー法で求めた質量から密度も求められる。さらに光が惑星大気を通過してくるので、惑星大気の組成までわかる可能性がある。この方法では惑星を構成する物質や大気の組成など、より具体的な姿が明らかになるのである。将来、観測技術が向上したり新たな観測法が開発されたりすれば、地球のように小型で固体の表面を持つ惑星も見つけ出せるかもしれない。そうすれば、そこに生物が存在する惑星を見つけ出せるかもしれない。

コラム

[報道は正しいとは限らない]

1997年8月、NASA（米国航空宇宙局）は、ハッブル宇宙望遠鏡（大気圏外に打ち上げられた口径2.4mの望遠鏡）によって人類史上初めて直接に見た系外惑星という1枚の画像を発表した。しかし、その後の研究によりこの発表は誤りで、恒星の近くに惑星のように見えている星は偶然見える方向が重なっているだけで、はるか遠くにある別の恒星であることが判明した。さて、この星が惑星なのかそうでないのかを判定するには、具体的にどんなことを調べたらよいだろうか。

この報道を検証するため、研究者たちは地上最大の口径10mのケック望遠鏡を用いてこの惑星候補星のスペクトル撮影を行った。その結果、惑星候補星のスペクトルが、中心の明るい恒星のスペクトルとはまったく異なっていた。もし惑星であれば恒星の光を反射して輝いているので、中心の恒星と同じスペクトルになるはずである。こうして報道が間違っていることが実証された。このように科学的な新見地は、他者が検証（追試験や追観測など）して初めて事実として認められるのである。

2 地球外生命を見つけるために

木星型の系外惑星はともかく、地球型の系外惑星を地上の望遠鏡で検出することは極めて難しい。そこでヨーロッパ宇宙機構では、大気圏外に「第２の地球」探査用の望遠鏡を打ち上げる計画を進めている。これは口径３m程度の望遠鏡を地球周回軌道にたくさん並べ、トランジット法による系外惑星観測専用の宇宙望遠鏡にしようというものである。

図８－27　地球型惑星探査衛星Darwin《ダーウイン》の想像図（ヨーロッパ宇宙機構）

この探査計画の特徴は、単に系外惑星観測を目的にしているだけでなく、「第２の地球」すなわち生物が存在しそうな惑星の探査を目的としていることにある。この計画では、生物が存在する惑星の条件として、惑星大気中に水や二酸化炭素、酸素やオゾンが存在することを期待しており、こうした成分を大気に含む惑星を発見しようとしている。つまり、地球と同じような大気組成を持つ惑星が見つかれば、そこには地球のように光合成をする植物を出発点とした生物圏が存在する可能性が高い、というわけだ。しかし、地球に見られるのとはしくみがまったく異なる生物が、まったく異なる生態系を築いている可能性もないわけではない。アメリカや日本でも独自に地球型惑星の探査計画を検討している。

こうした望遠鏡による惑星探しの一方で、宇宙のどこかにいるはずの地球外知性体（ETI：Extra-terrestrial Intelligence）からのメッセージを探し出そうとする試みも続けられている。SETI（Search for ETI）と呼ばれる試みは1960年代からあったものの、成果が上がらないこともあって何度も中断されたが、1996年以降は「SETI@home」として継続している。

地球外知性体が遠方にメッセージを発する手段はおそらく電波であろう。これを見つけるため、宇宙からの電波をプエルトリコにある世界最大（直径305m）のアレシボ電波望遠鏡などで集め、あらゆる波長帯について作為的なメッセージが埋もれていないか探すのである。データは大量なので、「SETI@home」ではインターネットで世界中のパソコン利用者に参加を募り、データを分割して配布し、パソコンの余ったパワーを利用して解析を進めてもらう、という方法をとっている。2005年1月現在、延べ500万台を超えるパソコンが解析に参加している。将来、宇宙のはるか彼方の知性体と私たちが交信しあう時代がやってくるのかもしれない。

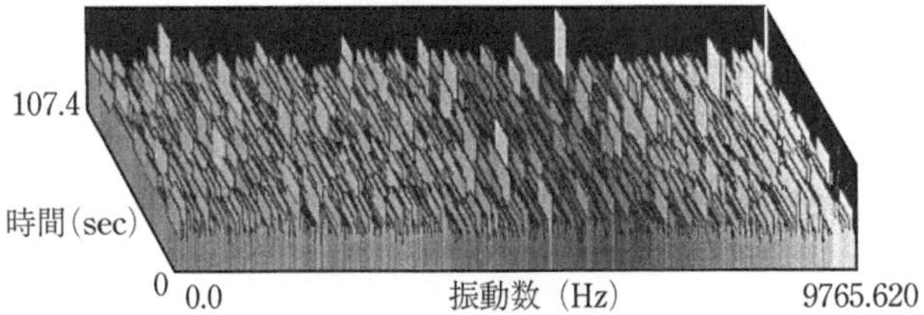

図8－28　SETI@homeの解析画面

第9章

恒星と銀河、宇宙の広がり

9-1 恒星の世界

問1 恒星の色の違いは何を表しているか。

ア）大きさ　イ）距離　ウ）構成物質　エ）表面温度

問2 恒星の表面温度と明るさ、および大きさにはどんな関係があるか。

ア）同じ大きさなら明るい星のほうが高温である

イ）同じ大きさなら明るい星のほうが低温である

ウ）同じ大きさなら温度によらず必ず同じ明るさになる

1 近くの宇宙

漆黒の暗闇の中で夜空を見上げ、何ともいえない感動に包まれたという経験を持つ人もいるだろう。人工的な灯りのまったくない理想的な環境で眺める夜空は、天の川がまさに流れるように横たわり、その輝きで自分の影ができるほどである。何とも神秘的な光景ではないだろうか。

こうした体験をすると、夜空に瞬く星はまさに数え切れないくらいあるように見え、宇宙は果てしなく感じられる。しかし、実際に見える星の数は、肉眼で見える限界である6等星まで見えたとしてもおよそ数千個である。これは太陽系から約1000光年までの、宇宙空間の中ではごく近い距離にあるものばかりを見ていることになる。私たちが夜空を見上げたときに感じる宇宙は、私たちの周りのごく狭い範囲なのである。

夜空に見える星（本章では「星」は恒星と同義とする）までの距離はどれくらいあるだろうか。太陽系に最も近い星は**ケンタウルス座α星**（αCen）という1等星の伴星で、距離は約

4.22光年。これは、太陽の大きさを１円硬貨（直径２cm）まで小さくして東京に置いたとすると、α Cenの星系は東京から約600km、岡山や青森の位置にあることになる。α Cenは太陽とほぼ同じ大きさなので、やはり１円硬貨くらいの大きさとなる。そして東京を中心とした半径600kmの範囲には、太陽系の天体（第８章でも述べたように、0.2mmの地球は１円硬貨の太陽から２mの距離を、２mmの木星は10mの距離を、0.04mmの冥王星は80mの距離を回る）以外は、まったく何もない空間が続くことになる。なんと空虚な空間だろうか！　太陽近傍での星の密度はどこもこれくらいである。なお、α Cenは南天の星で日本からほとんど見ることはできない。このほか、太陽系の近傍にある星までの距離を図9-1に示す。

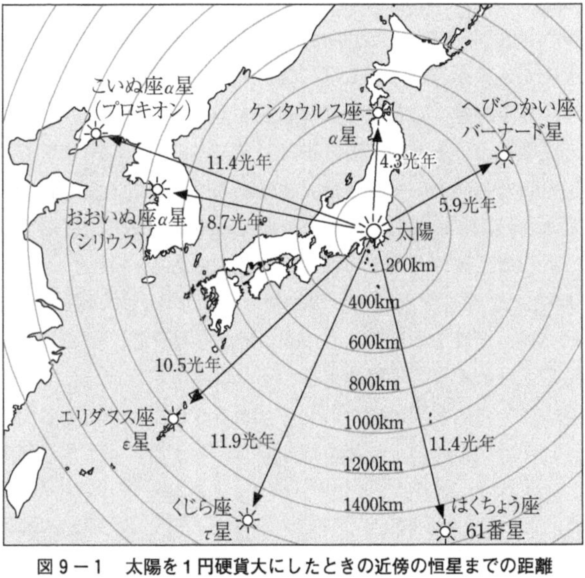

図９－１　太陽を１円硬貨大にしたときの近傍の恒星までの距離

2 星までの距離の表し方

宇宙で距離を表す際には**光年**という単位を使うことが多い。光年とは光が1年間に進む距離のことである。光の速度は秒速約30万kmだから、これに1年をかけると約9.5兆kmとなる。これは太陽—地球間の距離（1 AU）のおよそ6万倍である。先ほどの例では1円硬貨の太陽から約140km、東京から静岡までの距離に相当する。そして太陽系の外縁（オールトの雲の外縁）までの距離がだいたい1光年くらいと考えられている。

光年という単位は星までの距離を表すだけでなく、どれくらい前の光を見ているのかという時間をも表している。10光年の距離にある天体から届いた光は、宇宙空間を10年間走り続けて地球に届いたことになるから、私たちは10年前の光を見ていることになる。230万光年離れたところにあるアンドロメダ銀河の輝きは230万年前の光ということになり、人類がサルとの共通祖先から分かれつつある頃の輝きを見ていることになるのである。遠くを見ること、それは過去を見ることなのだ。

天文学における距離の単位には、光年のほかに**パーセク**もよく用いられる。パーセクとは、地球から見たときの星のわずかな動きを観測することで得られる距離の単位であり、観測結果が直接距離に換算される都合のいい単位である。

図9-2のように、地球が太陽の周りを1年かけて公転すると地球に近い星は1年周期でわずかに動いて見える。このような星の見かけの動きを**年周視差**という。年周視差は地球と星と太陽をつないだ三角形の頂角の大きさで表され、この角度が大きければ大きいほど星までの距離は近いことになる。ここで年周視差が1秒（＝3600分の1度）に相当する距離を1パーセク（＝3.26光年）と定義する。とはいっても、最も近い星であるα Cenの伴星でもその角度は0.772秒にしかならず、他の星の角

度はさらに小さい。実際には約100パーセク（約300光年）未満のごく近くにある星でないと、年周視差から正確な距離を測定することはできない（より遠方にある天体の距離の求め方もいくつかあり、距離に応じて使い分けられている）。

年周視差は地球が太陽の周りを公転している証拠でもある。コペルニクスが提唱した地動説が世間に認められるには、この年周視差が観測されなければならなかった。多くの人々が年周視差を探し求めたが見つけられず、ある者は測定できないことを理由に天動説を支持し、またある者は天動説と地動説の折衷案を考えたりした。そしてコペルニクスの時代から実に300年も後の1838年、ドイツのベッセルによる天体望遠鏡を用いた精密な観測によって、年周視差はようやく測定されたのである。

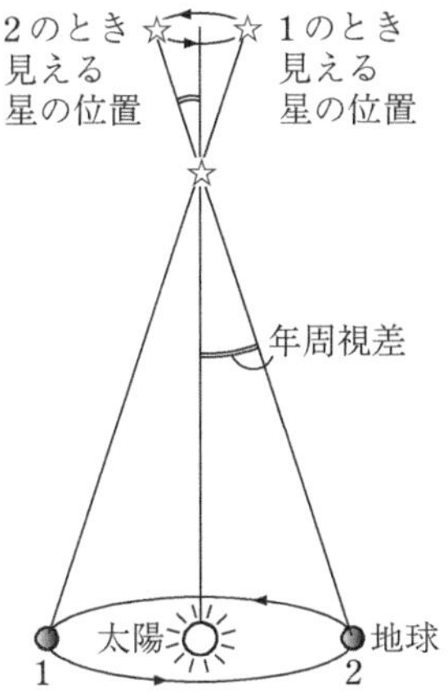

図９－２　年周視差

3 星からわかること

月や惑星は望遠鏡で拡大してみると、大きさや形や表面の様子などを見ることができる。しかし恒星はどんなに拡大しても点であり、観測でわかることはわずかに明るさと色しかない。よく明るい星を大きな星と勘違いする人がいるが、恒星までの距離はあまりに遠く、見かけ上実際の星の大きさはわからないのである。

星の明るさは**等級**で表される。この起源は今から2100年以上前の古代ギリシアにさかのぼる。当時の著名な天文学者ヒッパルコスが1000個あまりの星のカタログを作った際、それらの星の明るさを6段階に分けたのが等級の始まりである。彼は最も明るい星を1等星、肉眼で見える最も暗い星を6等星とした。19世紀になってイギリスのポグソンが、こと座のベガ（織女《しょくじょ》星）を0等星とし、1等星が6等星よりちょうど100倍明るくなるよう再定義した。この定義にしたがえば、1等級明るいと約2.5倍明るい。望遠鏡の発達につれて6等星より暗い星が見つかっても、この原則を用いてどんどん暗い等級を決めていくことができる。

こうして決められた星の等級を**見かけの等級**という。見かけの等級は星の見かけの明るさであり、これは星の実際の明るさと星までの距離の両方で決まる。星までの距離はまちまちだから、同じ星でも近くにあると明るく、遠くにあると暗く見える（明るさは距離の2乗に反比例）。このため、見かけの等級は夜空で星を探す際には便利だが、星の実際の明るさを表しておらず、星どうしの性質を比較したりする際には不向きである。

では、星の実際の明るさを比較するにはどうしたらいいだろ

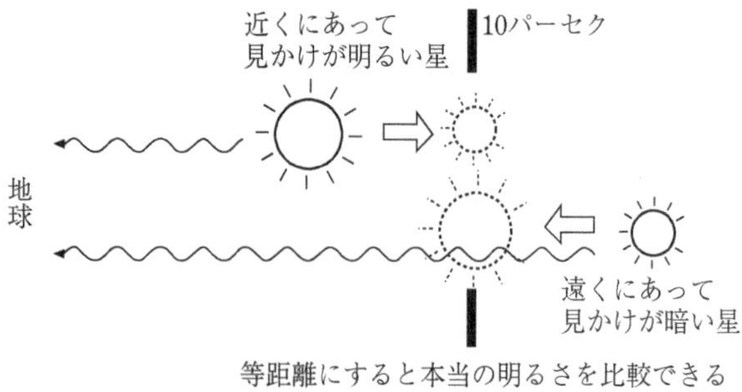

図9－3　見かけの等級と絶対等級の関係

うか。星までの距離が違うのが問題なら、すべての星を同じ距離に置いたときの明るさで比較すればよい。そこで、星をすべて10パーセク（32.6光年）の等距離に置いたときの明るさ、すなわち**絶対等級**で比較する。絶対等級は直接はわからないが、見かけの等級と距離から計算して求められる。そして絶対等級で比べることで、星がどれだけ光を放射しているかを知ることができるのである。

もう一方の情報、星の色からは何がわかるだろうか。物体はその表面温度に応じた波長の電磁波（光）を放射している。人間もその表面温度に応じた電磁波（主に赤外線）で輝いているのである。この電磁波は物体の表面温度が高いほど強く放射され、同時に波長帯が短いほうにずれる。表面温度が約5800 Kの太陽からは主に可視光線が放射され、温度の低い地球表面から

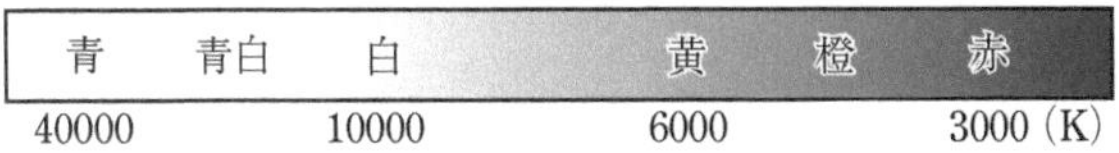

図 9 − 4　星の表面温度と色の関係

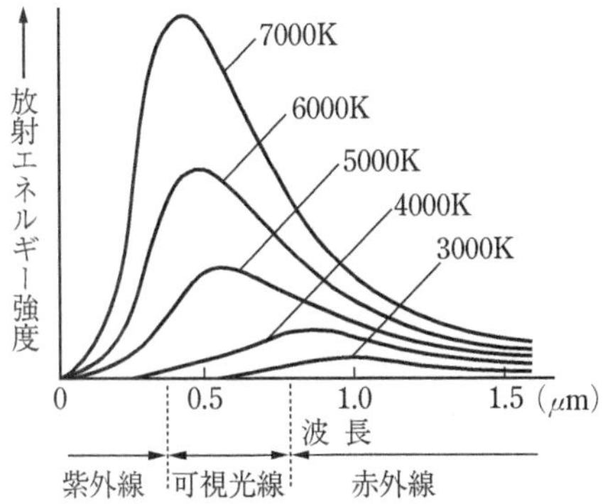

図 9 − 5　星の表面温度と放射エネルギーの関係

は主に赤外線が放射されることは、第6章ですでに述べた。太陽より高温の星からは可視光線の中でも波長の短い（青い）光が多く放射され青白く輝く。逆に温度の低い星からは波長の長い可視光線が主に放射され赤く見える。高温であるほど多くのエネルギーを放射するので、同じ大きさの星ならば高温の星の方が明るく輝く。

このように星の明るさと色からは非常に基本的で、かつ重要な情報を取り出すことができる。しかし、残念ながら星をいくら観察しても、これ以上のことはわからないのである。天文学では対象を直接手に取ることはできず、観測量は非常に限られる。したがって、このわずかな情報を用いて星の性質をなんとか見出さなくてはならないのである。

そこで、明るさと色を組み合わせるという発想が生まれた。20世紀の初頭、デンマークのヘルツシュプルングとアメリカのラッセルはそれぞれ独立に、星の明るさ（絶対等級）と色を縦横にとったグラフを作成した。これを**ヘルツシュプルング-ラッセル図**（**HR図**）と呼ぶ。HR図の横軸は一般的にはスペクトル型が用いられる。これについては後述するが、結局は横軸に表面温度の目盛りを刻むことに他ならない。最も左側のO型の星は表面温度が数万K、逆に最も右側のM型の星は3000K程度である。

一般に、星が放つ光の強さは、恒星の表面温度が高温になるほど強くなる（ステファン-ボルツマンの法則）。また、星の大きさが大きくなると表面積も大きくなるので、表面から放射される光の量も多くなり、星は明るくなる。この関係を頭に入れた上で、HR図を眺めてみよう。

HR図では星は３つのグループに分類される。まず、HR図の左上から右下にかけて斜めに分布する恒星群を**主系列星**とい

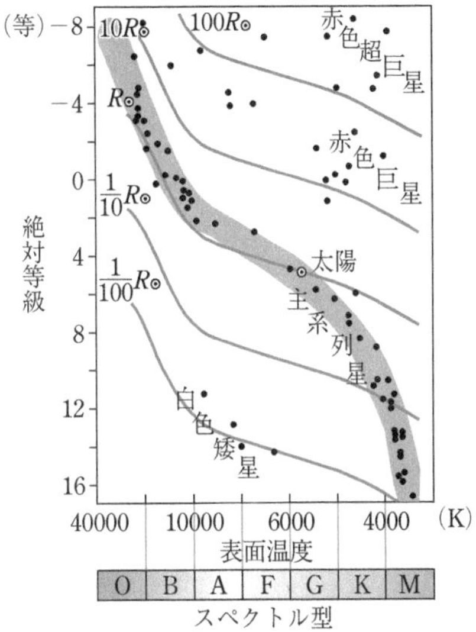

$R_{\odot}$は太陽半径を表し、例えば100$R_{\odot}$の曲線は太陽の100倍の大きさの星のスペクトル型と絶対等級の関係を示す

図9－6　ヘルツシュプルング-ラッセル図（HR図）

う。星のおよそ9割はこの主系列星であり、太陽もその一員である。主系列星は互いに性質が似ており、大きさの違いもそれほど極端ではない(太陽の数十分の1程度から10倍程度まで)。HR図における左上と右下の違いは主に表面温度の違いによるものである。左上の星は高温のため明るく輝くので上に、逆に右下の星は低温のため暗くなるので下に位置する。

これに対し、主系列星の右上に位置する星の群は、表面温度は太陽程度かそれより低い（黄色～赤色）が、同色の主系列星と比べると5～10等級も明るい（明るさにして100～1万倍）。同じ色であれば表面温度は変わらないので、この明るさの違いは大きさの違いということになる（半径にして10～100倍）。すなわちこの右上の集団は巨大な星の集まりであり、**赤色巨星**と呼ばれる。逆に、主系列星の左下に散在する星の群は、非常に高温で輝いているものの同色の主系列星と比べてはるかに暗く、極めて小さな星ということができる。これを**白色矮星**と呼ぶ（矮とは巨という字の反対で小さいという意味）。

このようにHR図を利用すると、直接見ることのできない星の大きさや質量について手がかりを得ることができる。星の大きさと表面温度から、星が輝くエネルギーの源泉である内部の活動もかなりわかってきた。それによると、HR図上に現れた星のグループは、星の若年期から年老いて死ぬまでのそれぞれのステージを表しているのである。これについては次節で詳しく述べる。

コラム

［スペクトル型と吸収線］

すでに述べたように、HR図の横軸にはスペクトル型が用いられる。これは、星からやってくる光をプリズムに通してスペクトルにしたとき、その中に現れる吸収線を基準に星を分類したとき

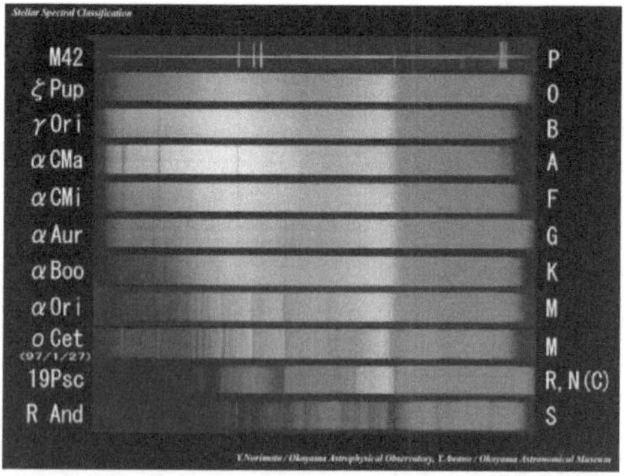

図9−7　恒星のスペクトル写真（国立天文台／岡山天文博物館）

のタイプである。吸収線は、星が放射するあらゆる波長を含む光のうち特定の波長だけが星の大気に吸収されることで、その光のスペクトル中に現れる細く暗い線のことをいう。吸収線の波長は、星の大気に含まれる元素の種類や表面温度による原子の電離の状態によって異なる。

ところで図9-6に示したように、HR図に用いられるスペクトル型はO—B—A—F—G—K—Mという順序で並んでいるが、このように整理されるまでには大変な紆余曲折があった。星のスペクトルを分類しようという試みは19世紀中頃から行われていたが、作業は膨大な星の数を前に難航を極めた。全天の星に対して系統的にその作業を行ったのは、ハーバード大学のピッカリングである。彼は優秀な助手を集め、20万個以上の星のスペクトル写真を目で検査し分類するという、気の遠くなるような作業を指揮した。そして分類したグループに対し、A、B、C……というように名前をつけていった。

観測の精度が向上するに伴い、作業の中では異なるグループに分類していたものが同じグループであることがわかったり、逆にあるグループを２つに分離させなければならないということが何度も起こった。そのたびに、アルファベットに欠番が生じたり新たに文字をふったグループが割り込んだりした。また吸収線と表面温度の関係がより詳しく解明されるにつれて、その順番も当初の順から大きく変更されることになった。こうして1924年、現在のようなスペクトル型の順序が完成した。

HR図を作ったラッセルの弟子たちは、何とかこのスペクトル型の順序を暗記してもらおうと、さまざまな語呂合わせを考えた。中でも次のものは大変よくできているので、現在でも世界中で利用されている。みなさんも覚えてみてはいかがだろう。

Oh! **B**e **A** **F**ine **G**irl, and **K**iss **M**e!

(女性の読者はGirlをGuyに替えてみては……)

〈9-1 解答〉問1 エ　問2 ア

9-2 恒星の進化

問1 主系列星の中心部では何が起こっているか。

ア）ウランの核分裂　　イ）水素の核融合

ウ）ヘリウムの核融合　　エ）メタンの燃焼

問2 星の寿命や最期の姿は何によって決まるか。

ア）温度　イ）質量　ウ）物質の種類　エ）位置

1 星の誕生

星の寿命はどんなに短くとも数百万年はあり、1つの星の誕生から死までをずっと監視することなどできない。私たちの頭上に輝く星の姿は星が歩む長い一生のある瞬間の輝きであるから、膨大な数の星を調べ、誕生して間もないものからまもなく臨終を迎えるものまで順に並べることで、標準的な星の一生の様子を理解することができる。この節ではこうして明らかになった星の一生の様子について紹介していきたい。

前章の太陽系形成のところでも述べたように、宇宙空間は完全な真空ではなく、ガスやちりといった星間物質がわずかに存在している。星間物質が特に集まっているところを**星間雲**という。自ら輝いていない星間雲が漆黒の宇宙に浮かんでいると、闇夜の霧と同じで可視光線ではまず見つけられない。しかし周りの星の強力な紫外線などを受けて、ガスが電離して発光するもの（**HⅡ《エイチツー》領域**）もある。有名なオリオン星雲（M42）やいっかくじゅう座のばら星雲などは代表的なHⅡ領域である。また、星間雲の背景に明るい天体があると、星間雲が後ろにある天体の光を遮り、暗い星間雲がシルエットとして見えることが

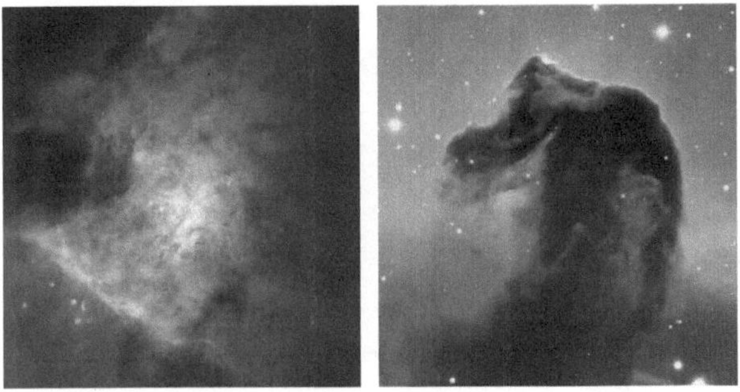

M42オリオン星雲（HⅡ領域）　　　馬頭星雲（暗黒星雲）

図9－8　HⅡ領域と暗黒星雲（NASA）

ある。このようなものを**暗黒星雲**と呼ぶ。これも有名なオリオン座の馬頭星雲のほか、天の川を遮る位置にあるものがいくつも知られている。

密度の低い星間物質では物質はほとんど原子の状態で存在しているが、密度の高い星間雲の中には、原子が結合して分子を形成しているものがある。電波望遠鏡での観測が進むにつれて、宇宙には水やメタンや一酸化炭素のような単純な分子から、簡単なアルコールなどまで存在することがわかってきた。こうした分子を含む高密度の星間雲は特に**分子雲**と呼ばれ、このような場所から星が誕生すると考えられている。

分子雲の中ではさらに密度の高い部分(分子雲コア)ができ、ここに周囲の物質の多くが吸い寄せられて星の原形がつくられる。物質が重力の中心に吸い寄せられると、重力エネルギーが熱となって放出されるので、こうして分子雲コアは徐々に温度が上昇する。やがて赤外線を放射するようになったものを**原始星**と呼ぶ。

原始星がさらに収縮して温度がさらに上昇すると、可視光線で輝き始める。この段階を**Tタウリ型星**（おうし座T型星）と呼ぶ。太陽系にあるような惑星はおよそこの段階に星の周囲を取り巻くちりやガスから形成される。

やがて中心部の温度が1000万Kを突破すると、星の中心部で水素４つがヘリウム１つに変わる水素核融合が始まる。これにより膨大なエネルギーが生じ、星は安定して輝き始める。これが**主系列星**である。自ら安定して輝く星を恒星と呼ぶので、主系列星となってようやく恒星の誕生が完了したといえる。

2 主系列星のしくみと星の寿命

星は、自らを縮めようとする巨大な重力と、中心部で生産される熱によって膨張する圧力とのつりあいでその大きさを保っている。分子雲からTタウリ型星の段階では、重力に対して膨張圧が不十分なため収縮が止まらない。しかし主系列星では、中心部の水素核融合で生じる莫大な熱による膨張圧が重力による収縮圧を支えるため、主系列星は安定して輝き続ける。

星はその生涯の大半を主系列星として過ごし、主系列星でいる期間の長さがほぼ星の寿命といえる。その長さは星の質量で決まる。単純に考えると、質量の大きな星のほうが燃料となる

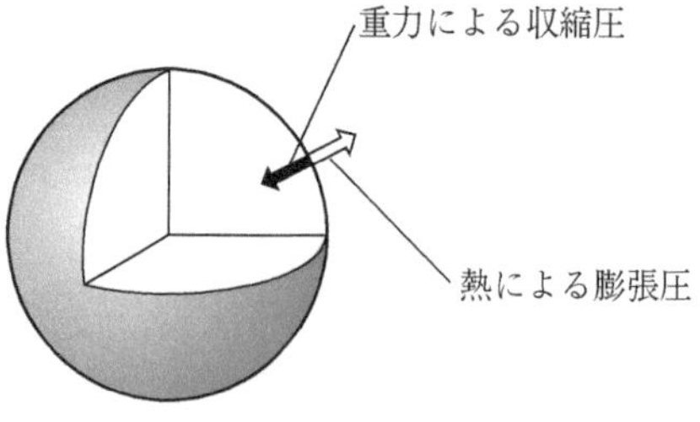

図９－９　恒星の力学的つりあい

水素をたくさん持っていて長生きしそうであるが、こういう星は大質量ゆえに重力が非常に強く、中心部の温度と圧力は激しいものとなる。そのため激しい水素核融合をして中心部の水素をあっという間に使い尽くす。逆に小さい星のほうがゆるやかに核融合を続けられるため、長命でいられるのである。太陽はその大きさから寿命が約100億年と考えられ、46億年を過ぎて人生の折り返しにさしかかった頃、といえる。

質量	おおよその寿命		($M\odot$：太陽質量)
$100M\odot$	300万年	$2M\odot$	13億年
$50M\odot$	600万年	$1M\odot$（太陽）	100億年
$10M\odot$	2500万年	$0.7M\odot$	500億年
$5M\odot$	1億年	$0.5M\odot$	1700億年

図9－10　星の質量と寿命

もし太陽の質量が今の２倍だったとしたら、その寿命は十数億年で尽きてしまうことになる。地球上に人類はおろかまだバクテリアくらいしか登場していない段階で、太陽が終焉《しゅうえん》を迎えてしまうのである。その上、核融合が激しく進行するため恒星表面は非常に高温になり、強力な紫外線が放たれる。地球では生命の誕生すらなかったかもしれない。逆に、太陽の質量が今の半分だったなら、1000億年以上も主系列星でいられることになるが、核融合がゆるやかなのでその輝きははるかに暗い。地球は完全に凍りついてしまい、とうてい生命は誕生できなかっただろう。地球に生命が宿り、人類という高度な生物にまで進化したのは、太陽の質量（および質量から決定される寿命）が適当だったから、ということがいえよう。

3 星の晩年と最期

星が主系列星として輝いている間、中心部では、核融合反応の「燃えかす」であるヘリウムが次第に蓄積される。ヘリウムのほうが高密度でより中心部に沈み込むため、水素が核融合する場所は徐々に中心部のヘリウムでできた塊の周り、球殻状の部分に移る。そして「燃えかす」のヘリウムの量が星の質量の２割程度になると、ヘリウムの塊は自身の重力で収縮を始める。

すると収縮によって発生した熱はすぐ外側の球殻の部分を温め、今度はこの球殻の部分で水素核融合が始まる。この熱によって、星の外層は極端に膨張する。これが**赤色巨星**である。太陽が赤色巨星になると、その表層は金星軌道まで達すると考えられる。膨張により赤色巨星の表面温度は下がり、赤色の星となるが、巨大化したため表面積が大きくなり非常に明るくなる。

赤色巨星以降の星の進化のしかたやその最期の様子も、星の

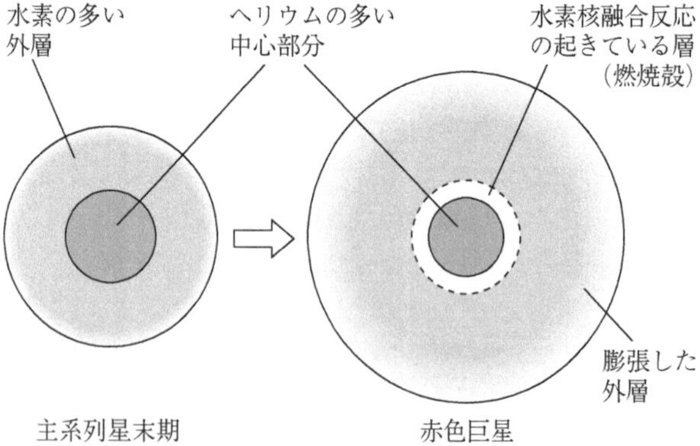

図9－11　赤色巨星の内部構造

質量によって違ってくる。星の質量は星の寿命だけでなく死に様も決めているのである。ここでは太陽と元素の組成がよく似た恒星について、（1）太陽よりやや小さい～太陽質量の３倍程度の星、（2）太陽質量の３倍程度～十数倍の星、（3）太陽質量の十数倍以上の星、の３つに分類して解説する。

（1）太陽よりやや小さい～太陽質量の３倍程度の星

太陽程度の質量の星では、赤色巨星内部のヘリウムでできた中心部の塊の収縮がある程度で止まる。すると、その周りで起こっていた水素核融合も徐々に終わり、星は赤色巨星としてのひとときの輝きを終えて徐々に暗くなっていく。膨張した外層のガスは、星のはるか外側にまで拡散してしまう。この拡散途中にあるガス（星の外層部分だったもの）は、望遠鏡で見ると丸く広がって見え、惑星のようにも見えるので**惑星状星雲**と呼ぶ。一方、外層のガスが離散すると、中心部に残ったヘリウムの「燃えかす」が白く小さい星として見えるようになる。これが**白色矮星**である。白色矮星は徐々に冷えていき、最期には輝きを失ってしまう。

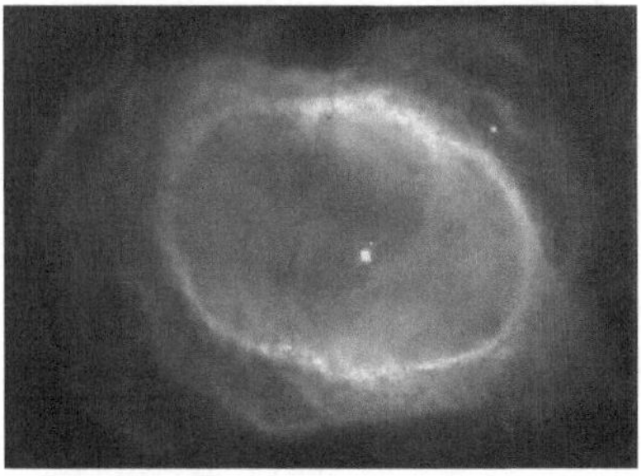

図９－12　惑星状星雲（ポンプ座８の字星雲）と白色矮星（NASA）

（2）太陽質量の３倍程度〜十数倍の星

太陽より相当大きな星では、ヘリウムでできた中心部が収縮し続け、温度が１億Kに達する。するとついにヘリウムどうしが核融合反応を始め、炭素や酸素が形成される。このとき、核融合反応が起きる場所が球殻から再び中心部に戻る。いわば主系列星のしくみに少し戻ったことで、星の表層は赤色巨星のときほど加熱されなくなり、星は少し収縮する。

ヘリウムの核融合反応が一気に進み、中心部に「燃えかす」の炭素や酸素が蓄積される。ヘリウムは中心部からなくなり、「燃えかす」を包む球殻の部分で核融合反応を続ける。すると星は再び膨張していく。やがて、星の中心部には炭素と酸素の塊ができ、その周りを残ったヘリウム、外層に水素が包む「たまねぎ状」の構造になる。

ここまでくると、中心部の温度は猛烈な高温になる。ヘリウムがつくられる頃までは、中心部の温度は星の膨張・収縮によってうまく調節され（高温になりすぎると少し膨張して原子ど

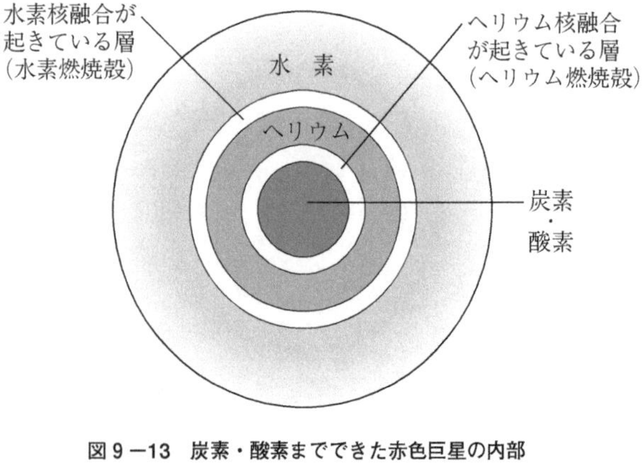

図９−13　炭素・酸素までできた赤色巨星の内部

うしの衝突頻度を落とす)、安定した核融合反応が起きる。しかし、炭素と酸素がつくられる頃になると、中心部は原子核がぎっしり詰まった状態にまで収縮していて、温度の調節ができなくなる。この状態で核融合が進むと、温度が急激に上昇して反応が暴走し、星全体が大爆発してしまう。これを「爆燃《ばくねん》型」の**超新星爆発**という。地球から見ると、突然明るい星が現れたように見えるので超新星と呼ばれるが、実際は新しい星ではなく、星が最期に放つ閃光《せんこう》なのである。

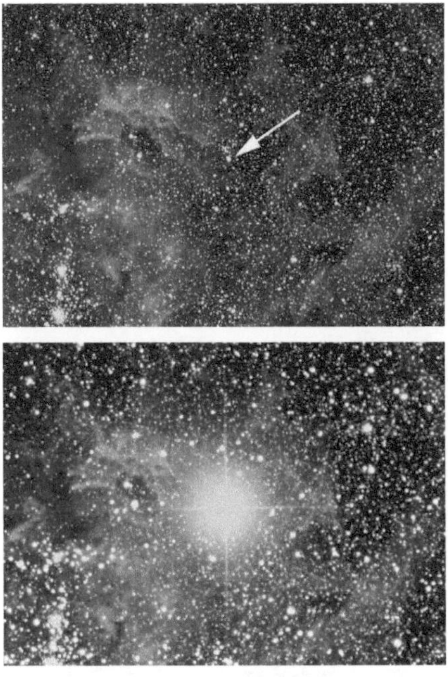

図９－14　大マゼラン雲に出現した超新星1987A（下写真）。上写真の矢印は爆発前の星（アングロオーストラリア天文台）

（3）太陽質量の十数倍以上の星

これくらい重い恒星になると、中心部での核融合反応が次々と進み、炭素や酸素からさらに重い元素（マグネシウムやケイ素や鉄）がつくられていく。「たまねぎ状」の階層がさらに進化したことになる。星は極端に大きく膨張し、オリオン座の1等星ベテルギウスではその直径が太陽系の木星軌道をも飲み込んでしまうほどである。

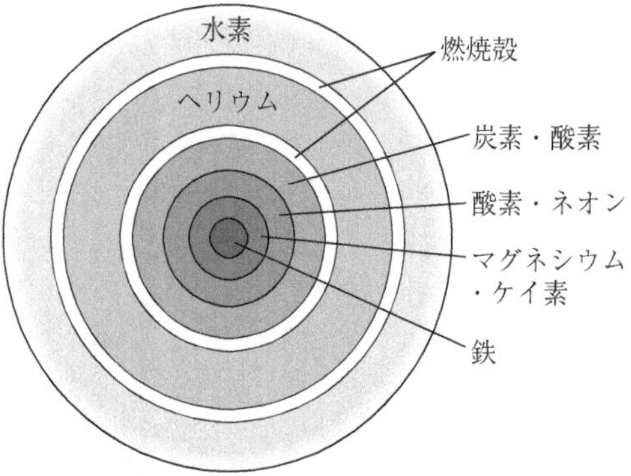

図9－15　鉄までできた赤色超巨星の内部

しかし、鉄の原子核はあらゆる元素の中で最も安定であるので、鉄が中心部にたまってきても、鉄が核融合反応してエネルギーを生産することはできない。すると、反応によって生み出されるエネルギーがなくなるので、星は自らの重力を支える力を失って中心部が収縮し続ける。そして、中心部の温度が40億Kを超えると、鉄は分解してしまう。この分解反応は中心部の熱を奪うので、星は自らの重力を支える力を失って一気に収縮(爆縮《ばくしゅく》)する。これを**重力崩壊**という。

収縮の行き着く先は、原子核どうしが密着して一つの巨大な塊になる状態（しかも電子が陽子にめり込むためすべてが中性子）である。こうなると、もうこれ以上収縮できないため、上から落ち込んできた外層部は跳ね返され、今度は大爆発となる。この大爆発を「重力崩壊型」の超新星爆発という。爆発により星の残骸が猛烈な勢いで吹き飛ばされ、中心には超高密度の小さな天体が残される。これを**中性子星**と呼ぶ。

中性子星は巨大な星の中心部が極端に収縮したもので、質量は非常に大きいにもかかわらず、大きさは白色矮星よりもはるかに小さい。つまり極端に高密度の天体で、その重力も極端に大きい。さらに中性子星は超高速で自転していると考えられている。

コラム

[かに星雲のパルサー]

おうし座のかに星雲は、超新星爆発によって吹き飛ばされた星の残骸であり、日本や中国の古《こ》文書《もんじょ》よりその爆発した年代が1054年と判明している貴重な天体である。日本では、鎌倉時代の藤原定家の記した『明月記』に記述が見られる。それによると、オリオン座の隣に突然現れたこの星は、木星くらいの明るさに見え、しばらく昼間でも見えた、とある。これは超新星爆発を記録した最古の文献である。

このかに星雲の中心からは、0.033秒という極めて短い間隔で発信される電波が観測されている。このように電波やX線を短い間隔の極めて正確なパルスとして発信する天体をパルサーという。かに星雲の中心にある電波源もパルサーであり、全天で100個以上のパルサーが見つかっている。パルサーからの電波は非常に規則正しいパルスを刻むことから、かつては宇宙人からの信号かと考えられたこともあったが、現在ではパルサーは中性子星であると考えられている。

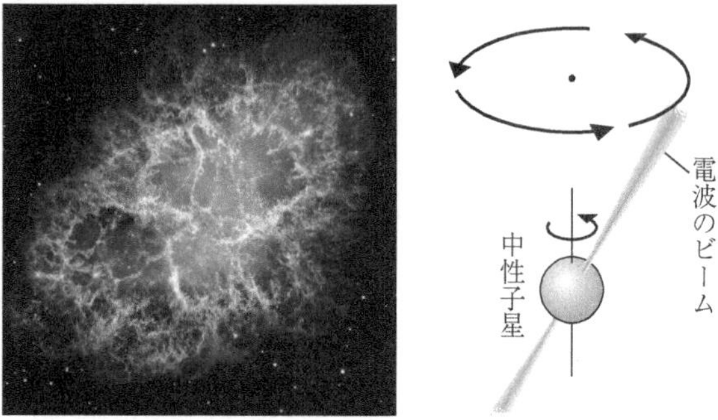

図9－16　かに星雲（NASA）と中心部のパルサーの想像図

超高速で自転する中性子星から電波やX線がビーム状に放射されると、そのビームは中性子星の自転によって灯台の光のように回転する。そしてそのビームが地球を通過したときだけ電波やX線が観測される。それが極めて短く正確なパルス信号、つまりパルサーとして観測されるのである。

さらに巨大な星の最期では、中性子星になっても自らの重力を支えきれず、どこまでも収縮していく。こうなると重力が大きすぎて光さえも脱出できないため、私たちからはまったく見えない（光を出さない）天体となる。これが**ブラックホール**である。ブラックホール自体は光を出さないものの、ブラックホールの近くに大きな星や天体があると、ブラックホールに物質が猛烈な勢いで流れ込み、その際に強いX線を放つ。ブラックホールと思われる強力なX線源は、はくちょう座に見つかったX-1をはじめ、現在までに銀河系内では数十個見つかっている。

なお、ここでまとめた恒星進化と質量の関係は、すでに述べたとおり太陽と元素の組成がよく似た場合を前提としている。

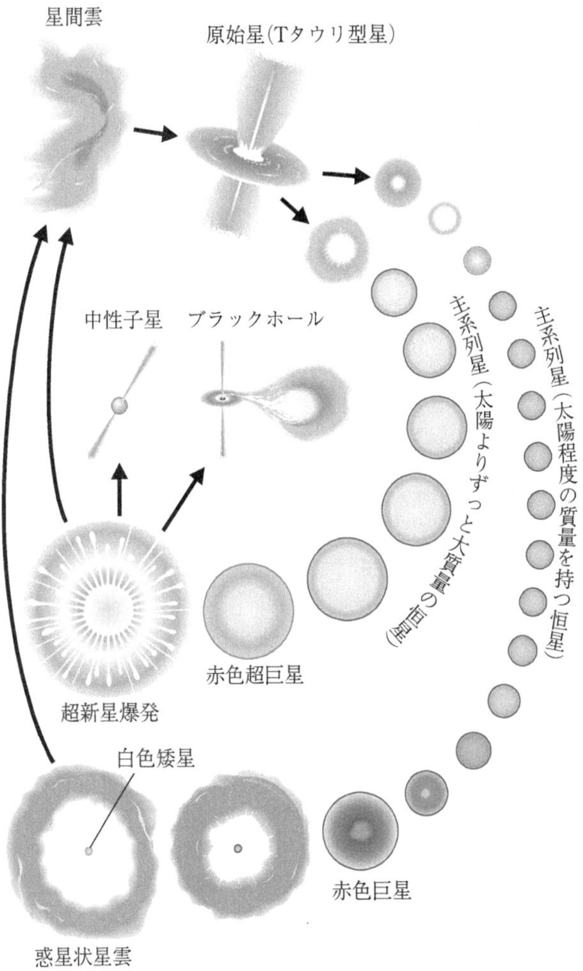
星間雲
原始星(Tタウリ型星)
中性子星
ブラックホール
主系列星(太陽よりずっと大質量の恒星)
主系列星(太陽程度の質量を持つ恒星)
超新星爆発
赤色超巨星
白色矮星
赤色巨星
惑星状星雲

図9－17　恒星の進化

わずかに含まれる水素・ヘリウム以外の元素の割合によって核融合の様子が異なり、進化と質量の関係にも影響を与えることがわかっている。

コラム

[ニュートリノ天文学]

大質量の星が超新星爆発を起こす際には、極めて高温で高密度な状態が実現するため、金や鉛やウランといった非常に重い元素が一気に形成される。その過程でニュートリノという素粒子も大量に生み出される。ニュートリノはほとんど無視できるくらい小さな質量しか持たない素粒子で、最大の特徴はあらゆる物質とほとんど反応せず、どんなものでも素通りしてしまうことにある。宇宙を飛び交うニュートリノは、私たちの体や地球でさえもほとんど素通りしているのである。

このニュートリノ観測で2002年にノーベル物理学賞を受賞したのが、東京大学名誉教授の小柴昌俊氏である。小柴氏のグループは、岐阜県の神岡鉱山跡である地下1000mの空洞に建造されたカミオカンデという観測設備を使って、ニュートリノをとらえるための観測を行った。そして1987年に大マゼラン雲という銀河に出現した超新星からのニュートリノ11個を世界で初めてとらえた。カミオカンデには膨大な水が貯えられてあり、ほとんど反応しないニュートリノのうち「ほんのわずか」が水分子と衝突して放つ光（チェレンコフ光という）をキャッチしたのである。

こうして超新星爆発の際に大量のニュートリノが発生することが確認され、爆発する星中心部での激しい反応の様子を解明する手がかりが得られた。そして、可視光線や紫外線やX線といった電磁波とは別の情報を用いる、新しい天文学の扉を開いたのである。

4 星の一生と物質の輪廻

これまで見てきたように、星には誕生があり死がある。そして星の一生の長さや進化の様子の違いは、最初にどれくらいの物質をかき集めてどの程度の質量の星になるかで決まってくる。そして最期には、物質が星のはるか外側にあふれ出して惑星状星雲となったり、超新星爆発によって四方八方に飛び散っていく。こうした物質すなわちガスやちりは、再び宇宙空間に漂う星間物質となり、後に再び集まって次の世代の星をつくることになる。星には始まりと終わりがあるが、星をつくる物質は輪廻するのである。

星のスペクトルを詳しく分析していくと、極めて長寿の星の中には水素とヘリウム以外の元素がほとんど見られないものが存在する。これらは宇宙が誕生した当初にできた星で、当初の宇宙にはこれらの軽い元素しかなかったのである。一方、太陽系を含め多くの星は、わずかに重い元素（水素とヘリウム以外の元素）を含み、地球や私たちもそうした元素でできている。このような重い元素は星の進化の中でつくられ、こうした元素が超新星爆発によって宇宙空間にまき散らされると、それからできた星は重い元素を含むことになる。私たちの身の回りにある元素や、私たち自身をつくっている元素も、元をたどれば星の進化の中で形成されたのである。そういう意味では私たちは、星から生まれてきた「星の子」なのである。

宇宙では絶えずどこかで星が生まれ、どこかで星が死を迎えている。宇宙のどこで、どれくらいの割合で、どれくらいの質量の星が生まれているかがわかれば、私たちは宇宙についてかなりの部分を理解することができるはずである。そしてそれは、星だけでなく私たち自身を理解することにもつながっていくのである。

〈9-2 解答〉問1 イ　問2 イ

9-3 銀河

問1 私たちの銀河系にはどれくらいの星があるだろうか。
ア）数百万個　イ）数十億個　ウ）数千億個

問2 天の川の正体は何か。
ア）ガス星雲　イ）惑星や彗星　ウ）膨大な数の星

問3 私たちの銀河系の中心には何があるだろうか。
ア）太陽系　イ）球状星団　ウ）ブラックホール

1 私たちの銀河系

夏の夜空をまたぐ天の川は、まさに「天を流れる川」である。西洋ではミルキーウェイのように「乳の道」と表現し、まさに女神の乳が流れる様を表している。これが膨大な星の集団であることを発見したのは、初めて望遠鏡で天体を観測したガリレオだった。その約２世紀後の18世紀末、イギリスのハーシェルは、大口径の望遠鏡で星の位置をつぶさに観測し、膨大な数の星が薄い円盤状に集まっていることを発見した。これが私たちの銀河系の発見である。

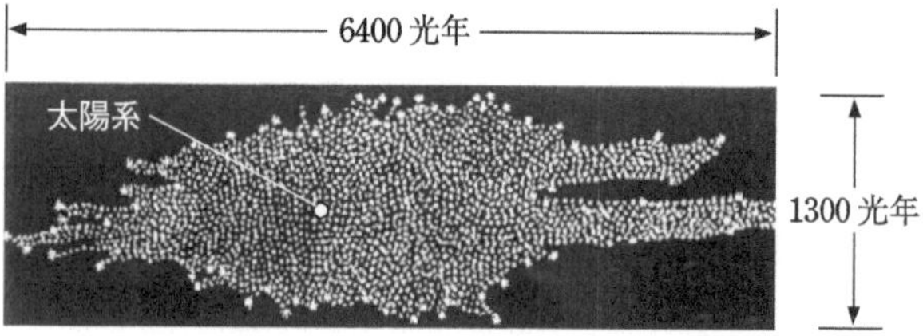

図９－18　ハーシェルの考えた銀河系

ハーシェルの考えた銀河系は、太陽系がほぼ中心にあり、大きさも実際の大きさの約15分の１であるなど、現在の銀河系像とはかなり異なっている。これは観測しやすい太陽系の近くの星ばかり拾い集めたためである。その後20世紀になって、銀河系の真の姿や太陽系の正確な位置が明らかになってきた。

私たちの銀河系は、数千億個の星の集合体で、上から見ると中心から伸びる２本の腕が渦を巻くように見える（図9-19）。横から見ると中心が厚く盛り上がり、腕はその周りを平らな円盤状にとりまいている。中心の厚い部分を**バルジ**、その周りを**円盤部**と呼ぶ。私たちの太陽系も円盤部にあり、銀河系の中心から約３万光年離れたところを、約２億5000万年の周期で回っている。さらにその外側にも数は少ないものの恒星が銀河を球状に包むように存在している。この領域を**ハロー**と呼ぶ。

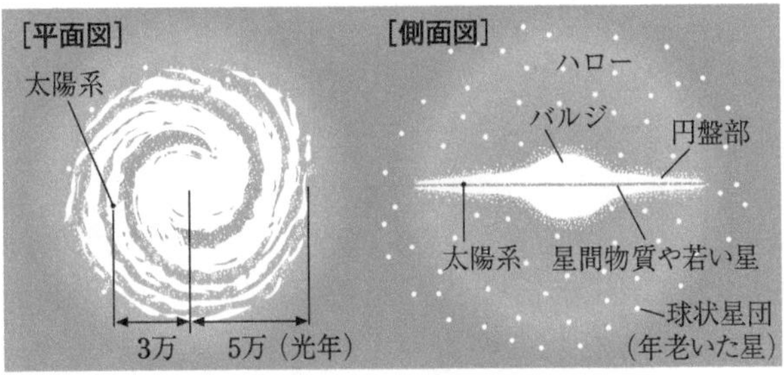

図９－19　銀河系

バルジとハローには年老いた星が多く分布し、ハローには年老いた星が密集して存在する**球状星団**が多く分布している。これに対し、円盤部には若い星と星間物質が多く分布し、一つの星間雲から同時に誕生した若い星の集団である**散開星団**が多く分布している。

散開星団M45
（プレアデス星団＝昴《すばる》）

球状星団M3

図9－20　散開星団と球状星団（国立天文台）

一方、ガスがなくなって古い星が取り残されたハローでは、古い星が死んで星間物質を放出してもすぐ拡散してしまい、新たな星が生まれることはない。こうして銀河は、球状の形から平たい円盤状の形に変化してきたのである。

2 銀河の姿

宇宙には、私たちの銀河系のような銀河が無数に存在する。銀河にはいろいろな形や大きさがある。ハッブル宇宙望遠鏡にその名を残すハッブルは、こうしたさまざまな銀河を分類し整理した。ハッブルは膨大な観測の結果から、「ハッブルの音叉図」と呼ばれる分類を作成した。銀河は大きく分けると、渦巻銀河、棒渦巻銀河、楕円銀河などがあり、ほかにも分類に入らない不規則銀河や矮小銀河などがある。

（1）渦巻銀河・棒渦巻銀河

図9-22の写真のように美しい渦巻が特徴の**渦巻銀河**は、銀河の一般的な姿である。中心のバルジが棒状に伸び、その両端か

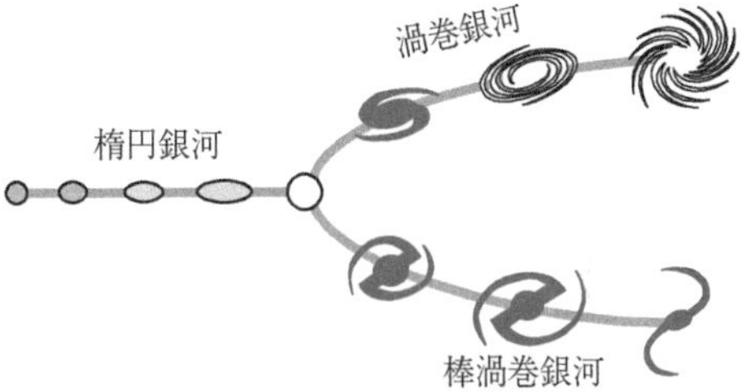

図9－21　ハッブルの音叉図

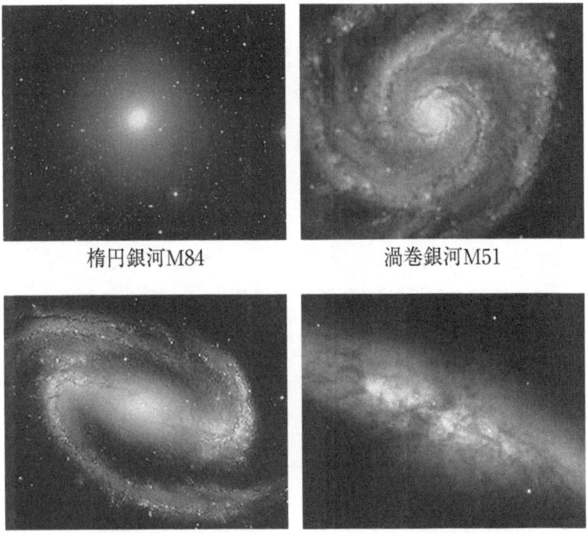

楕円銀河M84　渦巻銀河M51

棒渦巻銀河NGC1300　不規則銀河M82

図9－22　いろいろな銀河（NASA, 国立天文台）

ら腕が巻きついて円盤をつくっている**棒渦巻銀河**も多く見られる。私たちの銀河系は長らく渦巻銀河と考えられてきたが、電波を用いた観測により、むしろ棒渦巻銀河に属するという考え方が次第に広がってきた。

この渦巻はどのようにして形成されるのだろうか。銀河系の円盤にある星やガスは銀河中心の周りを回転運動している。しかし、その運動は中心も外側もほぼ同じ速度で、これでは遠回りをする外側はどんどん遅れてしまい、回転するにしたがって渦巻の腕が巻きついてしまう。よって美しい渦巻の姿が保てないはずである。これは昔から「巻き込みのジレンマ」と呼ばれる大きな謎であった。

この謎は「**密度波**」という波の性質を利用した考え方の登場で解決した。この考え方では、銀河を構成する星やガスの回転運動は銀河の見かけ上の渦巻とは別の運動となる。星は常に渦巻の腕の中にあるのではなく、渦巻の腕の後ろからやってきて、腕の部分を通過していくのである。このとき、腕の部分は他の部分よりもわずかに密度が大きく重力が大きいため、星はこの部分を通過するときに周りに引っ張られて速度を落とし、そして通過したあとは速度を上げて走り去るのである。いわば、高速道路の料金所で車が渋滞するようなものである。

銀河の中を漂うガスも銀河の周りを回転運動し、この渦巻の腕を通過するときに強く圧縮される。そのためガスの収縮が誘発され、たくさんの星が誕生する。銀河の腕に抱かれて多くの星が誕生するのである。

(2) 楕円銀河

楕円銀河はその名のとおり楕円状の形が特徴的で、渦巻銀河や棒渦巻銀河に比べると地味で物足りない印象を受ける。楕円銀河は形が特徴的なだけでなく、渦巻銀河には豊富に存在したちりやガスが非常に少ない。つまり大半が星の集まりである。したがって、楕円銀河では新しい星はほとんど形成されていないとされている。

楕円銀河は典型的な渦巻銀河の2～5倍ほどの大きさがあり、数千個ほどの銀河集団である銀河団（後述）の中心部に位置しているものがある。このことから、特に大きな楕円銀河は複数の銀河が合体してできたのではないかと考えられている。

（3）不規則銀河・矮小銀河

不規則銀河は文字どおりはっきり決まった形がなく、銀河の大きさ（質量）も小さい。しかし、渦巻銀河よりもガスがたくさん存在しており、楕円銀河と逆に活発な星形成が進んでいるものと考えられている。銀河系の側に寄り添うように存在する大小マゼラン雲はこの代表例である。

矮小銀河は近年の観測技術の進歩によって発見されてきたもので、通常銀河に比べてはるかに小さい。最近の観測では、銀河団の中に通常銀河の100倍以上も存在していることがわかってきている。そしてこれらの矮小銀河が衝突・合体して、渦巻銀河や棒渦巻銀河などに成長する。このように銀河も長い年月をかけて形を変え、成長していくのである。

3 活動銀河

銀河の分類には形や大きさによるもののほかに、**中心核**の特徴によるものもある。中心核とは銀河の中心部で最も明るく輝いているところで、星が最も多く集まっているところである。遠方の銀河ではここだけが観測される。この中心核の明るさは、通常の銀河ならそこにある星の明るさの合計とほぼ同じになる。これに対し、銀河中心核の明るさがそこにある星の明るさの合計よりもはるかに明るくなるものが存在する。これらを**活動銀河**と呼び、その中心核を**活動銀河中心核**と呼ぶ。

活動銀河はなぜこんなに明るいのだろう。星以外のものが光っているのだろうか。実は、活動銀河の中心部には巨大なブラックホールが存在するのではないかと考えられている。このブラックホールは、前節において巨大な恒星の死の場面で登場した通常のブラックホールとは違い、その質量は太陽の100万倍から10億倍にも達するもので、**超大質量ブラックホール**と名づけられている。

超大質量ブラックホールは、その強力な重力で周りのガスなどを引きつける。引きつけられたガスはそのまま直線的にブラックホールに落ち込むのではなく、ブラックホールの周りを回転し、円盤（**降着円盤**）をつくりながら落ち込んでいく。降着円盤は洗面台にためた水が渦をつくりながら吸い込まれていくのと同じ原理で、外側ほどゆっくり回転し、中心部に近づくほど速く回転する。すると速く回転する内側とゆっくり回転する外側で回転速度に差が生じ、ガスどうしで摩擦が生じてしまう。この摩擦により明るく輝くのである。

活動銀河は星の輝きというよりも、ブラックホールの影響で異常に明るく輝いているのである。光さえも飲み込んでしまうブラックホールによって銀河が輝いているというのは、なんとも面白いことではないだろうか。なお、私たちの銀河系の中心にも超大質量ブラックホールがあることが確認されている。

コラム

[統合された謎の天体たち]

天体を観測していると、ときどき不思議なものに遭遇する。クェーサーもその一つである。クェーサーは1960年代に見つかり始めた天体で、望遠鏡で見ても点にしか見えず恒星のように見える。しかしその距離を調べてみると極端に遠いところにあることがわかった。この距離と見かけの明るさから絶対等級を求めてみると、恒星はおろか普通の銀河の1000倍以上にもなり、決して1個の恒星の明るさではない。それでとりあえずこの天体を準恒星状天体（QSO:Quasi Stellar Objects）と呼び、略称としてクェーサーと呼ぶことにした。

クェーサーが見つかる少し前、銀河には中心核が非常に明るいものが存在することが明らかになっていた。アメリカのセイファートがこれらを系統的に研究したため、これらをセイファート銀河という。このほか、強い電波源となる電波銀河など、不思議な天体が次々と見つかっていった。

これら強力なエネルギーを発する天体たちについて、当初はまったく別の天体であるという解釈しかなかった。しかし、これらは同じ天体、すなわち活動銀河の中心核を見ていたのである。例えばクェーサーを大きな望遠鏡で長時間露光すると、周りに広がる淡い光が浮かび上がってきた。つまりクェーサーは活動銀河の中心核であり、周りの淡い光はまさに銀河自体であった。

これらの見え方の違いは、降着円盤を持つ活動銀河中心核をどの角度から見るかということで説明がつくとされる（まだ完全にコンセンサスが得られたわけではない）。こうして、たくさんの別個の天体に区分されていたものが、実は活動銀河中心核という同じ天体に統合されたのである。そして、かなりの数の銀河ではこのように非常に激しく活動的な顔を持っているということがわかってきたのだ。

〈9-3 解答〉問1 ウ　問2 ウ　問3 ウ

9-4 宇宙の構造

問1 銀河は宇宙空間にどのように分布しているか。

ア）一様に分布する　　イ）不均一だが大きな空隙はない

ウ）銀河の少ない部分を多い部分が包む泡状の構造である

問2 宇宙が膨張していることを観測で発見したのは誰か。

ア）ガモフ　　イ）アインシュタイン　　ウ）ハッブル

エ）フリードマン　　オ）ウィルソン

問3 宇宙はどのように進化してきたか。

ア）最初急激に膨張し、その後も膨張を続けている

イ）最初ゆるやかに膨張し、徐々に膨張速度を増している

ウ）最初膨張していたが、現在は収縮に転じている

1 宇宙の大規模構造

1986年、１枚の地図が世界中に衝撃を与えた。この地図は、ハーバード・スミソニアン天体物理学センターの２人の研究者によるもので、そこには今まで誰も見たことのなかった宇宙の大規模な構造が浮かび上がっていた。

彼女たちは、ペルセウス座銀河団などを含む方向に扇形（幅が経度にして135°、厚さが緯度にして６°に相当）の領域を設定し、そこにある15.5等級より明るい銀河すべての距離を調べあげた。これは約５億光年かなたの銀河までは調べあげたことになる。その結果、奥行きが約５億光年、6000個あまりの銀河の分布を示す扇形の「宇宙地図」が完成したのである。

この図によると、銀河は一様に分布していない。むしろ何らかの規則にしたがって分布している。

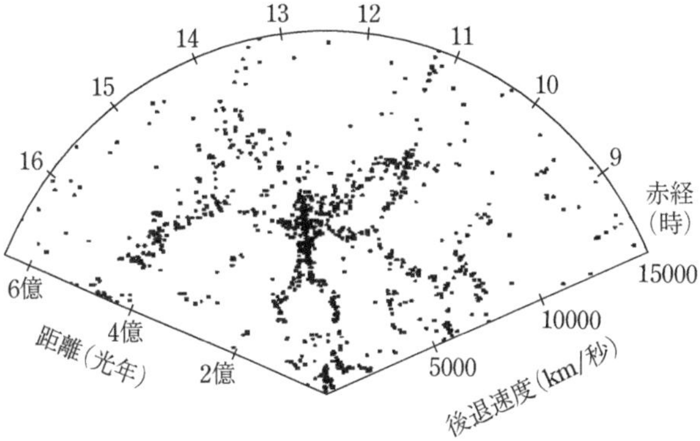

図9－23　銀河の分布（CfAサーベイ）

具体的には以下のような特徴がある。

（1）私たちの銀河から２億～３億光年にかけてのところに帯状の分布がある。

（2）ほとんど銀河が分布しない領域があちこちにある。

（3）（2）の空間は、銀河が密に存在する領域に囲まれている。ちょうど銀河でできた泡膜が、何もない空間を包んでいるように見える。

このことは非常な驚きをもって伝えられた。それまで、宇宙はどの方向にも一様（一様等方）と信じられてきたからである。しかしこの地図によると、宇宙の姿は（2）の**ボイド**と呼ばれる直径5000万～１億光年くらいの空虚な空間と、それを取り囲む銀河の泡膜の部分からできている。よって、このような銀河の分布を**宇宙の泡構造**と呼ぶことがある。

彼女たちによる報告の後、いくつものグループによって宇宙の地図作りが行われるようになった。その結果、次ページに示すような全天にわたる宇宙の地図が作られたのである。

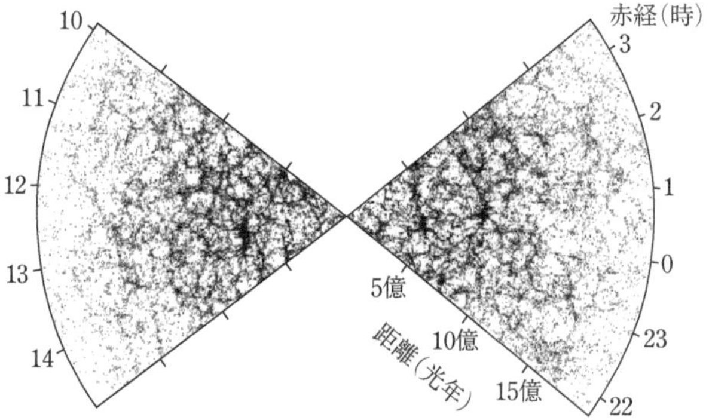

図９−24　宇宙の大規模構造（銀河の分布）

私たちの銀河系はこの扇形の中心にある（左が北天で図9-23の範囲を含む。右が南天)。上下に描かれていないところがあるが、ここは私たちの銀河系自体が障害物になり、外側が観測できないところである。この図からも、銀河がまばらにしか存在しないボイドが多数存在し、それらを包むように銀河の密集したところが連続していることがわかる。銀河が特に帯状に密集して存在しているところは、グレート・ウォールと呼ばれる(「グレート・ウォール」とは、もともと中国の万里の長城を指す言葉である)。

コラム

[もっと広く、もっと奥へ]

宇宙の地図作りは現在でもさらに大規模に進められている。特に注目したいのが、スローン・デジタル・スカイ・サーベイ（SDSS）である。これはアメリカ、日本、ドイツの国際共同プロジェクトで、アメリカ・ニューメキシコ州にある標高2800mの天文台に設置された口径2.5mの専用望遠鏡を用いて、全天の４分の１にわたる領域の詳細な地図を描こうというものである。

現在中間的な結果が出ているが、最終的に完成すれば、今までの100倍も大きな三次元宇宙地図ができることになる。

ようやく浮かび上がってきた宇宙の大規模な構造は、スケールが１億～数億光年にも及ぶものだった。これを、拡大コピーをとる感覚でどんどんクローズアップしてみよう。10倍にすると、数個～数千個もの銀河集団が見えてくる。これを**銀河団**という。さらにその一部を10倍に拡大すると、数十の銀河からなる小さな集団が見えてくる。これを**局部銀河群**と呼ぶ。さらに10倍にすると１つの銀河が見えてくる。銀河の直径は数十万光年である。もっともっと銀河の中を拡大すると、ようやく太陽系のような惑星を従えた恒星が見えてくる。このように宇宙は入れ子のような構造を持っており、これを**宇宙の階層構造**と呼ぶ。

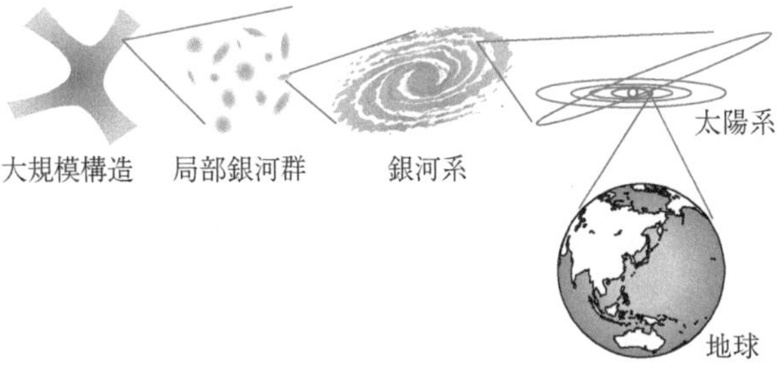

図９－25　宇宙の階層構造

こうした構造は、すでに宇宙誕生のときにしくまれていたらしい。宇宙誕生のシナリオについては現在でも論争が続いているが、ここでは宇宙の誕生や進化について、ビッグバン理論や最新の観測結果も含めて紹介していこう。

2 ハッブルの法則とビッグバン理論

1929年、アメリカの**ハッブル**はウィルソン山天文台で多くの銀河の観測を行い、銀河のスペクトルのほぼすべてが本来の波長から赤色のほうにずれるということ（スライファーの発見）を確認していた。スペクトルのずれは光のドップラー効果（第8章参照）の結果であり、赤方（長波長側）にずれるということは、銀河がみな私たちの銀河系から遠ざかっているということになる。そして、ずれの大きさが大きいほど遠ざかる速度も速いことになる。ハッブルは、私たちの銀河系から遠い銀河ほど、私たちから速く遠ざかっていることに気がついた。このことは、宇宙全体が一様に膨張していることを意味する。それまでの定常不変と信じられていた宇宙観をひっくり返す大発見だった。

宇宙が膨張しているならば、過去にさかのぼれば宇宙は一点から生まれてきたということになる。この一点からの出発こそが**ビッグバン**なのである。ハッブルが発見した銀河の距離と後退速度との関係は、ビッグバン理論の観測的な証拠となった。後にこの関係は**ハッブルの法則**と呼ばれる。

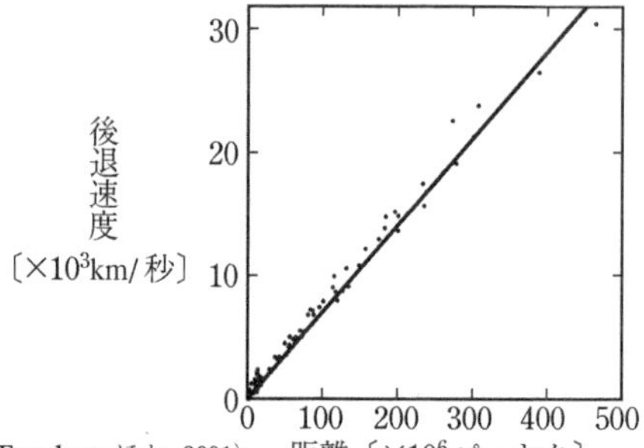

（Freedman ほか，2001）

図9－26　銀河までの距離と後退速度の関係（ハッブルの法則）

コラム

[アインシュタインと『望遠鏡になった男』]

20世紀初頭のアメリカ、ウィルソン山天文台に一人の変わり者がいた。この男はもともと弁護士をしていたのだが、それを辞め、天文学へ方向転換したという変わった経歴を持っていた。さらに若いときには、ウィルソン山天文台に就職が決まっていたにもかかわらず、アメリカが第１次世界大戦に参戦したと知るや、自ら志願し、ヨーロッパ戦線に加わったこともあった。戦争では最前線に出る前に休戦となってしまったのだが、そのことを大変悔しがったという話が残されている。この男こそ、ビッグバン理論を観測的に支えた男、エドウィン・ハッブルである。

そもそもビッグバンという概念はいつ生まれたのだろうか。ハッブルの発見の十数年前、今となってはあまりにも有名な科学理論、アインシュタインの一般相対性理論が1915年に発表された。一般相対性理論とは、物質がつくりだす重力が周囲の時間と空間の構造を決定するというもので、その中心となる方程式は「時空の構造」＝「物質のエネルギー」という形をしている。この方程式によると、空間に存在する物質の重力によって空間の構造が変えられてしまい、物体の運動の軌跡が変えられてしまうことになる。そして、この方程式を解くことで、宇宙の構造や進化を解き明かすことができるのである。

アインシュタインはこの一般相対性理論の発表後、すぐにそれを宇宙にあてはめてみた。するとその結果は、宇宙は定常不変の状態で存在することはできず、膨張しているというものだった。定常宇宙を信じていた彼はこの結果はおかしいと考え、宇宙が定常不変の状態でいられるように、膨張に逆らう力を方程式の中に書き込んでしまったのである。後にこの書き込んでしまった項を宇宙項と呼ぶことになる。

ところが、1922年にロシアの物理学者フリードマンが、宇宙には特別な場所は存在せず（宇宙は一様）、また特別な方向も存在しない（宇宙は等方）という条件でアインシュタイン方程式を解いてみた。彼の結論は、宇宙項は必要なく、宇宙は膨張や収縮をするものであるというものだった。この結論についてアインシュタインは「正しい計算を行ったとは思えない」と批判し、膨張や収縮をする宇宙をかたくなに拒否した。

そして1929年、この相反する結論に対して審判を下したのはハッブルによる膨張宇宙の観測的発見だった。その後、アインシュタインはハッブルのいるウィルソン山天文台を訪れ、ハッブル自身から観測結果の説明を聞いたそうだ。そこで彼は自らの誤りを認め、宇宙項を書き加えたことを生涯最大の誤りだったと語ったといわれている。

ハッブルの偉大な功績をたたえ、1990年4月に打ち上げられた口径2.4mの宇宙望遠鏡に彼の名前が付けられた。このハッブル宇宙望遠鏡はハッブル本人と同じくらい、いや本人以上に重要な発見を、今なおもたらし続けている。ハッブルとともに必ずや歴史に刻まれることになるであろう。

宇宙が膨張しているならば、過去にさかのぼると初期の宇宙は超高密度で、さらに超高温の状態だったことになる。1947年、アメリカのガモフは、宇宙は超高温・超高密度の火の玉状態から始まったと提唱した。しかし当時、イギリスのホイルが主張していた定常宇宙論が多くの科学者の支持を集めていた。この**定常宇宙論**は、ハッブルが立証した宇宙の膨張を認めつつも、次々に銀河が生まれてきて宇宙の密度は保たれるとする考え方である。ホイルはガモフの主張を受け入れることができず、馬鹿にして「大爆発（ビッグバン）」理論と呼んだのである。この言い方が非常にわかりやすかったため、ビッグバンという言葉が定着してしまい現在に至っている。ちなみにガモフ自身は自分の理論のことを「火の玉宇宙論」と呼んでいた。

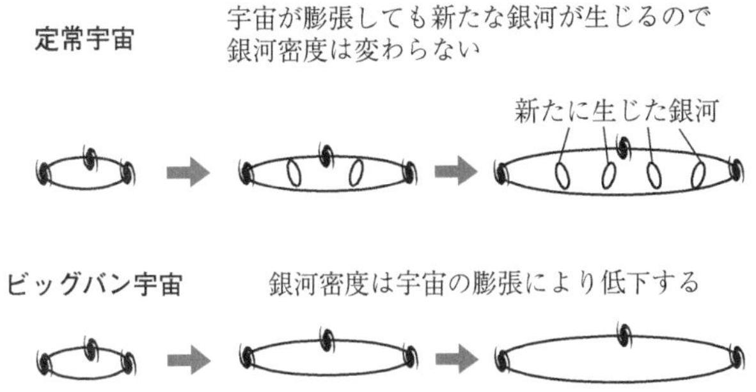
定常宇宙
宇宙が膨張しても新たな銀河が生じるので
銀河密度は変わらない
新たに生じた銀河
ビッグバン宇宙
銀河密度は宇宙の膨張により低下する

図９－27　定常宇宙とビッグバン宇宙

ガモフの理論にはハッブルの観測結果という証拠があったが、それでもまだ定常宇宙論者を説き伏せるには不十分なものだった。そこで新たな証拠が求められていたのであるが、思わぬところでそれが見つけられた。

1965年、アメリカのベル研究所のペンジアスとウィルソンは、アンテナをいろいろな方向に向けてみてあらゆる方向から特定の周波数の電波が届くことに気づいた。最初、彼らはノイズだと思い何度も調整をしてみたが、どうしてもうまく取り除くことができない。これが後に、ガモフの理論に基づいて計算した宇宙誕生時の大爆発の名残、すなわち**宇宙背景放射**と一致したのである。ガモフは、宇宙が火の玉状態で誕生し、それ以降ずっと膨張しているのであれば、当初の超高温は徐々に冷えていき、現在の宇宙の温度は５Ｋ前後であろうと予想していた。ペンジアスとウィルソンが見つけた電波の波長帯は、ガモフの予想にほぼ等しい３Ｋの温度に対応していたのである。

こうして彼らの発見はガモフの理論、つまりビッグバン理論が正しいことを証明した。これをきっかけにビッグバン宇宙論が全面的に支持されていくこととなる。

3 ビッグバン理論からインフレーション理論へ

こうしてビッグバン理論は受け入れられていくこととなったが、まったく問題がなかったわけではない。むしろ、人類が築き上げてきた自然科学の根幹に深刻な挑戦状をたたきつけたともいえる。すなわち、ビッグバンの瞬間は温度も密度も無限大になってしまい、私たちの知るいかなる科学理論もすべて破綻してしまうのである。他にも、ビッグバンという極端な爆発現象の結果にしては私たちの宇宙の密度が均一すぎる、などの疑問点も残されたままであった。ビッグバンは事実であるが、その詳細は神のみぞ知る、そんな状態がしばらく続いた。

こうしたビッグバン理論の問題点を克服すべく、1981年に登場したのが**インフレーション理論**である。この理論によると、

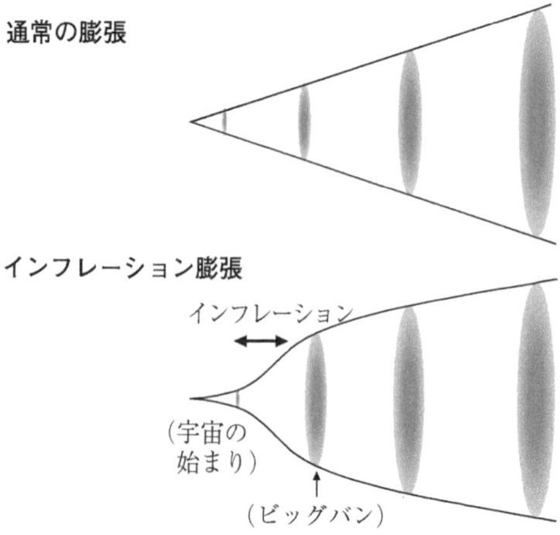

図9－28　通常の膨張とインフレーション膨張の概念図

初期の宇宙は現在の膨張の様子と異なり、ある時期まで指数関数的に急激に膨張したというのである。このインフレーション理論の登場により、ビッグバン理論の問題点の多くは解決されたといってよい。

4 「無」から誕生した宇宙

ここで、インフレーション理論に基づいた宇宙の誕生から現在に至る時間の流れを簡単に整理しておこう。最新の観測結果によると、宇宙は今からおよそ130億〜140億年前（最新の研究では137億年前）に誕生したと考えられている。それは「無」から突然、ポッと生まれたらしい。

宇宙の始まりは、考えられないくらい小さなスケールの世界で起こった。宇宙は初めこのような世界で「無」と「有」との間を揺らいでいたと考えられている。「無」と「有」との間といわれても理解し難いが、泡が現れたり消えたりしているようなものと思えばいいだろう。このような世界を対象とする量子論によれば、そのような不思議な現象がありえるのだ。

このうちの１つの「泡」が現在まで成長した。なぜ１つの泡だけがそこまで成長できたのか、他の泡はなぜダメだったのか。その決め手になったものはインフレーション膨張である。インフレーションを起こした泡だけが生き残り、他の泡はまた無に帰してしまったらしい。ということは、私たちの宇宙以外にもインフレーションを起こして生き残った宇宙があるのではないだろうか。事実、現在の宇宙論では私たちの宇宙が唯一のものではなく、他の宇宙の存在も認めている。

5 インフレーションとビッグバン

泡のような宇宙の卵は、わずか10^{-34}秒の間に大きさが25桁以上も増えるという極端な膨張を経験した。これが**インフレーション膨張**である。この急激な膨張の結果、宇宙空間はどこもほぼ同じ密度や状態を持つことになったのである。

宇宙誕生から10^{-34}秒後、インフレーションを引き起こしたエネルギーは熱エネルギーに変わり、この熱が宇宙を超高温に加熱する。それが**ビッグバン**である。よく宇宙の始まりはビッグバンであると言われるが、それはここまでの流れを簡略化したものである。インフレーション理論はビッグバン以前の宇宙を描いたものといえる。

ビッグバン直後の宇宙では、**クォーク**と呼ばれる素粒子や電子、ニュートリノ、それに光などが飛び回っていた。宇宙誕生から10^{-6}秒（100万分の１秒）が経過すると、膨張によってエネルギーを消費した宇宙の温度は１兆K程度にまで下がり、クォークの飛び回る勢いが鈍ってくる。するとクォーク３つが結びつき、**陽子**や**中性子**が形成される。さらに温度が10億Kくらいまで冷えてくると、陽子や中性子が互いの引力で結合し、水素やヘリウムといった軽い元素の**原子核**がつくられた。ここまで、ビッグバンからおよそ３分間である。

その後、宇宙の温度はどんどん下がり、このような核反応は起きなくなった。ビッグバンのおよそ３分後には、宇宙に存在する元素の割合が決まってしまったのである。理論的な予測によると、水素が75％、ヘリウムが25％、それ以外のものはごくわずかとなり、この比率は天体観測により求められた宇宙の元素存在度と一致する。第２章の図2-2に太陽系の元素存在度を示したが、これは宇宙の元素存在度とも大差ない。この比率こそ、宇宙膨張（ハッブルの法則）、宇宙背景放射に次ぐビッグバンの３つ目の証拠である。

6 宇宙の晴れ上がり

温度がおよそ3000K以下になると、水素やヘリウムの原子核は宇宙空間を飛び回っていた電子をとらえ、原子核の周りを電子が回る構造すなわち**原子**が形成される。それまで宇宙空間に満ち満ちていて光の直進を妨げていた電子は、これ以降は原子の中に閉じ込められ、そのため光は直進することができるようになる。こうして宇宙は見通しのきく透明な空間になる。まるで霧が晴れて一気に見通しがきくようになるのと似ているので、これを「**宇宙の晴れ上がり**（中性化）」という。ビッグバンからおよそ38万年後のことである。

ちなみに、このとき宇宙を駆け抜けた光は、宇宙空間の膨張によって波長がどんどん伸ばされ、ついには電波の波長にまでなった。これが現在観測される宇宙背景放射である。背景放射はビッグバン直後の眼も眩《くら》むような世界の残照なのである。

7 星や銀河の形成

こうしてつくられた水素やヘリウムから、やがて第１世代の星が誕生する。最初の星が誕生したのは、ビッグバン後約２億年と考えられている。この第１世代の星が出す紫外線によって宇宙空間の水素から電子が解き放たれ、宇宙は再び晴れ上がりの前の状態に戻ってしまった。この晴れ上がりから再電離までを「**宇宙暗黒時代**」と呼ぶ。この時代はまだ観測の手が届いていない、まさに暗黒の時代なのだが、現在の宇宙につながるいろいろな鍵がこの時代に隠されていそうである。

さらに時間が経過し、ビッグバンからおよそ10億年後、銀河が生まれた。銀河の中では多くの星が生まれ死んでいく。重い星は最期の超新星爆発によって重い元素を銀河空間にまき散らし、銀河空間には徐々に重い元素が蓄積されていった。

こうしたことが繰り返された中、宇宙誕生から約90億年後(今から46億年前)、銀河系の片隅で太陽系が誕生した。その惑星の一つ、地球では、生命が誕生して大いに繁栄し、多様な進化を遂げた。そしてつい数百万年前に私たち人類が登場したのである。

8 最近の観測結果

最後に、インフレーション理論発表以降の観測的な結果をまとめておこう。対象となるのは宇宙背景放射で、あらゆる方向から一様にやってくるとされた背景放射のわずかな「ゆらぎ」を見つけるための精密な測定が繰り返されてきた。その目的は、一つに宇宙の年齢を正確に知るため、もう一つは宇宙が現在のような構造になっている原因を知るためである。

この観測で成果を上げたのは、1989年にNASAによって打ち上げられた**COBE**《コービー》という人工衛星である。この衛星は温度10^{-5}℃(10万分の1℃)という非常にわずかなゆらぎの発見に成功した。しかし、COBEには角分解能の悪さという大きな問題が潜んでいた。角分解能とは遠くにある2つの物体をちゃんと2つのものと識別できる能力のことである。COBEはこの能力がかなり低く、いわばピンボケの状態で宇宙を観測していたと言われてもしかたのないものであった。

これを解決するため2001年に打ち上げられたのが、**WMAP**《ダブリユーマップ》という衛星である。WMAPは角分解能がおよそ0.3°であり、COBEに比べると非常に細かなところまで鮮明に見ることができる。WMAPは詳細な観測を行い、2003年2月に歴史的な結果を発表した。

WMAPによる衝撃的な結果、それは、宇宙の誕生を今から137億年前±1億年と、極めて精度よく決定したことだった。

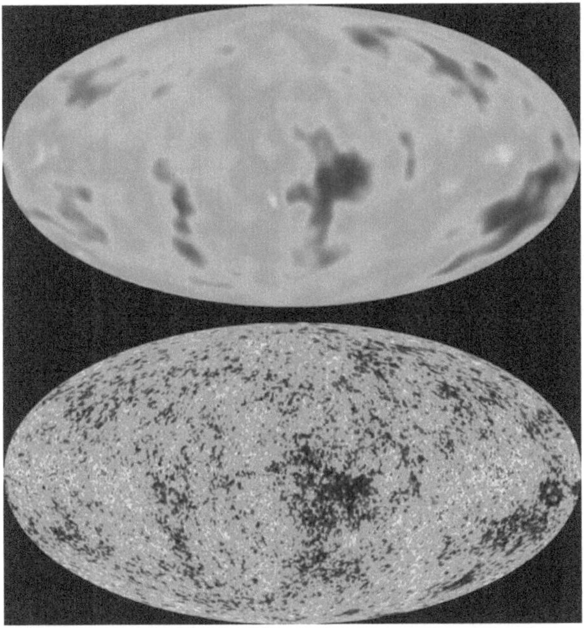

図９－29　COBE（上）とWMAP（下）の観測結果

それまでの宇宙の年齢は、ハッブルの法則や球状星団の年齢より推定され、100億〜200億年というようにかなりの幅を持って決めるしかなかったのである。しかし、このWMAPは宇宙背景放射のゆらぎから直接求めているため、このようなあいまいさはほぼ入り込まず、非常に高い精度で宇宙の年齢を示すことができたのである。

WMAPはまた、宇宙のエネルギー分布を決めることにも成功した。この結果も衝撃的なものだった。それは、水素やヘリウムといった私たちがよく知っている「通常の物質（物質もエネルギーの一形態と考えることができる)」が宇宙全体ではわずか４％しか存在しないというもので、それ以外に、存在だけがわかっている正体不明の質量源「**ダークマター**」が23％もあり、さらに正体不明の「**ダークエネルギー**」が73％もあるというものだった。WMAPの登場により、宇宙の年齢や物質分布に関する研究はいよいよ定量的で精密なものとなってきた。しかしそれと引き換えに、私たちはこの宇宙のほとんどのものが正体不明であり、人類はほとんど何も知らないという事実を突きつけられる結果になったのである。

自然科学が発達し、私たちは宇宙の広がりや歴史について、かなりの確信を持って語ることができるようになった。しかし、一つの疑問の解決は、さらにより大きな疑問を導くこととなり、完全な答えにはいまだ至っていない。

人類は有史以前から夜空を眺め、星とともに生きてきた。星は旅人の道しるべとなり、星の動きから季節や方角を知った。夜空を眺めていると、巨大な宇宙のしくみの中に自分自身がおかれていることに気づかされる。そして、宇宙のしくみと自分自身の関係を考えずにはいられない。

宇宙、すなわち自分たちが住んでいるこの世界を知ること、それはただ単に地球や星、そして銀河のことを知るだけにとどまらず、この根源的な問い、つまり、自分自身が何者であるか、どこから来て、どこへ行くのかということを知ることでもある。宇宙のしくみを知るということ——それは、自分自身を探す旅に他ならないのである。

〈9-4 解答〉問１ ウ　問２ ウ　問３ ア

編者

杵島正洋（慶應義塾高等学校教諭）

松本直記（慶應義塾高等学校教諭）

左巻健男（同志社女子大学現代社会学部現代こども学科教授）

執筆者一覧（五十音順）

縣　秀彦（国立天文台天文情報センター助教授）　第8章

有本淳一（京都市立塔南高等学校講師）　第9章

杵島正洋（慶應義塾高等学校教諭）　第2章、第3章、第4章、第5章、第7章

左巻健男（同志社女子大学現代社会学部現代こども学科教授）　第7章

高木淳子（京都府立桂高等学校教諭）　第6章

萩谷　宏（武蔵工業大学工学部教育研究センター講師）　第2章、第5章

松本直記（慶應義塾高等学校教諭）　第1章、第6章

執筆協力者

江川晋子（日本水路協会・46次南極地域観測隊員）

進藤喜代彦（中村学園三陽高等学校講師）

※所属は執筆時

参考図書

『新版地学教育講座1　地球をはかる』藤井陽一郎・藤原嘉樹・水野浩雄著　地学団体研究会編　東海大学出版会
『新版地学教育講座14　大気とその運動』丸山健人・水野量・村松照男著　地学団体研究会編　東海大学出版会
『新版地学教育講座15　気象と生活』新野宏・能登正之・古山享嗣・丸山健人・水野量・村松照男・渡辺明著　地学団体研究会編　東海大学出版会
『アルマゲスト』プトレマイオス著　藪内清訳　恒星社厚生閣
『アリストテレス全集』アリストテレス著　山本光雄編　岩波書店
『大陸と海洋の起源』ウエゲナー著　竹内均訳　講談社学術文庫
『図説地球科学』杉村新・中村保夫・井田喜明編　岩波書店
『ヒマラヤの自然誌』酒井治孝著　東海大学出版会
『地球を丸ごと考える1　地球の真ん中で考える』浜野洋三著　岩波書店
『地球を丸ごと考える2　46億年 地球は何をしてきたか？』丸山茂徳　岩波書店
『岩波講座 地球惑星科学1　地球惑星科学入門』松井孝典・田近英一・高橋栄一・柳川弘志・阿部豊著　岩波書店
『岩波講座 地球惑星科学10　地球内部ダイナミクス』鳥海光弘・谷本俊郎・高橋栄一・本蔵義守・玉木賢策・本多了・巽好幸著　岩波書店
『岩波講座 地球惑星科学13　地球進化論』平朝彦・阿部豊・川上紳一・清川昌一・有馬眞・田近英一・箕浦幸治著　岩波書店
『地質学1　地球のダイナミックス』平朝彦著　岩波書店
『プルームテクトニクスと全地球史解読』熊澤峰夫・丸山茂徳編　岩波書店
『レオロジーと地球科学』唐戸俊一郎著　東京大学出版会
『沈み込み帯のマグマ学』巽好幸著　東京大学出版会

『島弧・マグマ・テクトニクス』高橋正樹著　東京大学出版会

『発達史地形学』貝塚爽平著　東京大学出版会

『ニューステージ地学図表』浜島書店編集部編著　浜島書店

『NHK気象ハンドブック』NHK放送文化研究所編　日本放送出版協会

『百万人の天気教室』　白木正規著　成山堂書店

『ワクワク実験　気象学－地球大気環境入門－』Z・ソルビアン著　高橋庸哉・坪田幸政訳　丸善

『新しい気象学入門　明日の天気を知るために』飯田睦治郎著　講談社ブルーバックス

『一般気象学』小倉義光著　東京大学出版会

『天気図の四季－天気図の型と天気の変化－』松本幹著　日本気象協会

『気象の常識　知っておきたい身近な知識』松本誠一著　電気書院（DSライブラリー）

『大学テキスト　日本の気候』倉嶋厚著　古今書院

『謎解き・海洋と大気の物理』保坂直紀著　講談社ブルーバックス

『水の気象学』武田喬男・上田豊・安田延壽・藤吉康志著　東京大学出版会

『海洋の波と流れの科学』宇野木早苗・久保田雅久著　東海大学出版会

『理科年表2006』国立天文台編　丸善

『天文年鑑2006』天文年鑑編集委員会編　誠文堂新光社

『物質の宇宙史』青木和光著　新日本出版社

『天文資料集』大脇直明・磯部琇三・斎藤馨児・堀源一郎著　東京大学出版会

『宇宙の歴史①～③』縣秀彦著　集英社

『天文学への招待』岡村定矩編著　朝倉書店

『暗黒宇宙の謎』谷口義明著　講談社ブルーバックス

『宇宙　その始まりから終わりへ』杉山直著　朝日新聞社

『生れたての銀河を探して』谷口義明著　裳華房

『新・100億年を翔ける宇宙』加藤万里子著　恒星社厚生閣

さくいん

【アルファベット】

【ア行】

【カ行】

【サ行】

【タ行】

【ナ行】

【ハ行】

【マ行】

【ヤ行】

【ラ行】

【ワ行】

N.D.C.450　365p　18cm

ブルーバックス　B-1510

新《あたら》しい高校《こうこう》地学《ちがく》の教科書《きょうかしよ》

現代人のための高校理科

2006年２月20日　第１刷発行
2024年７月10日　第30刷発行

編著者　杵島正洋《きしままさひろ》
松本直記《まつもとなおき》
左巻健男《さまきたけお》

発行者　森田浩章
発行所　株式会社講談社
〒112-8001 東京都文京区音羽2-12-21
電話　出版　03-5395-3524
販売　03-5395-4415
業務　03-5395-3615
印刷所　(本文表紙印刷) 株式会社ＫＰＳプロダクツ
(カバー印刷) 信毎書籍印刷株式会社
本文データ制作　講談社デジタル製作
製本所　株式会社ＫＰＳプロダクツ

ISBN4−06−257510−8

発刊のことば

科学をあなたのポケットに

二十世紀最大の特色は、それが科学時代であるということです。科学は日に日に進歩を続け、止まるところを知りません。ひと昔前の夢物語もどんどん現実化しており、今やわれわれの生活のすべてが、科学によってゆり動かされているといっても過言ではないでしょう。

そのような背景を考えれば、学者や学生はもちろん、産業人も、セールスマンも、ジャーナリストも、家庭の主婦も、みんなが科学を知らなければ、時代の流れに逆らうことになるでしょう。

ブルーバックス発刊の意義と必然性はそこにあります。このシリーズは、読む人に科学的に物を考える習慣と、科学的に物を見る目を養っていただくことを最大の目標にしています。そのためには、単に原理や法則の解説に終始するのではなくて、政治や経済など、社会科学や人文科学にも関連させて、広い視野から問題を追究していきます。科学はむずかしいという先入観を改める表現と構成、それも類書にないブルーバックスの特色であると信じます。

一九六三年九月

野間省一